Jung Kurt

Reiseführer Astronomie

Thomas Weickmann

Reiseführer Astronomie

Ein Einsteigerbuch für Sternfreunde

Spektrum Akademischer Verlag Heidelberg · Berlin

Zuschriften und Kritik an:
Elsevier GmbH, Spektrum Akademischer Verlag,
Katharina Neuser-von Oettingen, Slevogtstr. 3-5, 69126 Heidelberg

Bibliografische Information Der Deutschen Bibliothek
Die Deutsche Bibliothek verzeichnet diese Publikation in der Deutschen Nationalbibliografie; detaillierte bibliografische Daten sind im Internet über http://dnb.ddb.de abrufbar.

1. Auflage Oktober 2003

Spektrum Akademischer Verlag ist ein Imprint der Elsevier GmbH.

03 04 05 06 07   5 4 3 2 1 0

Planung und Lektorat: Katharina Neuser-von Oettingen, Stefanie Joh
Herstellung: Ute Kreutzer
Satz: Hagedorn Kommunikation, Viernheim
Druck und Bindung: Appl Druck GmbH, Wemding
Umschlaggestaltung: WSP Design, Heidelberg
Titelfotografie: Eckhard Slawik, Waldenburg
Gedruckt auf 135 gr. Luxoseidenmatt

Printed in Germany
ISBN 3-8274-1476-8

Aktuelle Informationen finden Sie im Internet unter www.elsevier.com und www.spektrum-verlag.de

Inhaltsverzeichnis

1. Teil: Die Reise durch unsere kosmische Heimat

2. Teil: Die Reise zum Anfang des Weltalls

Mein herzlicher Dank gilt

Stephan Becker, Dr. Karl Otto Henseling, Dr. Volker Kasten, Horst von Krüchten, Monika Panning, Dr. Klaus Preußel, Dr. Jens Sparschuh und Dr. Wolfgang Tews.

Wissen Sie's? Falsch oder richtig?

? *1) Der Polarstern ist der hellste Stern am Himmel.*

? *2) Den Mars kann man hin und wieder mit bloßem Auge sehen.*

? *3) Kometen verglühen manchmal in der Erdatmosphäre und erzeugen dabei Sternschnuppen.*

? *4) Bis zum Mittelalter glaubte man, die Erde sei eine Scheibe. Kolumbus konnte beweisen, dass sie eine Kugel ist.*

? *5) Es ist im Sommer warm, weil die Erde wegen ihrer Ellipsenbahn dann näher an der Sonne ist.*

? *6) Bei Halbmond ist eine Seite des Mondes durch den Erdschatten verfinstert.*

? *7) Astrologen heißen jene Wissenschaftler, die Sterne und Planeten im Fernrohr beobachten. Das andere sind die Astronomen.*

Lösung: Richtig ist nur Nummer zwei

1. Teil:
Die Reise durch unsere kosmische Heimat

Reisevorbereitung

Ranga Yogeshwar, der sympathische Wissenschaftsjournalist vom Westdeutschen Rundfunk, führte 1997 für seine Zuschauer ein aufregendes astrologisches Experiment durch. Die Ergebnisse wurden am 2. Dezember in der Sendung „Quarks & Co.“ vorgestellt. Was hatte er untersucht? Was war daran so interessant?

200 Personen, zufällig nach Telefonbuch ausgesucht, sollten die Genauigkeit ihres persönlichen Horoskops bewerten. Man schrieb sie an, bat um ihr Geburtsdatum und legte dem folgenden Brief ein Horoskop bei: „Mit welchem Grad der Treffsicherheit erkennen Sie in diesem, Ihrem ganz persönlichen Horoskop, Ihren Charakter wieder? Mit der Bitte um Antwort verbleibt mit freundlichen Grüßen...“ Oder so ähnlich.

Fernsehsendung zur Astrologie 2.12.1997

200 gleiche Horoskope des Massenmörders Fritz Haarmann (* 1879), erstellt von einem Astrologen, wurden an 200 Personen verschickt.
100 Rückmelder sagten:

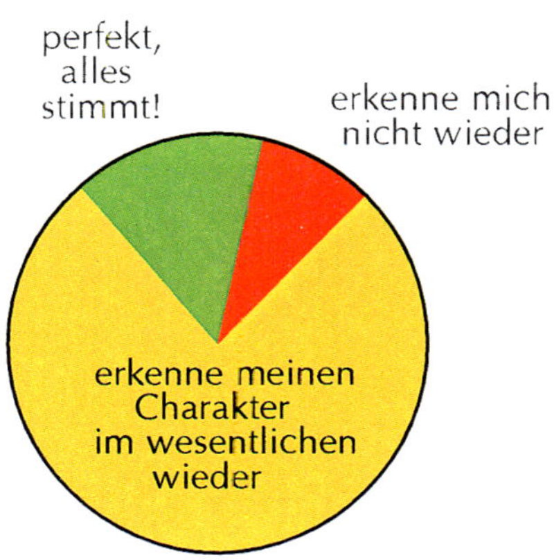

Geschäftsumsatz der Astrologie:
jährlich 300 bis 500 Millionen Mark (1996).

Abb. 1: Was ist an Horoskopen dran?

Herr Yogeshwar hatte einen „geprüften" *Astrologen* gebeten, ein Horoskop zu erstellen. Mehr als Ort, Datum und Geburtsstunde braucht ein Astrologe dazu ja nicht. Beides bekam er. Und alle Angeschriebenen, wir ahnen es, erhielten dieses, also dasselbe Horoskop.

Die Hälfte der Befragten antwortete.

Rund 11 % der somit hundert Personen erkannten sich in ihrer Charakterbeschreibung nicht. *74 % fanden sich im Wesentlichen wieder,* 15 % meinten gar, perfekt getroffen zu sein. Was natürlich niemand außer unserem WDR-Team wusste: Das Horoskop war erstellt worden für... Fritz Haarmann, geboren 25. 10. 1879, Massenmörder. Schon lange selber eine Leiche.

Astrologie? Oder Astronomie?

Astrologen und Astronomen – wer macht nun was?

In der ganzen Welt gibt es nur wenige Menschen, die die Erforschung des Weltalls außerhalb der Erde zu ihrem Beruf gemacht haben. Man nennt sie *Astronomen,* unterwertig übersetzt „Himmelskundige". Es sollen etwa weltweit 6000 sein, wovon die Hälfte davon in Europa arbeitet.

Astrologen hingegen nennen sich jene selbsternannten, aber angeblich geprüften (Schein-) Wissenschaftler, die behaupten, sie könnten die Zukunft aus der Stellung der Himmelskörper unseres Sonnensystems voraussagen – für einen Tag, eine Woche oder gar für ein ganzes Menschenleben lang.

Und wenn schon nicht die Zukunft vorausgesagt wird, dann werden Schicksalstendenzen genannt, die sich aus dem Geburtsdatum und dem dadurch geprägten Charakter ergäben.

Manche Astrologen sagen sogar politische Ereignisse voraus. Jährlich erscheinen diverse Kalender, die mehr als ein Dutzend Monate im voraus wissen, was uns allen bis zum Ende des nächsten Jahres bevorsteht. Manche Politiker höchsten Ranges, das ist zum Beispiel bei US-Präsident Ronald Reagan belegt, glauben was ihnen solche Wahrsager ankündigen und treffen danach weitreichende Entscheidungen. Liegt unser Schicksal also doch in den Sternen?

Warum können Zwillinge sehr verschiedene Lebensläufe und Charaktere haben? Und warum haben die Menschen eines untergehenden Schiffes ganz verschiedene Horoskope, aber zu diesem Zeitpunkt dasselbe Schicksal?

Manche wenden ein, es gäbe neben vielen unseriösen auch seriöse Astrologen. Vielleicht. Eines haben sie aber alle gemeinsam: Sie sehen Zukünftiges mit angeblich hoher Wahrscheinlichkeit voraus.

Niemand kann die Zukunft voraussagen. Darin sind sich die meisten Menschen doch eigentlich einig. Warum sollte man die Zukunft dann ausgerechnet aus der Position weit entfernter Gestirne voraussagen können? Warum anhand in der Antike erdachter Sternanordnungen, den sogenannten Sternbildern? Warum glauben so etwas auch durchaus kluge und vernünftige Menschen? Die Antwort ist einfach. Sie wissen es nicht besser. Und wo das Wissen aufhört, fängt bekanntlich der Aberglaube an. Nur wenige Menschen kamen jemals in den Genuss eines Unterrichts im Fach Astronomie. Und die Kirche, eine Gegnerin der Astrologie, hat ihre Wirkungssphäre eingebüßt. Hingegen hat die Flut der Medien-Horoskope zugenommen.

Um 1900 war die Astrologie schon mal so gut wie erledigt. Man verlachte ihre Anhänger. Doch wer heute gegen die Astrologie vorgeht, gilt als ignorant, zumindest als intolerant. Viele Astronomen haben daher resigniert. Sie sprechen mit Anhängern der Astrologie einfach nicht mehr, tippen sich höchstens heimlich an die Stirn, wenn sie einem begegnen.

Schon in den zwanziger Jahren des vorigen Jahrhunderts wurde die Astrologie glänzend widerlegt. „Werden und Wesen der Astrologie" hieß das vielleicht gründlichste Buch dieser Zeit. Geschrieben wurde es von Robert Henseling (geb. 19. 10. 1883 Hameln, gest. 1. 4. 1964 Berlin), und es ist heute noch lesenswert. Die Astrologie wird hier nicht grundsätzlich verdammt, das wäre dumm. Es ging und geht darum, ihre geschichtlichen Ursprünge aufzuspüren, die ihr vor langer, langer Zeit eine gewisse Daseinsberechtigung gaben, und ihre Rolle bei der Entwicklung der neuzeitlichen Astronomie zu würdigen.

Die Astrologie war im Altertum, ähnlich wie die Alchemie im Mittelalter, Ausfluss zum Teil ernsthaften vorwissenschaftlichen Beobachtens und Forschens, wenn auch oft mit falschen Resultaten. Heutige Astrologen nutzen immer noch jene „Erfahrungen", die vor tausenden Jahren als Wissen galten. Sie brüsten sich sogar damit, auf dieses jahrtausendealte „Wissen" zurückzugreifen. Sie ignorieren jeden Fortschritt der Astronomie und auch den der Raumfahrt. Nun frage man sich mal: Würde ich mich einem Arzt anvertrauen mit dem Wissensstand und den Praktiken des Altertums?

Eine weitere Kuriosität: Die Astrologen stellen tatsächlich immer noch die Erde in den Mittelpunkt des Weltalls, in die Mitte des ganzen Universums. Sonne und Mond sind also bei ihnen die Erde umlaufende *Planeten*. Die Sterne sitzen für sie auf einer alles abschließenden Kugel. Damit greifen sie tatsächlich auf den Wissenstand zurück, der vor 3000 Jahren aktuell war.

Diese Menschen wissen natürlich genauso gut wie wir, dass das alles nicht stimmt, dass die Erde die Sonne umkreist und die Sterne sich im Raum hintereinander anordnen. Doch blieben sie bei der Wahrheit, könnten sie keine Horoskope erstellen, prinzipiell nicht. Daher steht im Mittelpunkt des von ihnen verwendeten Horoskopdiagramms, wie vor 2000 Jahren, die Erde! – und alle anderen Himmelskörper, Sonne, Mond und Planeten, findet man außerhalb dieser Mitte. Natürlich wird die Erde nicht als Kugel eingezeichnet. Das würde wohl jeden stutzig machen. Sie ist raffinierterweise nur ein Schnittpunkt zweier Achsen in einem Kreis, an dessen Peripherie die Sterne kleben. Was also ist eine jahrtausendealte Erfahrung wert, die die Grundlage der Horoskope bis heute bildet? – Viel Geld! Denn das Einkommen etablierter Astrologen kann sich sehen lassen.

Man sollte nun glauben, Robert Henselings Buch mit seinen unschlagbaren Beweisen gegen die Möglichkeit astrologischer Zukunftsvoraussagen hätte Wirkung gezeigt. Nein, es hat in der Breite überhaupt nichts genützt. Das Geschäft mit der Schicksalsdeutung aus den Sternbildern und Planeten ist einfach zu lukrativ und verlässt sich mit Erfolg auf das Unwissen interessierter Laien.

Die meisten Zeitgenossen nehmen Ihre Horoskope und sternbildbezogenen Charakteroffenbarungen nicht sehr ernst. Sie schätzen an ihnen den Unterhaltungswert, ein „Kontaktthema" für seichte Partys. Sollte aber jemand, wie es vorkommt, nach seinem Sternbild für einen Job ausgewählt werden, hört der Spaß doch wohl auf.

Inzwischen haben Astrologen immer gewagtere Argumentationen gefunden, ihre Irrlehre schönzureden. Man könne, meinen sie zum Beispiel, Prognosen nur mit der Sicherheit eines Wetterberichts treffen, und die Meteorologie sei schließlich auch eine Wissenschaft.

Astrologen behaupten „die Sterne lügen nicht". Das stimmt. Sterne sagen aber auch nicht die Wahrheit. Sie sind heiße Gaskugeln ähnlich unserer Sonne. Und heiße Gaskugeln lügen nicht. Und sie sagen auch nicht die Wahrheit. Gaskugeln können das einfach nicht. Ebenso wenig wie Trinkgläser oder Pendel oder...

Astrologen behaupten das Gegenteil: Das Schicksal stehe in den Sternen. Gesicherte Tatsachen ignorierend, erklären sie, nicht die Sterne selbst, aber ihre Anordnung, die angeblichen „Kraftfelder" der Sternbilder, beeinflussten unser Schicksal. Eine misslungene Ausrede, denn das hieße, die Drehung der Erde (mit der Folge von Tag und Nacht) und ihr Umlauf (das Jahr) hätten Einfluss auf unseren Lebensweg! Die Lage der Sterne und Sternbilder im Weltall bleibt nämlich über sehr lange Zeiten dieselbe. Nur die *Erdbewegung* verschiebt jede Nacht und Monat für Monat – also scheinbar – die Sternbilder. Doch dazu später.

Selbsternannte Astrologen erwerben ihre „Ausbildung" in wenigen Monaten. Sie beschweren sich, dass ihr Beruf nirgendwo auf der Welt staatliche Anerkennung findet. Offenbar sind alle Regierungen der Welt blind, weil sie diese angebliche Lebenshilfe nicht fördern. Dabei gäben ihnen doch ihre richtigen Voraussagen recht! Mag sein, dass die Voraussagen der Astrologen stimmen. Aber aus den Sternen, die vor allem aus Wasserstoff und Helium bestehen, oder von noch unbekannten kosmischen Kraftfeldern haben sie sie nicht. Das werden wir zeigen.

Astronomen nun sind begabte Naturwissenschaftler, die mindestens sechs Jahre lang studieren, vor allem Physik und Mathematik. Ich halte ein Astronomiestudium für besonders schwierig. Es umfasst ja alles, was außerhalb unserer Erdoberfläche ist, und eigentlich gehört die Erde als Planet auch noch dazu.

! ***Die Astronomie erforscht die Entstehung des Weltalls und seine Entwicklung. Sie untersucht deshalb Eigenschaften, Aufbau, Verteilung und Bewegungen der Objekte und Erscheinungen im Weltall. Sie ist eine messende, beobachtende und rechnende Wissenschaft.***

Diese Wissenschaft verlangt neben Begabung außerordentliche Begeisterung. Sie packt manche Menschen schon in jungen Jahren, wenn sie zum Beispiel die Frage stellen, wie weit es denn bis zu den Sternen sei. Es ist außer der Vielzahl der in einem Fernglas zu sehenden Sterne die ungeheure Leere, die unser Staunen hervorruft. So ist es auch nicht verwunderlich, dass in der ganzen Welt ungezählte Amateurastronomen ihrem Hobby, der Astronomie, in jeder klaren Nacht nachgehen.

Meistens lässt einen die Astronomie ein Leben lang nicht mehr los. Ich vermute, Sie gehören auch zu den „infizierten" Sternfreunden. Sie möchten, so hoffe ich, mit diesem Buch eine Gesamtschau des Wissens über den Kosmos in den Händen halten. Das Buch will sich mit den wesentlichen Erkenntnissen der Astronomie und vor allem den spannendsten befassen. Aber es soll auch leicht verständlich bleiben. Versuchen wir es! In 25 Jahren Astronomieunterricht ist das zumindest mein Hauptanliegen.

Viele Menschen, die mit der Astronomie schon mal flüchtige Bekanntschaft gemacht haben, möchten später häufig ein wenig mehr über das Weltall, unser aller Heimat, wissen. Sie verspüren vielleicht den gewissen Schauder, den der Gedanke an die Unendlichkeit des Alls erzeugt. Vor allem denen, die etwas mehr als das Übliche wissen möchten, ist dieses Buch gewidmet.

Es ist gar nicht so schwierig, sich einen Überblick über das scheinbar Unendliche zu verschaffen. Die Schulen vermitteln die Erkenntnisse der Himmelsforschung leider selten. Weniger wegen ihrer schweren Verständlichkeit, sondern eher, weil die Astronomie – man gesteht es ungern – zumindest oberflächlich zu nichts nütze ist.

So wird das Fach Astronomie den meisten Schülern nie begegnen, obwohl sich gerade junge Menschen für sie interessieren.

Es stimmt, diese Wissenschaft hat kaum einen ökonomischen Wert und ist obendrein teuer. (Wenn auch lange nicht so teuer wie die vom Nutzen her ebenfalls zweifelhafte Landesverteidigung.)

Die Astronomie gehört zu unserem Menschsein wie das Philosophieren. Sie ist ein Stück Kultur, wie auch Kunst oder Musik es sind, und sie kann ebenso Freude stiften wie diese.

Zum Glück gibt es neben engagierten Lehrern in manchen Schulen und Volkshochschulen weltweit eine große Anzahl von Sterntheatern, die Planetarien. Und es gibt außerdem zahllose Volks-Sternwarten mit ausgezeichneten Fernrohren. Sie finden sie mit Adresse im jährlich erscheinenden „Himmelsjahr" (Kosmos-Verlag). Man freut sich über Ihren Besuch! Lassen Sie sich einmal die ganze Pracht und Schönheit des Himmels zeigen. Genießen Sie den Blick in riesige Mondkrater! Betrachten Sie den frei schwebenden Ring des Saturn! Schauen Sie Trillionen Kilometer weit ins All zu den hunderten Milliarden Sternen einer fernen Welteninsel. All das ist heute möglich.

Kommen Sie mit auf eine atemberaubende Reise bis ans Ende der Welten...

Astronomie – die älteste aller Wissenschaften

Warum sagt man, die Astronomie sei die älteste aller Wissenschaften?

Aus sicheren Quellen wissen wir: Jede Hochkultur beobachtete systematisch den Sternhimmel. Sei es, man wollte aus der „Himmelsuhr" umlaufender Gestirne einen funktionierenden Kalender gewinnen. Sei es, um Herrschern bei ihren politischen Entscheidungen zu helfen, also aus astrologischen Gründen. (Astronomie und Astrologie waren für die „Magier" bei Hofe noch ein und dasselbe.)

Hochkulturen entstanden dort, wo sich Ackerbau und somit Sesshaftigkeit entwickelten. Ein Kalender war in Ägypten für den Aussaat-Termin überlebenswichtig. Mit Hilfe der Sternpositionen ließen sich die jährlichen Nilüberflutungen voraussagen. Säte man zu früh, wurde das Saatgut überschwemmt. Säte man zu spät, weil man gerade bei den Pyramiden Steine wuchtete, war der Boden in der glühenden Sonne schon wieder betonhart geworden. Später, während unseres Mittelalters, waren manche vorkolumbianischen Indianer wahre Kalenderfetischisten. Vermutlich auch wegen der Einhaltung religiöser Feste zu Ehren ihrer vielen Götter bauten sie monumentale Sternwarten. In Mexiko, auf dem Monte Albán und in Chichén Izá, kann man sie heute noch bewundern. Zusammen mit der Mathematik war die Astronomie die erste Wissenschaft der Menschheit. Das ist ungefähr 5000 Jahre her. Im Zweistromland, im heutigen Irak, begann es, und andere Hochkulturen folgten nach.

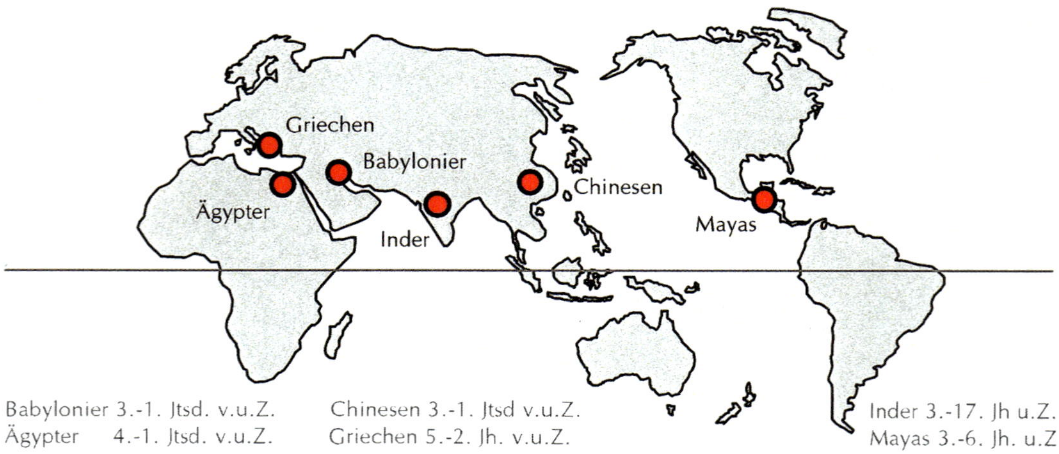

Babylonier 3.-1. Jtsd. v.u.Z.
Ägypter 4.-1. Jtsd. v.u.Z.
Chinesen 3.-1. Jtsd v.u.Z.
Griechen 5.-2. Jh. v.u.Z.
Inder 3.-17. Jh u.Z.
Mayas 3.-6. Jh. u.Z

Abb. 2: Alte Kulturen mit hochentwickelter Astronomie

Alle Erkenntnisse der Astronomie wurden 4400 Jahre lang nur mit dem freien Auge gewonnen, ohne Fernrohr. Eine erstaunliche Leistung. Man konnte Sonnenfinsternisse vorausberechnen, vermutete, die Erde sei eine Kugel und Scharfäugige hatten vermutlich die Milchstraße als Band von Sternen erkannt.

Welche Himmelskörper untersuchen die Astronomen?

Die Astronomen untersuchen alles, was sich im Weltall befindet. Außer den abgebildeten Objekten sind das zum Beispiel Gase, unsichtbare Teilchen, Strahlungen und Magnetfelder.

Welche Objekte beobachten Astronomen?

Was können Astronomen sehen und beobachten? Beantworten wir zuerst einmal diese Frage, um zu erfahren, was uns auf unserer Reise begegnen wird. Es sind vom Großen zum Kleinen:

- die Galaxienhaufen
- die Galaxien
- die Sterne
- über 100 um Sterne kreisende Planeten
- unsere Sonne
- unsere 9 Planeten (die Erde mitgezählt)
- über 90 Monde, sie umrunden die Planeten
- unzählige Planetoiden, also Kleinplaneten
- Kometen
- Meteoroide
- Gas
- Felder
- Strahlung

Kometen

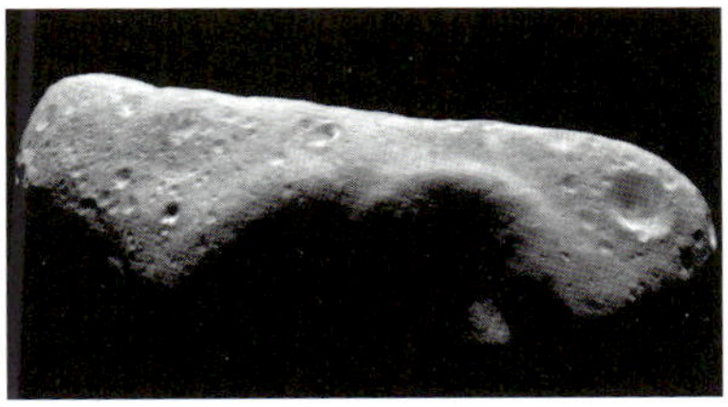

Planetoiden

Monde

Mit bloßem Auge ist davon herzlich wenig zu sehen:

Da wären natürlich unsere Sonne, im weiteren 5 Planeten, unser Mond und die Sterne. Manchmal haben wir Glück, dann kommt am nächtlichen Himmel eine flüchtige Sternschnuppe hinzu.

Die meisten Menschen schätzen die Anzahl der mit freiem Auge zu beobachtenden Sterne viel zu hoch ein. Es sind auf der jeweils halben Himmelskugel allerhöchstens 3000. Selbst in dunklen Ecken unserer Städte sehen wir nur einige hundert Sterne. Darum ist die Verblüffung auch stets groß, wenn in einem Planetarium das Licht verlöscht und an der Kuppel ein schier unendliches Sternenmeer aufflammt. Aber auch hier sind es höchstens 3000 Sterne, die uns geboten werden.

Jedes Fernrohr hat seinen Himmel

Heute gibt es in vielen Familien ein preiswertes und gutes Fernglas. Sie sind nicht nur für Beobachtungen von Tieren auf Ausflügen und Reisen geeignet. Richten Sie es einmal in den Nachthimmel! Sie werden staunen, wie viel mehr Sterne es zu sehen gibt. Es könnte sein, dass Sie beim Spazierengucken den Planeten

Planeten

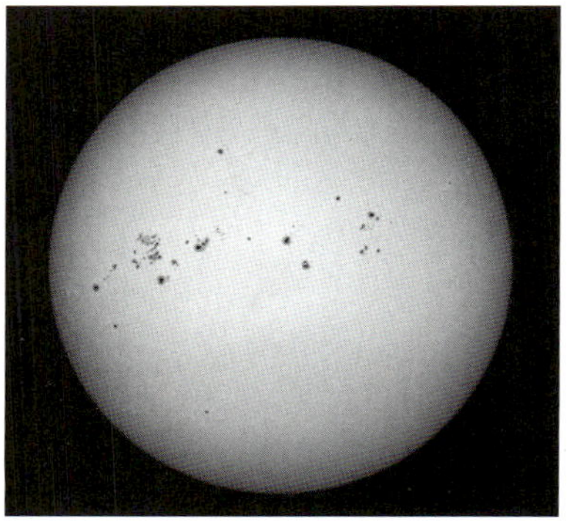

Sonne

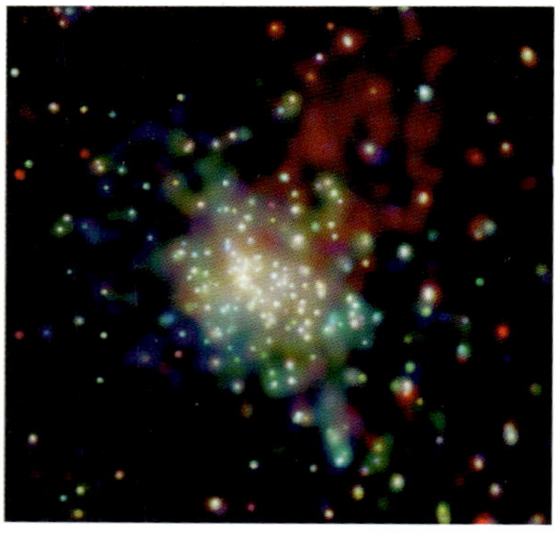

Sternhaufen

Galaxien

Jupiter erwischen, ein kleines Scheibchen, und sogar seine vier größten Monde sehen.

Doch möchten Sie nicht am liebsten gleich durch ein richtiges großes Fernrohr schauen, um dieses wunderschöne Bild zu vergrößern? Also, auf zum Optiker!

Moment. – Halten wir kurz inne.

Das Angebot an optischen Geräten zur Himmelsbeobachtung ist unglaublich groß. Die Preise liegen zwischen 100,- und 5000,- € und darüber. So eine Anschaffung will gut überlegt sein. Ich habe für Sie ein paar gute Tipps.

Vielleicht meinen Sie, für Ihren ersten Bedarf reiche ein einfaches Gerät. Man will ja erst mal sehen, ob sich die Sache lohnt. Wenn Sie ein Fern*rohr* kaufen, sind Sie vermutlich enttäuscht. Nehmen Sie ein billiges für 75,- €, sind Sie todsicher enttäuscht.

Mein dringender Rat: Kaufen Sie zu diesem Preis ein zweiäugiges Fern*glas*. Linsen mit 10facher Vergrößerung und von mindestens 50 mm Durchmesser sind optimal. 10 × 50 lautet in diesem Falle die Aufschrift.

Wenn Sie nun aber eines der billigen Fernrohre geschenkt bekommen haben? Die Frontlinse (Objektiv) ist bei denen gar nicht so schlecht. Besorgen Sie sich auf dem Flohmarkt bessere Okulare. Auch die von Mikroskopen können es sein. Die Okulare sind es, die nichts taugen. Je höher darauf die Zahl zur Angabe der Brennweite (in mm) sind, desto besser. Je kleiner die Brennweite, desto höher die Vergrößerung, desto dunkler das Bild.

20 mm ist zunächst eine gute Brennweite.

Wenn es denn aber statt eines Fernglases („Feldstecher") unbedingt ein richtiges Fernrohr sein soll, rate ich Ihnen zu einem *Linsen*-Fernrohr (Refraktor). Es ist für Mond- und Planetenbeobachtungen besser geeignet als Spiegelfernrohre (Reflektoren). Nur wenn Sie in einer dunklen Gegend wohnen, dort lichtschwache Gaswolken und ferne Galaxien beobachten und sich dafür viel Zeit nehmen können, lohnt sich der Kauf eines Spiegelteleskops. Optimal für Amateure ist eines mit ca. 20 cm Durchmesser.

Der Durchmesser des Objektivs eines *Linsen*-Fernrohrs sollte kompromissbedingt etwa 9 cm haben. Ein größeres Teleskop ist weniger transportabel und kostet auch viel Geld. Faustregel: Mehr als 1000,- € brauchen Sie für ein komplettes, gutes Hobby-Fernrohr – ein gebrauchtes aus dem Internet – nicht auszugeben.

Achten Sie streng darauf, dass das Instrument eine „äquatoriale Montierung" hat (das übliche bei dem Preis). Das ist wichtig für eine bequeme Stern-Nachführung, welche die beständige Erddrehung erfordert.

Und was ist mit der Vergrößerung? – Haben Sie schon mal ein unscharfes Foto vergrößern lassen? Tante Annemarie vorm kompletten Eiffelturm wird durch einen Vergrößerungsausschnitt nicht besser erkennbar. Vor allem *scharf* muss ein Fernrohr abbilden, nicht groß.

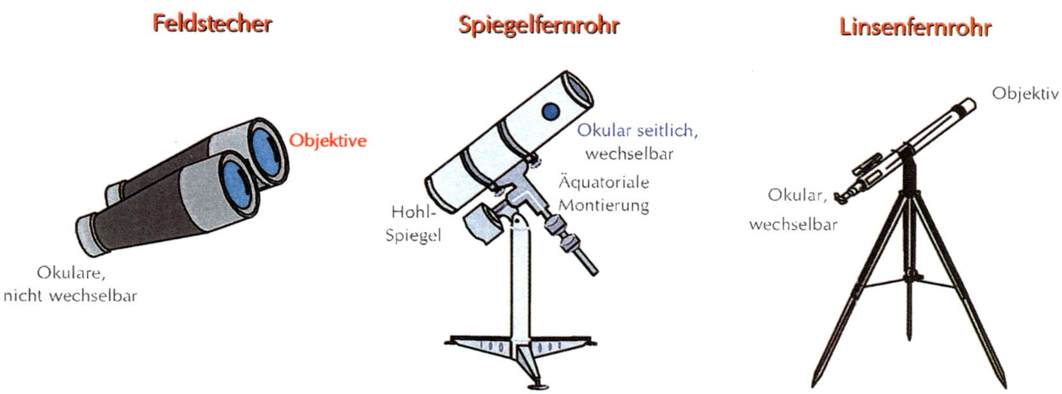

Abb. 3: Hobby-Fernrohrtypen

Sterne kann man übrigens *nicht* vergrößern! Auch im allergrößten Fernrohr nicht. Dazu sind sie zu weit entfernt. Aber es wäre ärgerlich, wenn sie in Ihrem Fernrohr nicht punktförmig sondern oval sind. Oder wenn Sie die Planeten mit einem bunten Rand sehen, wie es bei billigen Geräten passieren kann.

Fragen Sie also nicht nach der Vergrößerung, sondern nach der „Auflösung“. Je kleiner der Wert (in Bogensekunden) desto besser. Er sagt etwas aus über die Details, die Sie auf einem Himmelskörper, z. B. dem Mond sehen können. Das nennt man allgemein „Schärfe“.

Wie stark vergrößert denn nun Ihr Fernrohr? Faustregel:

! ***Der Objektivdurchmesser (in Millimeter) ist gleich der sinnvollen Vergrößerung***

Bei guter Optik dürfen Sie auch mit dem Faktor 2 malnehmen. Ein gutes 90-mm-Fernrohr erzielt also 180fache Vergrößerung. Diese bringt schon ganz Erstaunliches zutage.

Auch Billigfernrohre versprechen hundertfache Vergrößerung. Das ist so, als würde Ihnen jemand weismachen wollen, aus einem Klumpen Eisen könne man einen dünnen Draht herstellen, der bis zum Mond reiche. Theoretisch schon...

Man wird Ihnen die Vergrößerung berechnen, *theoretisch* durchaus richtig, *praktisch* aber Unsinn: „Man muss die Objektivbrennweite durch die Okularbrennweite dividieren, also z. B. 2400 mm : 6 mm = 400fach.“ Doch dabei wird gemogelt: Man zeigt Ihnen ein Okular mit extrem geringer Brennweite und daher winzigem Einblick. Bei meist schlechten Linsen aus billigem Kunststoff nützt die so errechnete theoretische Vergrößerung rein gar nichts. Das Blickfeld ist dann sehr klein und das Objekt kontrastarm.

Was für Instrumente benutzen die Berufs-Astronomen? Riesige! Die Fernrohre haben Spiegel-Durchmesser bis zu 10 Metern. Ihre Leistung ist gigantisch. Mit einem der 8-Meter-Spiegel

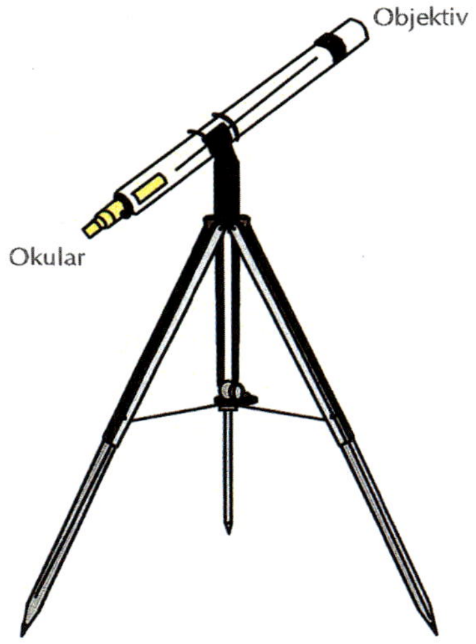

Vergrößerung = Objektivbrennweite geteilt durch die Okularbrennweite

Beispiel:

1000 mm : 20 mm = 50 fach vergrößernd

Maximal sinnvolle Vergrößerung:

Objektivdurchmesser (in Millimeter) mal 2

Realistischer ist aber:

Objektivdurchmesser in mm = Vergrößerung

Abb. 4: Vergrößerungs-Berechnung beim Hobby-Fernrohr

(VLT, Very Large Telescope) könnte man 2 Autoscheinwerfer auf dem Mond einzeln getrennt wahrnehmen.

Im Jahre 2009 soll ein neues Weltraum-Teleskop in die Umlaufbahn geschickt werden. Es reicht bis zum „Rand" unseres Universums. Das sind etwa 15 Milliarden mal 10 Billionen Kilometer!

Schon das jetzige Weltraumteleskop (HST, Hubble Space Telescope) kann ein 2-Euro-Stück in 700 Kilometer Entfernung noch lesbar scharf abbilden. Eine unglaubliche Leistung!

Die 4 Spiegelfernrohre in Chile kosten 150 Millionen €. Teuer? Das ist in etwa der Jahresumsatz der *Astrologie* – dieses zum Fenster hinausgeworfene Geld.

Abb. 5: Superteleskope. „First light" svw. Probelauf

Teleskop	Ort	eff. Durchm.	First Light
Hobby Elberle Telesc.	McDonald-Obs., Texas	9,9 m	1996
Keck I und II	**Mauna Kea, Hawaii**	**2 mal 9,8 m**	**1996 / 98**
Very Large Telescop	**Cerro Paranal, Chile**	**4 mal 8,2 m**	**1998 / 01**
Subaru ("Siebengest.")	Mauna Kea, Hawaii	8,3 m	1999
Gemini Nord	Mauna Kea, Hawaii	8,0 m	1999
Gemini Süd	Cerro Pachon, Chile	8,0 m	2000
South. Afric. Large Tel.	Southerland, Südafrika	9,9 m	2002
Gran Telescopio de las Canarias	Roque des Muchachos, La Palma	10,0 m	2002
Large Binocular Tel.	Mount Graham, Arizona	2 mal 8,4 m	2002 / 03

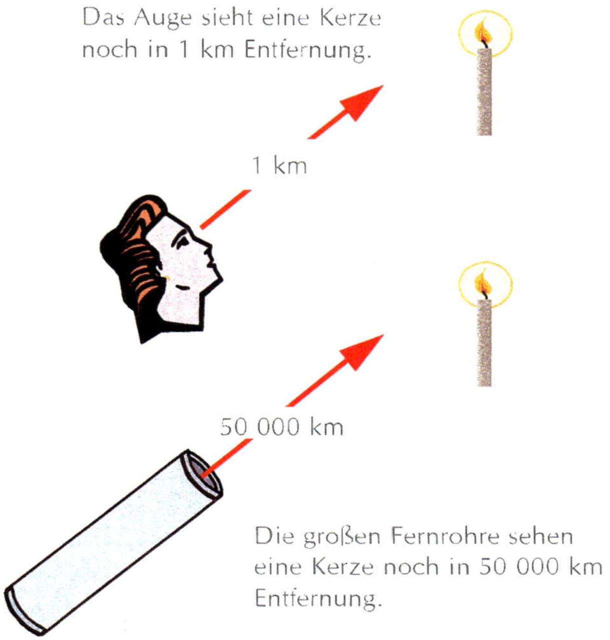

Gemini-Süd-Teleskop (Gebäude)

Abb. 6: Die Leistung der großen Fernrohre im Vergleich zum Auge

Wenden wir uns nach unseren Klärungen und „Reisevorbereitungen" nun endlich dem Himmel zu. Beginnen wir in einer wolkenfreien Nacht mit der Suche nach den Sternbildern.

Karte und Kompass

Im ersten Abschnitt unserer großen Reise ins Weltall schauen wir uns im Reich der Planeten um, unserer kosmischen Heimat. Damit wir uns unterwegs stets orientieren können, lernen wir vorerst die attraktivsten Sternbilder kennen.

Orientieren kommt von Orient, Osten, heißt also „nach Osten ausrichten". Alte Karten hatten Osten oben, weil von dort das Licht des neuen Tages, der lebenswichtigen Sonne, kommt. Auch die Altäre unserer Kirchen liegen daher im Osten. Heute „nordieren" wir uns, richten Karten nach Norden aus.

Die Sternbilder wurden zum Teil bereits vor Jahrtausenden erfunden, viele davon im Zweistromtal von Euphrat und Tigris. Gedachte Verbindungslinien zwischen den Sternen ergaben ganz willkürliche und phantasievolle, aber einprägsame Figuren. Sie waren sehr praktisch für die grobe Orientierung. Wenn man durch Wüsten oder auf großen Wasserflächen reiste, konnte man mit Sternbildern zumindest die ungefähre Richtung ermitteln.

Man erinnere sich beispielsweise an den „Stern von Bethlehem". Die Könige aus dem Morgenland (eigentlich Magier; es waren aber vermutlich *astrologisch* geschulte Diplomaten) haben sich in der Wüste an einem hellen Stern orientiert. Spätere Untersuchungen zeigten allerdings, dass es wahrscheinlich zwei eng stehende Planeten waren – Jupiter und Saturn. Wir kommen noch darauf zurück.

Und letztlich – für einen sehr einfachen landwirtschaftlichen Kalender genügte es zu wissen, wann welches Sternbild am Morgen über dem Horizont erscheint.

Die drehbare Sternkarte – der Atlas des Himmels

Alles was wir zur Orientierung brauchen, ist ein „Autoatlas" des Himmels. Was an Sternen in Europa zu sehen ist, passt auf eine runde Karte mit 27,5 cm Durchmesser. Die schnellen Himmelskörper, z. B. Mond und Planeten sind natürlich nicht eingetragen. Wie wir diese mit Hilfe der Karte finden, behandeln wir etwas später.

Wir bekommen diese nützliche Sternkarte im Buchhandel. Sie kostet ca. 14,- €. Sie gilt mindestens bis 2040, denn alle Sterne sind so weit weg, dass sie für uns ihren Ort an der scheinbaren

Himmelskugel in solchen Zeiträumen kaum ändern. Kaufen Sie, weil hier nur diese eine beschrieben werden kann, die *„drehbare Kosmos-Sternkarte"*.

Wenn Sie aber vorläufig keine drehbare Sternkarte erwerben können, springen Sie vorerst zum nächsten Kapitel.

Man hat auf der „drehbaren Kosmos-Sternkarte" den Himmel so verkleinert dargestellt, dass die Sternbilder unserer Breiten gerade noch gut zu erkennen sind. Das ist ein gewisses Problem: Am Himmel müssen Sie sich die Sternbilder und ihren Abstand zueinander sehr viel größer vorstellen!

Im Gewimmel der Sterne sich zurechtzufinden, ist für Ungeübte auch aus einem anderen Grunde schwierig. Die Erde dreht sich unentwegt nach Osten, wodurch sich die Lage der Sternbilder zum Horizont Stunde für Stunde (um je 15 Grad) ziemlich schnell ändert. Obendrein bewegt die Erde sich, wenn auch relativ langsam, um die Sonne. In Richtung Nachtseite, von der Sonne weg, stehen im Laufe des Jahres immer wieder andere Sternbilder. Die Sternfiguren selbst behalten natürlich ihre Lage zueinander bei. Das ist wie bei unseren Erdkarten: Die Nachbarschaft und der Abstand der Länder zueinander bleibt immer gleich, auch wenn die Australier uns als Souvenir Weltkarten verkaufen („Down-under-Karte"), die auf dem Kopf stehen.

Bevor wir also unsere Sternkarte benutzen, müssen wir sie auf den Beobachtungs-Zeitpunkt einstellen- auf Monat, Tag, Stunde und Minute. Das Jahr stellt man nicht ein, weil sich der zu beobachtende Himmel Jahr für Jahr wiederholt.

Alles was Sie zum Einstellen wissen müssen, steht in Kurzform auf der Kartenrückseite. Wir gehen aber schrittweise und ganz langsam vor. Dazu brauchen Sie jetzt etwas Geduld.

Am Rand Ihrer Sternkarte suchen Sie als erstes immer den aktuellen *Monat* auf. Darunter befinden sich seine *Tage*.

Die *Uhrzeit* ist auf der drehbaren *Abdeckung*.

Drehen Sie diese (24-Stunden-) Uhr mit der aktuellen Stunde/Minute unter den aktuellen Tag. Fertig! -

Aber: Nicht die Sommerzeit nehmen!! Die lässt sich nur an einer echten Uhr einstellen. An dieser Übereinkunft nimmt der Himmel nicht teil.

Was ist mit dem drehbaren Zeiger? Um den kümmern wir uns später. Noch brauchen wir ihn nicht.

Was Sie nun im durchsichtigen Oval sehen, ist der aktuelle Himmel über Ihnen. Wenn es gerade Tag ist, Sie also z. B. 14 Uhr eingestellt haben, sind auch Sterne da, und zwar alle, die Sie im Oval sehen. Nur werden sie natürlich von der Sonne überstrahlt, denn um 14 Uhr ist Tag.

Der innere Rand des Ovals ist Ihr Horizont. Zur Ausrichtung der Karte sind die 4 Himmelsrichtungen eingetragen. Suchen Sie bitte NORD. Wenden Sie sich (ungefähr) nach Norden. Legen Sie den Daumen auf „NORD". Halten Sie die Sternkarte so, als würden Sie durch ein Fernglas schauen, also schräg nach oben. Sie müssten bald ein sehr bekanntes Sternbild, den Großen Wagen, finden. Sie werden überrascht sein, wie groß er im Verhältnis zum Kartenbild ist. An diesen Dimensionswechsel müssen wir uns ein bisschen gewöhnen.

Verlängern Sie die hinteren Kastensterne des Großen Wagen, kommen Sie in einer dunkleren Zone auf den Polarstern. Auf der Sternkarte liegt er unter der Niete. Am Polarstern durchstößt die gedanklich verlängerte Erdachse, vom Nordpol der Erde kommend, den gedachten Nordpunkt des Himmels. Daher scheint sich nachts der ganze Himmel langsam um diesen einen Punkt zu drehen, und mit ihm auch der Große Wagen. In Wahrheit dreht sich natürlich die Erde unter dem Großen Wagen weg.

Wer mit den Augen vom Polarstern eine Senkrechte zum Horizont zieht, weiß jetzt wo Norden ist. Süden liegt dann hinter ihm, rechts Ost und links West, wie bei einer Windrose.

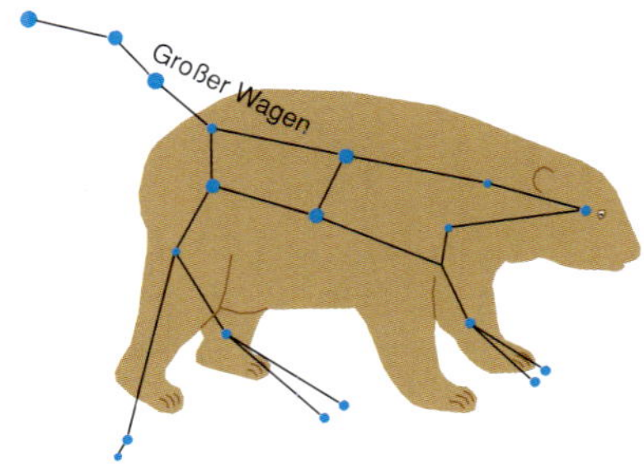

Abb. 7: Sternbild Großer Bär mit dem Teil „Großer Wagen“

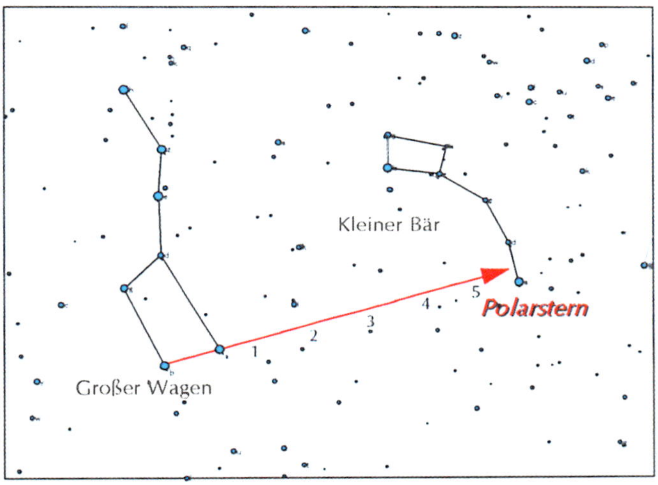

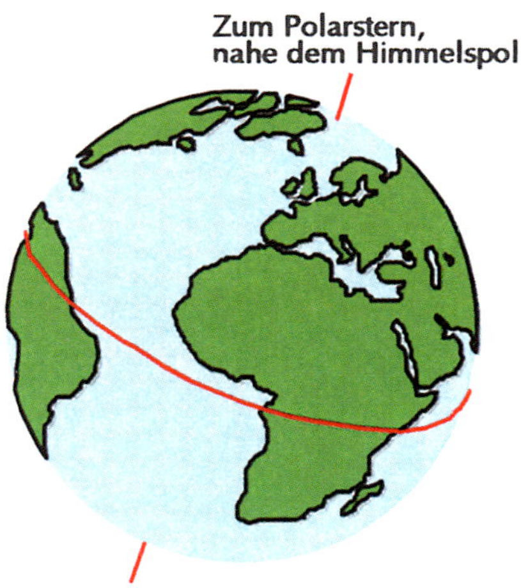

Abb. 8: So findet man den Polarstern

Innerhalb des roten Kreises sind die für Mitteleuropa zirkumpolaren Sternbilder. Sie gehen nie auf bzw. unter, sind also immer zu sehen

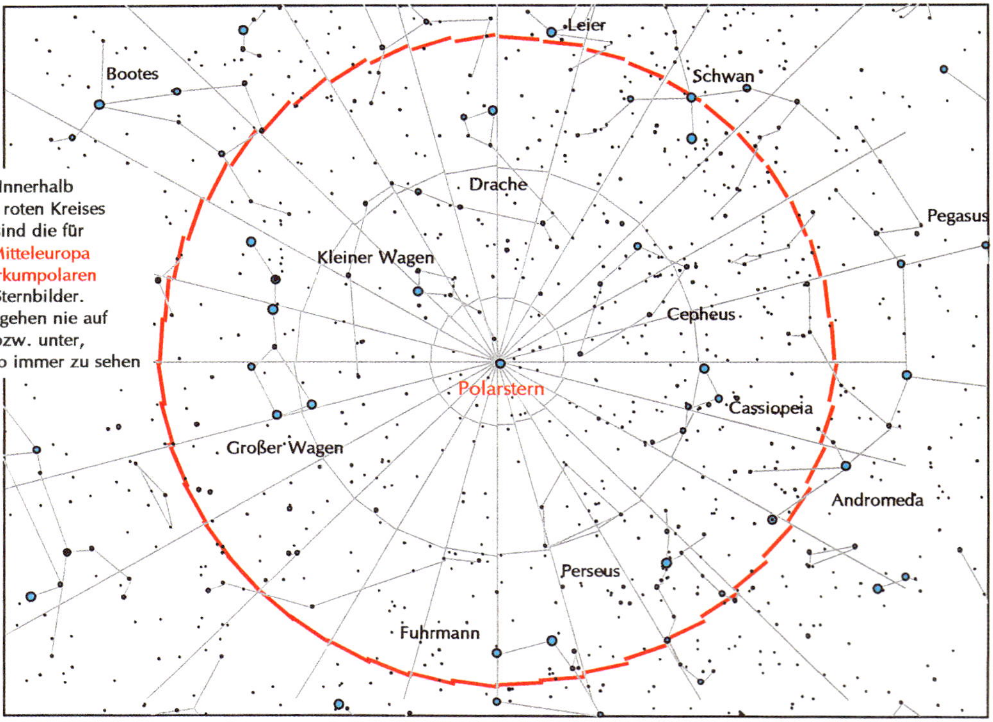

Abb. 9: Die Gegend um den Himmelsnordpol

Wussten Sie übrigens, dass die indigoblaue Fahne des Staates Alaska formatfüllend den Polarstern und Großen Wagen zeigt? Das ist eine hübsche Idee. Aber auch das Kreuz des Südens – unser kleinstes Sternbild und für uns erst unter dem Äquator zu sehen – ist auf mehreren Flaggen zu finden: West-Samoa, Papua-Neuguinea, Neuseeland, Australien.

Am schönsten ist der Himmel im Winter: Stellen Sie bitte den 10. Januar 22 Uhr ein. Bei NORD ist wie immer der Große Wagen zu sehen. Wenden Sie sich jetzt nach Süden. Halten Sie die Karte so, dass Ihr Daumen auf SÜD liegt. Sie werden knapp über dem Horizont den Orion, den ‚Himmelsjäger', finden. Zuerst werden Sie seine drei auffälligen Gürtelsterne entdecken, dann die ganze Figur. Verlängern Sie diese drei Sterne schräg nach links unten, haben Sie knapp über dem Horizont den hellsten Stern des Himmels – Sirius im Großen Hund.

Stellen Sie jetzt bitte die Uhrzeit drei Stunden weiter auf 1 Uhr. Das schon eingestellte Datum, 10. Januar, muss natürlich beibehalten werden. Kontrollieren Sie es lieber noch einmal. In 3 Stunden hat sich der gesamte Himmel etwas weiter (3 mal 15 ° = 45 °) nach Westen verdreht. Was ist die Ursache? Natürlich, die Drehung der Erde! Der Himmel bewegt sich also nur scheinbar weiter, von Ost nach West. In Wahrheit dreht sich die *Erde* von West nach Ost. Daher ist es vor der Benutzung der Sternkarte wichtig, Monat, Tag und Stunde/Minuten einzustellen.

Abb. 10: Sternbilder und Himmelskörper auf Flaggen

Unsere drehbare Sternkarte ist eingerichtet für den Himmel jener nördlichen Breite, auf der wir in Deutschland leben. Streng genommen gilt sie für 50 ° nördliche Breite, das sind alle Orte auf dem gleichen Breitengrad wie Mainz. Die Karte funktioniert natürlich auf diesem Breitengrad rund um die Erde. Beispielsweise können Sie die Karte auch nach Süd-Kanada oder zum Baikalsee mitnehmen...

Beim Betrachten der Sternbilder fällt Ihnen auf, dass sehr viele von ihnen Tiernamen haben. Es sind immerhin 42 %. Kein Wunder – Tiere spielten im Leben der Menschen seit Urzeiten eine wichtige Rolle. In der südfranzösischen Höhle von Lascaux wurden vor 25 000 Jahren, bis auf eine Ausnahme (eine menschliche Gestalt), ausschließlich wildlebende Tiere auf die Wände gemalt. Auch unter unseren heutigen Sternbildern sind nur drei Haustiere, allesamt Hunde.

Wie wir erfahren haben, stammen Sternbilder aus der Zeit erster Sesshafter. Etliche Sternbildnamen kommen aus der Sagenwelt antiker Völker. Sternbilder mit Gegenständen aus der Technik, wie „Luftpumpe“ oder „Sextant“ sind auf europäischen Entdeckungsreisen erdacht worden. Sie stehen am Südhimmel. Hätte man die Sternbilder erst in unseren Tagen erfunden, hießen sie

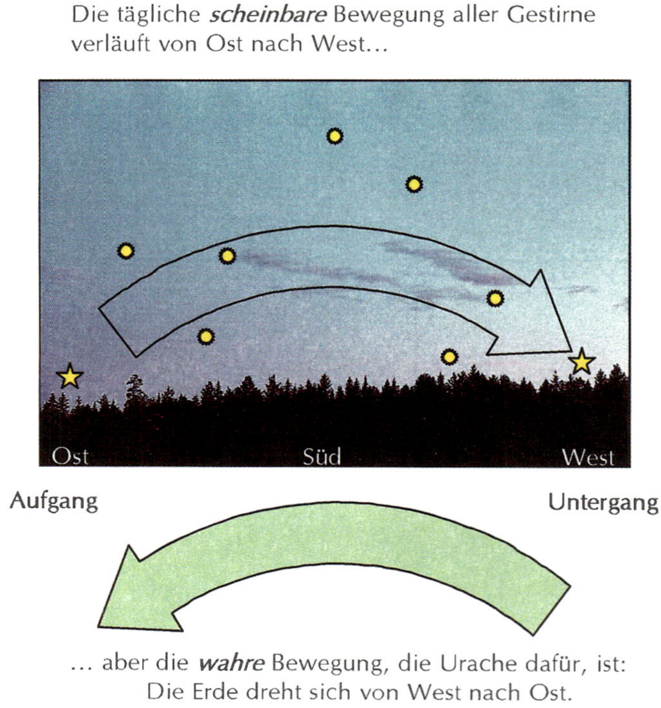

Abb. 11: Scheinbare und wahre Bewegung der Gestirne

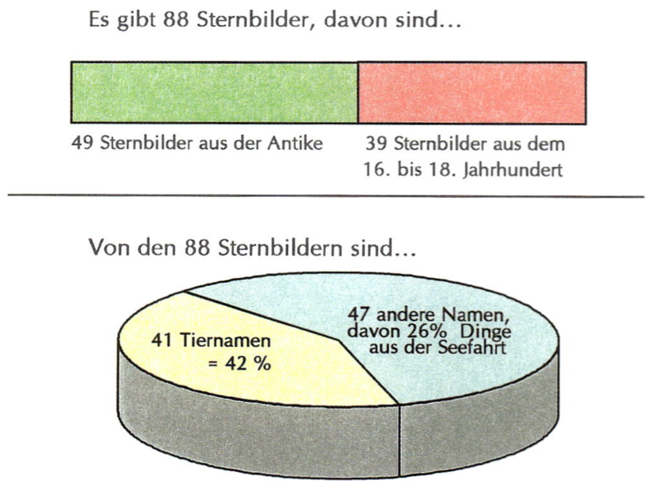

Abb. 12: Ein wenig Sternbild-Statistik

anders – vielleicht „Auto", „Computer", „Handy" oder „Mikrowelle".

Wie sähe eigentlich ein Sternbild von der Seite aus? Die Frage ist natürlich recht naiv. Stellt man die Frage einem Astrologen, findet er hübsche Ausreden. ‚Seine' Sternbilder sind an den als Glaskuppel gedachten Himmel festgeheftet.

Manche unter uns glauben wohl daher, „Ihr" Sternbild hätte aus *allen* Richtungen des Weltalls gesehen dieselben Umrisse z. B. die des Löwen. Das ist natürlich nicht der Fall. Von einem Stern, der von der Erde ganz weit entfernt ist, würde der Löwe vielleicht als Meerschweinchen oder Kellerassel erscheinen.

Ein zweites Beispiel: Die Sterne des „Sommerdreieck" bestehen aus den hellsten Sternen von Schwan, Leier und Adler. Sie ergeben nur aus unserer Richtung zufällig ein Dreieck. Wohnte jemand auf einem fernen Planeten rechts oberhalb, würde er eine Figur wie den Oriongürtel sehen – drei Sterne in einer Reihe. Sternbilder entstehen also durch *Projektion* der Sterne auf die *scheinbare* Himmelskugel. Ihre Anordnung hängt ab vom Standort des jeweiligen Beobachters im Weltall, aber auch von der Beobachtungszeit. In 100 000 Jahren wird durch die Bewegung der Sterne vielleicht aus dem stolzen Sternbild „Schwan" eine „Ente" und aus dem kraftschönen „Stier" eine furchtsame „Hausmaus".

Genauso absurd wie die Frage nach dem Aussehen der Seitenansicht eines Sternbildes ist natürlich die, welches Sternbild uns denn am nächsten stehe. Die Sterne reichen unterschiedlich weit in die Tiefe des Raumes. Ein leuchtstarker, sehr *ferner* Stern kann zum Beispiel mit zwei blassen *nahen* Sternen von uns aus gesehen ein Dreieck scheinbar gleich heller Sterne bilden.

Reisen wir jetzt in Gedanken (an unserem Beobachtungstag am 10. Januar) mal ganz weit nach Süden. Am besten geeignet ist Namibia im Südwesten Afrikas, weil das Land unsere Breite hat, aber eben Südbreite, und weil der Nachthimmel dort klar und auf verständnisvollen Farmen lampenlos dunkel ist. Natürlich finden wir auch hier den *Orion*, der zu einer Hälfte auf der Nordhimmel-Halbkugel, zur anderen auf der Südhimmel-Halbkugel liegt. Aber in Namibia steht Orion auf dem Kopf! Oder nein: Wir stehen ja Kopf! Die Sternbilder verändern,

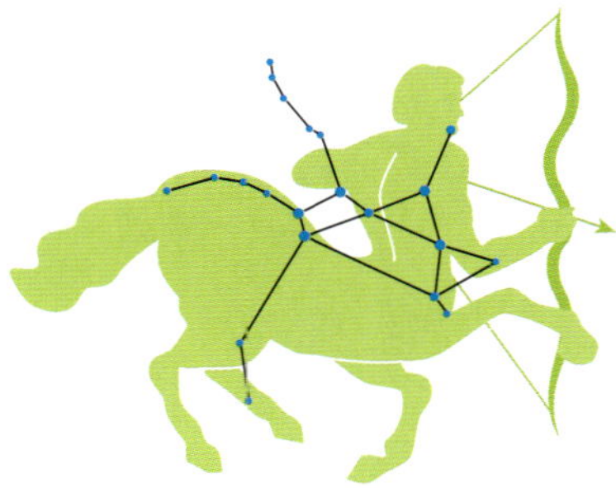

Abb. 13: Sternbild Schütze: Phantasie und Wirklichkeit

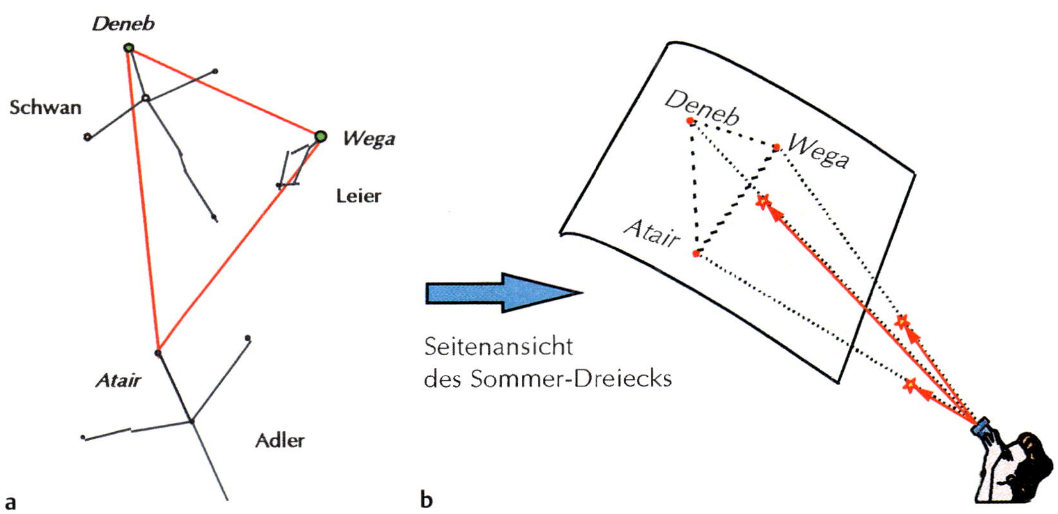

Abb. 14 a: Das Sommer-Dreieck
Abb. 14 b: Seitenansicht des Sommer-Dreiecks

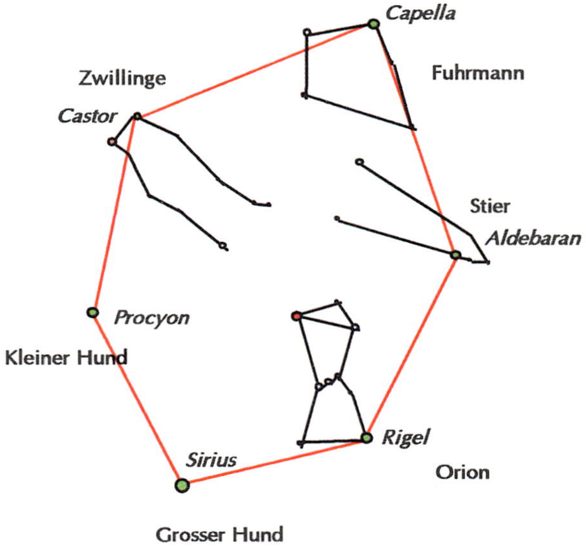

Abb. 15: Das Winter-Sechseck

wie wir erkannten, nicht ihre Form. Sie verändern jedoch ihre Lage, was mit der Kugelgestalt der Erde erklärt werden kann. Übrigens wussten es schon ein paar Wissenschaftler vor 2000 Jahren: Die Erde ist eine Kugel. Man hatte es später nur wieder vergessen. 1492 gab ein gewisser Martin Behaim einen Globus heraus – den ersten der Neuzeit. Kolumbus musste man nicht bemühen, um die Kugelgestalt der Erde zu beweisen. Er hat sie im übrigen nie umrundet...

Um 1930 hat man Ordnung in die Sternbilder gebracht. Ihre Namen und ihre Anzahl (88) sind seither für alle Sternkarten verbindlich festgeschrieben. Um Streit zu vermeiden, ob ein Stern noch zu diesem oder bereits zum nachbarlichen Sternbild zählen soll, wurden Sternbild*grenzen* festgelegt. Der „zerlegte“ Himmel sieht so aus wie die Karte der westlichen USA – ein nach Längen- und Breitengraden aufgestückeltes Land. Der Staat Colorado wurde zu einem Viereck. Genau wie das Sternbild „Kreuz des Südens“.

In den Lexika vor 1925 sind die Sternbildgrenzen noch gekrümmt. Da findet sich das Fernrohr schlecht zurecht, wenn am Himmel nach einem schwachen Stern gesucht wird.

Allerdings sind die Sternbilder wegen ihrer recht groben Aufteilung des Himmels für die astronomische Praxis uninteressant geworden. Die Lage von Sternen und Planeten lässt sich mit Hilfe von Koordinatensystemen sehr viel genauer angeben. Punktgenau! Unsere drehbare Sternkarte ist dazu in der Lage. Sicherlich sind Ihnen die Zahlen und Linien aufgefallen. Dazu gleich mehr.

Bevor wir uns nämlich mit dieser punktgenauen Suche nach Sternen und Planeten befassen, möchte ich Ihnen zeigen, dass die Sternkarte unseren natürlichen Himmel tatsächlich widerspiegelt.

Sternbild	Sichtbarkeit	Auffindbarkeit	bekannt auch als
1. Adler		gut zu finden	
2. Andromeda		gut zu finden	
3. Bootes		einfach zu finden	„Eistüte“
4. Cassiopeia	☺	sehr einfach zu finden	„Himmels-W“
5. Cepheus	☺		
6. Delphin		gut zu finden	
7. Drache	☺		
8. Dreieck			
9. Eidechse			
10. Einhorn			
11. Fische			
12. Füchschen			
13. Fuhrmann		einfach zu finden	
14. Füllen			
15. Giraffe	☺		
16. Großer Bär	☺	sehr einfach zu finden	„Großer Wagen“
17. Großer Hund	☹		
18. Haar der Berenike			
19. Hase			
20. Herkules		gut zu finden	
21. Jagdhunde			
22. Jungfrau			
23. Kleiner Bär	☺	gut zu finden	„Kleiner Wagen“
24. Kleiner Hund		gut zu finden	
25. Kleiner Löwe			
26. Krebs			
27. Leier		einfach zu finden	
28. Löwe		sehr einfach zu finden	
29. Luchs			
30. Nördliche Krone			
31. Orion		sehr einfach zu finden	
32. Pegasus		einfach zu finden	„Herbstviereck“
33. Perseus		einfach zu finden	
34. Pfeil			
35. Rabe			
36. Schlange			
37. Schlangenträger	☹		
38. Schwan		sehr einfach zu finden	„Kreuz des Nordens“
39. Sextant			
40. Skorpion	☹		
41. Steinbock			
42. Stier		sehr einfach zu finden	
43. Walfisch	☹		
44. Wasserschlange	☹		
45. Zwillinge		einfach zu finden	

☹ mit einem Teil immer unter dem Horizont
☺ jede Nacht am Himmel

Abb. 16: Prinzipiell sichtbare Sternbilder auf der geographischen Breite von Mitteleuropa

Das Auffälligste am Himmel ist ja der Auf- und Untergang von Sonne und Mond. Aber auch die Sterne gehen auf und unter. Erinnern wir uns, dass die Ursache dieser Bewegung die Erddrehung um die eigene Achse, also eine *scheinbare* Bewegung ist. Sehen wir uns den Auf- und Untergang der Sterne näher an.

Suchen Sie wieder den 10. Januar. Drehen Sie die Maske über dieses Datum auf 17 Uhr. Halten Sie den Daumen auf SÜD. Genau im Süden würden Sie am Himmel jetzt einen Teil des Sternbildes „Bildhauer" sehen. Aber so tief am Horizont ist es zu dunstig und zu hell, und die Sterne dort sind sehr schwach. Bei OST ist mehr los. Dort sehen Sie gerade den Orion aufgehen. Wenn Sie die Maske langsam nach rechts weiterdrehen, steigt Orion immer höher über das Oval, den Horizont. Bei SÜD erreicht Orion seinen höchsten Punkt am Himmel. Man sagt, das Sternbild Orion *kulminiert.* Wie spät ist es jetzt an unserem 10. Januar? – Genau! Etwa 22 Uhr 30 Minuten lesen Sie ab. Das ist die Kulminationszeit. Orion steht nun in der Südlinie.

Diese gedachte Linie heißt *Meridian.* Das ist für uns ein neuer Begriff, und er hat unterschiedliche Bedeutung. Wenn die Sonne an unserem Standort ihren höchsten Punkt erreicht hat, kulminiert sie. Es ist Mittag, 12 Uhr. Sie steht dann im Süden auf ihrer Mittagslinie (lat. Meridian).

Nicht zuletzt heißt auch jeder Längengrad der Erde „Meridian".

Drehen wir unsere Sternkarte weiter. Ebenso wie Sonne und Mond geht Orion nun langsam zur Himmelsrichtung WEST. Wir drehen die Maske, bis der ‚Gürtel' des Himmelsjägers Orion dort aufsetzt. Unter dem 10. Januar steht etwa 4 Uhr 30 Minuten. Das ist schon der Folgetag.

Sehen Sie im Winter zum Himmel und verfolgen Sie Orion. Etwa alle Stunde ist er deutlich ein Stück weiter rechts nach WEST gerutscht (Erddrehung!). Unsere Sternkarte hilft uns also nicht nur zum Auffinden der Sternbilder. Sie simuliert naturgetreu auch ihre scheinbare Bewegung.

Die Sternbilder gehen natürlich nicht alle exakt bei OST auf und bei WEST unter. Aber das tut ja die Sonne im Laufe eines Jahres auch nicht.

Wenn Sie wollen, können Sie dasselbe wie mit Orion einmal mit dem Großen Wagen versuchen. Sie werden überrascht sein. Er wechselt die Himmelsrichtungen, geht aber (bei uns im Norden der Erde) niemals unter den Horizont. Er steht nah an der Erdachse. Als würde ein Luftschiff über uns Kreise drehen und nicht geradewegs zum Horizont segeln, kreist daher der Große Wagen um den Himmelspol, in dessen Nähe der Polarstern steht.

Alle Sternbilder und Sterne, die bei uns in keiner Nacht des Jahres untergehen, also immer zu finden sind, heißen *zirkumpolare* Sternbilder. Es sind jene, die in dem kleinen Kreis um den Himmelspol (die Niete der Karte) liegen. Schauen Sie nach: Es sind außer Großer Wagen der Kleine Wagen, die Cassiopeia und... na, der Rest besteht nur aus sehr schwachen Sternen.

Die Cassiopeia sieht aus wie ein „W“. Wenn Sie heute Abend nach NORD schauen, finden Sie es. Stellen Sie sich aber vorher Ihre Sternkarte auf das richtige Datum und die richtige Uhrzeit, damit Sie seine Lage zum Horizont kennen. Es könnte auch so liegen, dass Sie ein „M“ statt ein „W“ oder einen dieser beiden Buchstaben auf der Seite liegend sehen. Das liegt wieder an der Erde, die sich unter dem Himmel wegdreht.

Zum Abschluss dieses Kapitels schauen Sie sich doch bitte einmal kritisch den Text an, der im HB Atlas „Neuseeland“ zu finden war. Entdecken Sie den Fehler?

? ***„Durchschnittlich 24 Stunden dauert die Reise in diese scheinbar verkehrte Welt, wo der Mond andersherum ab- und zunimmt, die Sonne im Westen aufgeht und im Norden am höchsten steht, und wo Silvester im Hochsommer gefeiert wird.***

Lösung: Auch in Neuseeland geht die Sonne im Osten auf. Auch hier dreht sich die Erde von West nach Ost! Die Sonne zieht von Ost über den NORD-Himmel nach West. Balkone sollten daher in Neuseeland an der Nord-Seite der Häuser gebaut werden.

Das astronomische Koordinatensystem

Im Februar 1987 erregte ein seltenes Ereignis die astronomische Fachwelt. Ein Stern war explodiert. Die Explosion fand relativ nah, direkt vor unserer kosmischen Haustür statt. Noch heute verfolgen Astronomen dieses Ereignis sehr aufmerksam.

Sollte der Stern, die sogenannte Supernova, Leben tragende Planeten gehabt haben, sind diese nunmehr atomisiert. Wurde dabei in einem kurzen Augenblick eine ganze Zivilisation im vollen Bewusstsein des bevorstehenden Unheils für immer ausgelöscht? Eine entsetzliche, grässliche Vorstellung! Wir werden im zweiten Teil des Buches auf einen solchen Sternentod und seine Ursachen zurückkommen.

Das Objekt befindet sich aus unserer fernen Perspektive gesehen in einem unglaublichen Gewimmel von Sternen. Der zuvor für das bloße Auge unsichtbare Stern, um den sich bislang kein Astronom gekümmert hatte, leuchtete für kurze Zeit hell auf. Leider fand das spektakuläre Ereignis am Südhimmel statt, und nach einem Jahr waren die Folgen der Explosion nur noch mit genauer Kenntnis ihrer Position, nämlich ausschließlich im Fernrohr wahrzunehmen.

Warum findet dennoch jeder Astronom der Welt den Ort dieser Supernova ohne Mühe und fremde Hilfe unter all den vielen anderen Sternen wieder?

Die Frage könnte anders formuliert heißen: Wie wird mit einem Fernrohr die Position eines mit bloßem Auge unsichtbaren Sterns ermittelt? Den *ungefähren* Ort des explodierten Sterns können wir mit Hilfe des Sternbildes, in dem das Ereignis stattfand, wiederfinden. Er liegt im Sternbild „Goldfisch" nahe des Tarantelnebels. Aber diese Angabe ist recht ungenau.

Es geht zum Glück sehr viel genauer. Man benutzt dazu am Himmel ein *Gradnetz* von Längen- und Breitengraden, genau wie man es in der Geographie von den Atlanten her kennt. Auch das vielleicht einsamste besiedelte Inselchen der Welt, Tristan da Cunha im Südatlantik, ist durch zwei Zahlenwerte - Länge und Breite - exakt und für alle Zeit auf der Karte registriert. Leider ist es nicht möglich, aus Längen- und Breitengraden so ein Gradnetz (Leuchtfarbe wäre gut!) an den Himmel zu malen. Könnten wir uns zur Bestimmung seiner exakten Position vielleicht ein Koordinatensystem an den Himmel... denken? - Ja, das ginge! Denken kann man alles.

Und genauso hat man das Problem, und zwar schon seit Jahrhunderten, gelöst. Hier erst mal das Prinzip:

Denken Sie sich das Gradnetz unseres Erdglobus so weit aufgeblasen, dass es bis an die Himmelskugel stößt. Der Erdäquator wird nun zum Himmelsäquator. Auch die Breitenkreise bilden sich beim Aufblasen am Himmel ab, und natürlich können wir auch unsere Längenkreise dazudenken.

Wenn man nun ein Fernohr richtig ausrichtet und an ihm die entsprechenden Winkelskalen für Himmelsbreite und Himmelslänge anbringt, hat man die Erdkoordinaten an den Himmel übertragen. Dadurch können wir unser explodiertes Sternchen, das nunmehr schwache Pünktchen im Goldfisch, leicht wiederfinden. Eine praktische Sache.

Aber die Erde dreht sich doch, werden Sie einwenden! Das stimmt, aber wenn die Erde mit ihrem Gradnetz sich dreht, dreht sich ihr an den Himmel projiziertes Gradnetz samt allen Sternen ja mit! - In einem Planetarium kann man Ihnen das vorführen. Lassen Sie sich die Längen- und Breitengrade am Himmel nach einer Vorstellung mal zeigen! Meistens geht man in den heutigen Astroshows über das Thema hinweg, doch mancher Vorführer, vor allem in kleinen Planetarien, informiert Sie gern, weil er sich freut, wenn Sie sich für seinen Beruf interessieren. Auch wurden ja Planetarien gerade für die schwer vorzustellenden Lerninhalte der Sternkunde gebaut. Die Großkreise der Erde, also den Äquator, die Breitenkreise und die Meridiane, kann man dort als skalierte Linien an die Kuppeldecke werfen.

Nehmen wir an, Sie finden unerwarteterweise doch kein offenes Ohr: Stellen Sie sich vor, wir hätten einen Erdglobus aus Glas mit einer Glühlampe in seiner Mitte. Die Landmassen denken wir uns weg. Dann würde an der Zimmerdecke, dem „Himmel", das verbleibende Gradnetz als Gitter zu sehen sein. Die Lage eines Sterns an der Decke wäre durch dieses Gradnetz mit 2 Koordinatenwerten, x und y, ein für alle Mal festgelegt.

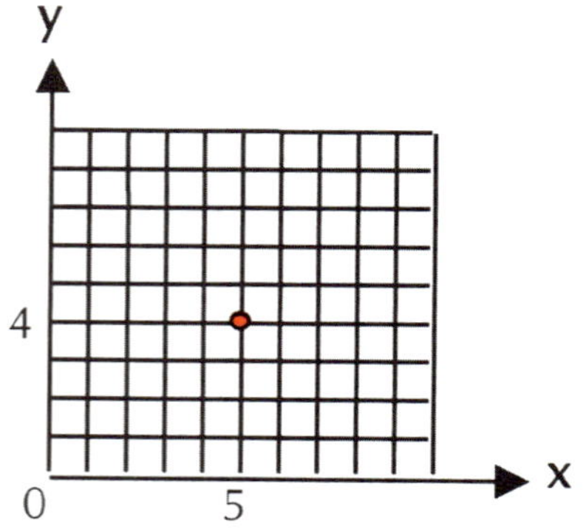

Abb. 17: Koordinatensysteme in der Ebene

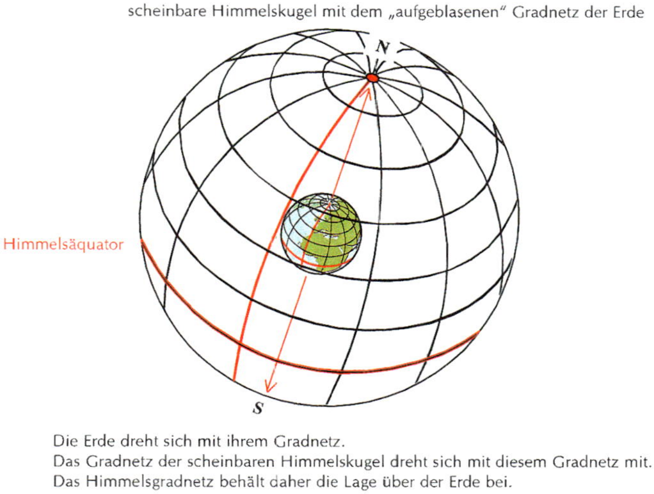

Abb. 18: Koordinatensystem der Himmelskugel

Das Prinzip „Gradnetz der Erde auch am Himmel" funktioniert *unabhängig* vom Ort auf der Erde und auch *unabhängig* von der Ortszeit. Das ist ein großer Vorteil: Gibt ein Astronom in Australien Breite und Länge der Sternexplosion von 1987 – flugs an seinem Fernohr abgelesen – im Internet bekannt, findet die Stelle praktischerweise auch jeder andere Astronom der Südhalbkugel.

Dank der GPS-Satelliten ermittelt das Profi-Fernrohr die Koordinaten des Sterns automatisch, genau wie die modernen GPS-Navigationsgeräte in Autos ihren eingetippten Zielort wie von Geisterhand ansteuern lassen.

So etwas gibt es zunehmend auch schon für Amateurfernrohre. Zwei Zahlenwerte in den Rechner der Montierung eintippen – und bsst-bsst-! einmal hoch, einmal rechts oder links, fährt der Fernrohrmotor zum gewünschten Stern. Man sieht ihn sofort beim ersten Durchblicken.

Dass das Aufsuchen eines Himmelskörpers, freilich etwas gröber, auch mit unserer drehbaren Sternkarte funktioniert, werden wir gleich sehen. Zuerst gilt es allerdings zwei wichtige astronomische Fachbegriffe zu erklären, die uns von alters her überliefert wurden und statt „Breite" und „Länge" auch heute noch international benutzt werden.

Wie auf der Erde auch, gibt es beim Himmelsgradnetz wichtige Grundlinien und Punkte: Die eine Linie ist der bereits erwähnte *Himmelsäquator*. Er teilt die beiden Himmelshalbkugeln in den Nord- und in den Südhimmel. Sie finden ihn gedanklich, wenn Sie sich vorstellen, auf dem Erdäquator zu stehen und ihn aufzublasen. Der Äquator wird dann über Ihnen hinweg an die Himmelskugel steigen. Als paralleler Ring zum Erdäquator stieße er irgendwann an die Himmelskugel. Er teilt den Himmel in den Nord- und den Südhimmel.

Wie auf der Erde bekommt der Himmelsäquator die Breite 0 ° zugeschrieben. Und die Pole des Himmels bekommen genau wie die Erdpole +90 ° und - 90 ° zugeordnet. Ein Stern, der 55 ° über dem Himmelsäquator steht (Achtung!!! *nicht* 55 ° über Ihrem örtlichen *Horizont!*), hat die sogenannte *Deklination* (Breite) von + 55 °.

Die Deklination ist somit der erste Fachbegriff. Das Problem ist aber, wie bei der Schifffahrt, der Längengrad!

Auf der Erde wurde per Abkommen der nullte Längengrad von Pol zu Pol über die Sternwarte von Greenwich bei London gelegt. Von dort aus werden alle geografischen Längengrade, 360 an der Zahl, in gleichen Abständen auf den Globus gemalt, so dass das ganze aussieht wie eine geschälte Apfelsine mit 360 Scheiben. Praktisch wäre es nun, es gäbe einen Stern, der wie das irdische Greenwich seine Lage auf dem Himmelsäquator immer beibehielte. Den gibt es leider nicht. Alle Sterne ziehen, über längere Zeiträume durchaus spürbar, im Weltall weiter. Ein Stern, der heute genau auf dem Himmelsäquator liegt und den Null-Meridian markieren könnte, wäre in einigen Jahrzehnten nach Nord oder Süd abgewandert. Häufige Nachbesserungen wären nötig.

Was man als „Greenwich des Himmels“ nehmen könnte, wäre ein *gedachter* fester Ort auf dem Himmelsäquator. Den gibt es! Es ist der Punkt, auf dem sich unsere Sonne im Monat März zur Tag- und Nachtgleiche befindet. Für uns Nordbewohner ist es der *Frühlings*punkt (auf der Südhalbkugel wird es dann natürlich Herbst). Erinnern wir uns: Die Sonne wechselt um den 21. März, von der Südhalbkugel kommend, auf die Nordhalbkugel über. Zu dieser Zeit steht sie genau über dem Erdäquator, also dann auch genau im Himmelsäquator. In unseren europäischen Breiten liegt dieser, etwa von Ost nach West verlaufend, als Halbbogen zwischen dem Horizont und dem Zenit. Von Berlin aus gesehen zum Beispiel steht die Sonne am Mittag des 21. März schräg über dem Beobachter, und zwar 38 ° überm Horizont. In Zentralafrika zum Beispiel steht sie dann hingegen genau im Zenit, aber die Berliner wohnen eben weit *über* dem Erdäquator, rund 52 ½ ° nördlich.

Halten wir noch mal fest: Ein gedachter gleichbleibend fester Punkt, der *Frühlingspunkt*, ist der Schnittpunkt des Himmelsäquators mit der scheinbaren Bahn der Sonne. Dieser Nullpunkt, von dem die Richtung eines Sterns gemessen und notiert wird, liegt im Sternbild Fische. Der Frühlingspunkt, das „Greenwich des Himmels“, behält über Jahrzehnte seine Lage an der Himmelskugel ziemlich genau bei. Jahr für Jahr überquert unsere Sonne ihn, wenn im Kalender „Frühlingsanfang“ steht und wir uns auf den Sommer freuen. Durch den Frühlingspunkt geht also der nullte Längengrad des mit der Erde mitrotierenden Äquatorsystems. Damit haben alle Sterne ihre beiden „persönlichen“ Koordinaten. Von diesem markanten Punkt aus messen die Astronomen entlang des Himmelsäquators den „Längen-

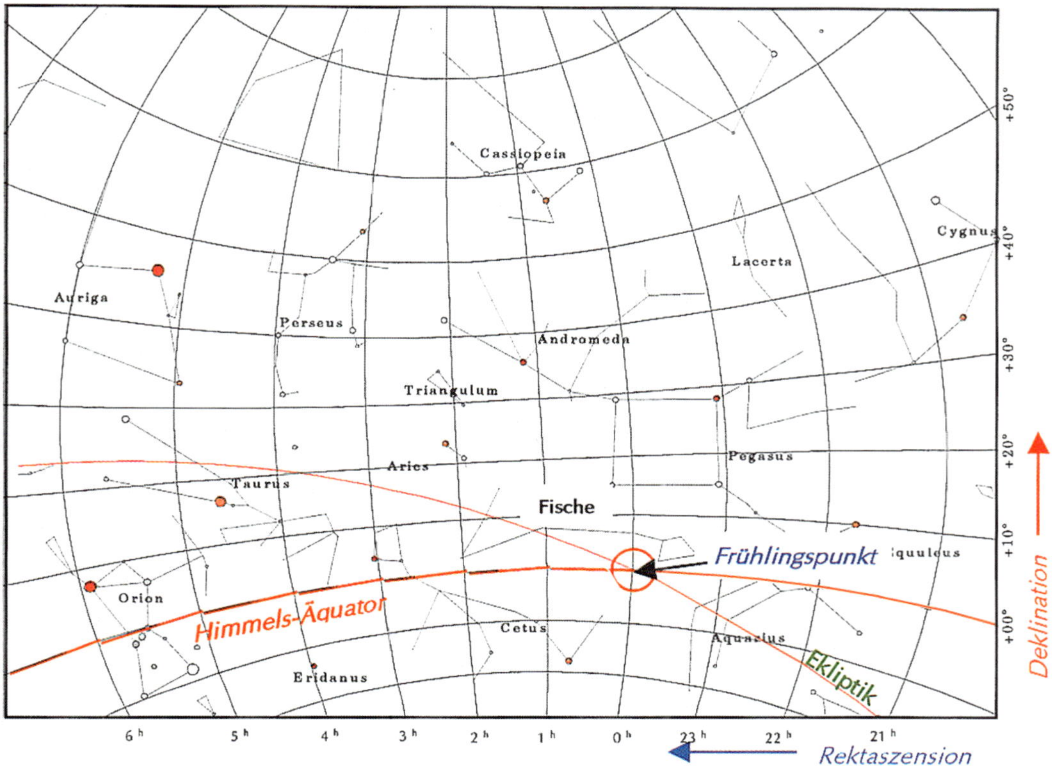

Abb. 19: Das Koordinatensystem des Himmels

grad" des Sterns, und zwar von West nach Ost. Man nennt diesen Längengrad *die Rektaszension* (Rekt-as-zen-sion), ein uralter, unser *zweiter* und heute noch internationaler Fachbegriff.

Jetzt haben wir endlich die zwei Koordinaten, mit denen sich die Position eines jeden Himmelskörpers genau notieren bzw. wiederfinden lässt.

Abb. 20: Vergleich: Koordinaten auf der Erde und am Himmel

	Wo?	Namen?	gemessen ab?	Beispiel?	dort ist?
1)	auf der Erdkugel	Breite Länge	Erd-Äquator Greenwich	Breite = 52° Länge = 9°	die Stadt Hameln
2)	*an der Himmels-kugel*	*Deklination* *Rektaszension*	*Himmels-Äquator* *Frühlingspunkt*	*δ = +45°* *α = 20 h 39 m* 1h entspricht 15°	*der Stern "Deneb"* (Schwan)

das ist der Schnittpunkt zwischen Himmelsäquator und Ekliptik

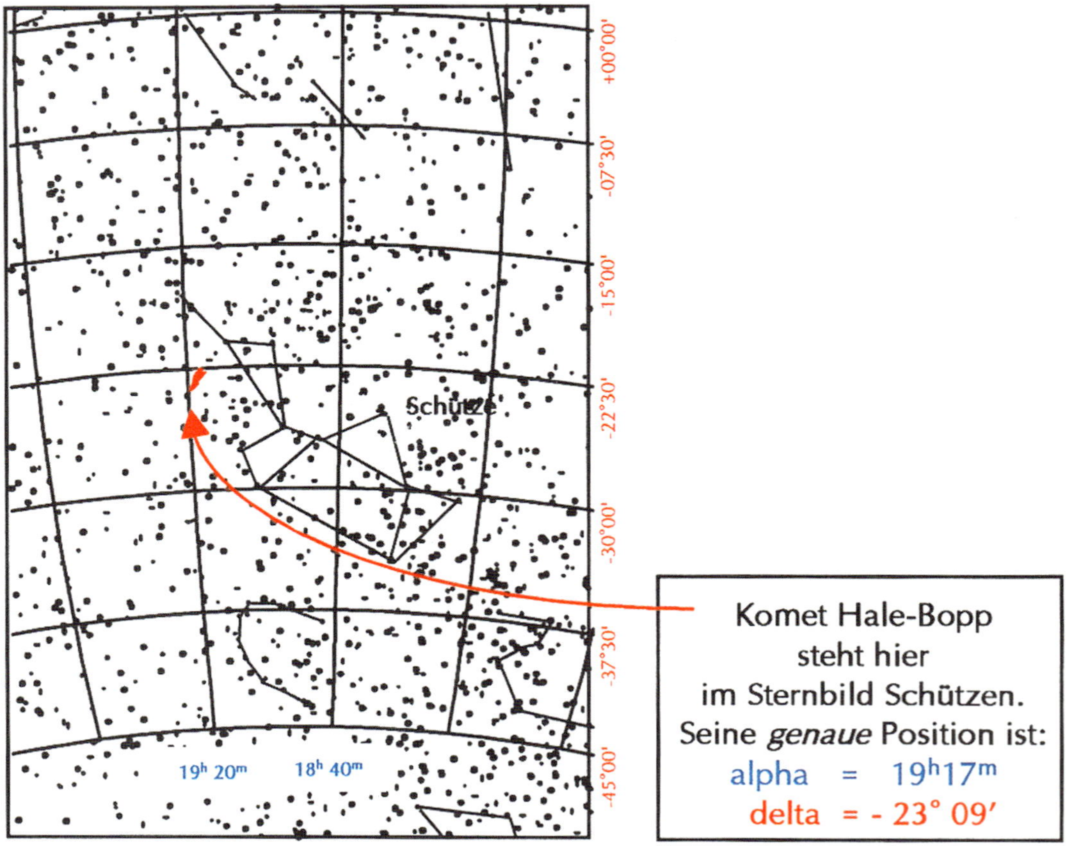

Abb. 21: Beispiel für die Notierung der Koordinaten eines Gestirns

Infolge der Kreiselschwankungen der Erdachse muss allerdings dieses Koordinatensystem hin und wieder justiert werden. Das bedeutet, dass mindestens alle 50 Jahre neue Sternkarten fällig sind. Jetzt beziehen sie sich auf das Jahr 2000.

Es wird Ihnen beim Betrachten von Sternkarten auffallen, dass die Rektaszension nicht wie die Deklination („Breitengrad") in Winkelgrad gemessen wird, sondern in „Stunden". Das hat einen gewissen praktischen Grund beim Beobachten mit dem Fernrohr und vermeidet nebenbei Verwechslungen mit der Deklination. Die Rektaszension gibt man daher in ^{h} (gesprochen Stunden) und ^{m} (gesprochen Minuten) an.

24^h entsprechen 360 °. Die Erklärung dafür ist folgende:

Der Äquator beschreibt einen Vollkreis, das sind die 360 °. 15 Grad setzt man einer „Stunde" gleich, was mit unserer Zeitstunde insofern zu tun hat, als sich die Erde in 24 Stunden um 360 ° dreht. 360 dividiert durch 24 ergibt 15. Diese 15 Grad nennt man 1 „Stunde". Um sie von der Zeitstunde zu unterscheiden, schreibt man aber nicht 1 h sondern (hochgestellt) 1^h.

An einem Beispiel erklärt: Zwischen 10 und 11 Uhr dreht sich unsere Erde um 15 ° von West nach Ost.

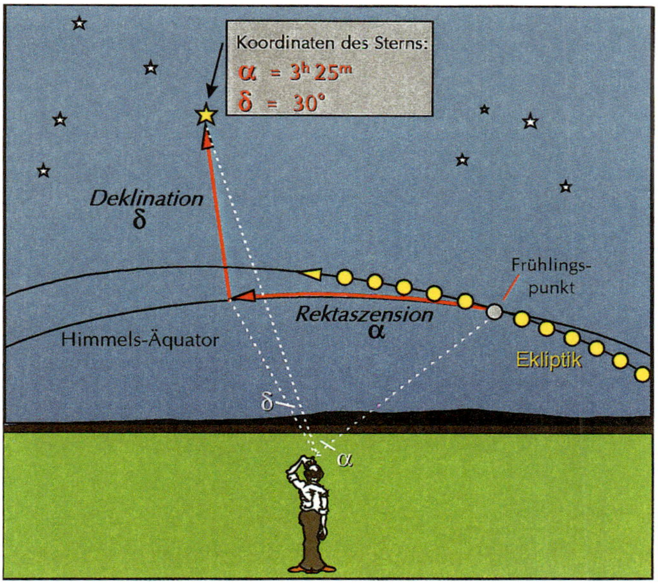

Abb. 22: Das Koordinatensystem von „innen" gesehen

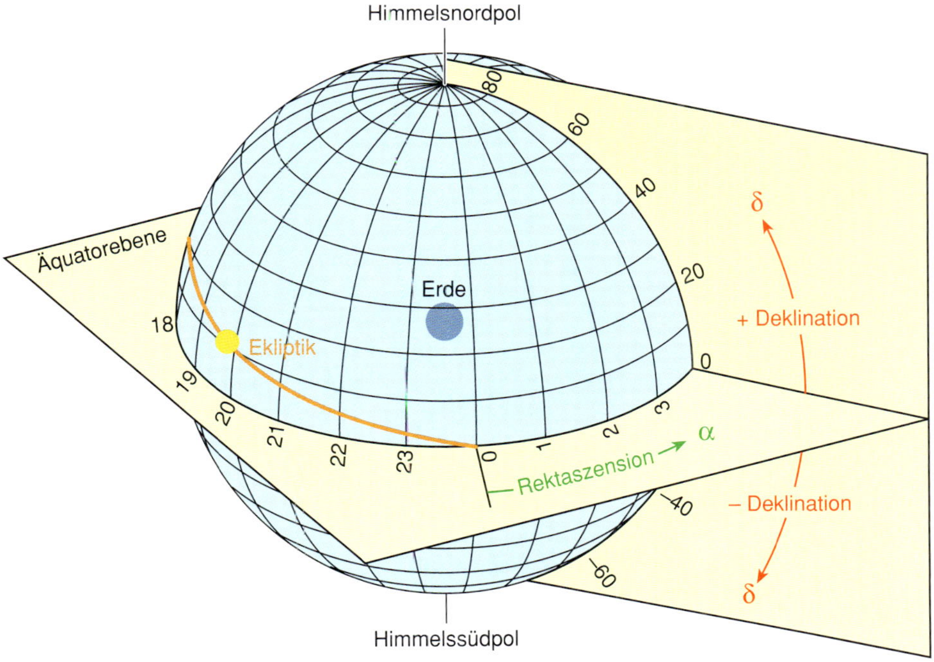

Abb. 23: Das Koordinatensystem von „außen" gesehen

Noch ein Beispiel: Wenn die Erde sich von 9 Uhr bis 12 Uhr um drei Zeitstunden weiterdreht, dreht sie sich damit um einen Winkel von 45 ° weiter nach Osten. (*Scheinbar* allerdings drehte sich für einen Beobachter der *Himmel* mit seinen Sternen um eben diese 45 °, und zwar von Ost nach West.)

Wo finden wir nun auf unserer drehbaren Sternkarte die in ^{h} gemessene Rektaszension (international abgekürzt mit dem Buchstaben Alpha oder mit Rekt.) und die in ° gemessene Deklination (international abgekürzt mit dem Buchstaben Delta oder mit Dekl.)? Wenn wir auch das geklärt haben, *können wir am Himmel zu jeder Zeit jeden unserer sich schnell bewegenden Planeten finden*, sofern wir seine beiden Koordinaten kennen. Diese finden wir in astronomischen Jahrbüchern, wie z. B. dem „Himmelsjahr". Es erscheint jährlich im September.

Die Bestimmung der Planetenstellungen, wissen jetzt einige zu sagen, funktioniert doch auch mit astronomischen Computerprogrammen wie REDSHIFT oder THE SKY. Die zeigen zu jedem Zeitpunkt den aktuellen Himmel mit dem dazugehörigen Planetenstand.

Stimmt. Doch obwohl die meisten Hobbyastronomen über solche großartigen Möglichkeiten verfügen – die preiswerte, schnelle, platzsparende und einfach zu handhabende „drehbare Sternkarte" wird keiner von ihnen missen mögen.

Das punktgenaue Aufsuchen von Himmelskörpern

Auf der drehbaren Sternkarte finden wir die hellsten Sterne, Sternhaufen und auch die Lage der Milchstraße. Was wir vergeblich suchen, sind die Sonne, die Planeten oder den Mond. Weshalb, ist schnell erklärt. Die Sterne verändern für das freie Auge wegen ihrer großen Entfernung in Jahrhunderten ihre Lage zueinander so gut wie gar nicht. Nicht so aber unsere Nachbarn, die Planeten, und erst recht der Mond. Aus dem gleichen Grund können wir mit den Augen ein Sportflugzeug länger verfolgen als eine gleich schnelle Schwalbe. Nicht das Tempo, sondern die *Entfernung* zum Objekt macht's. Sonne, Planeten und der Mond sind die Schwalben am Himmel, weil sie uns kosmisch so nahe stehen.

In astronomischen Kalendern, z. B. dem erwähnten „Himmelsjahr", finden wir die Koordinaten (Rektaszension und Deklination) dieser Himmelskörper. Das ist bei lichtschwachen Planeten wie Merkur oder Mars natürlich wichtiger als bei den hellen Planeten Venus, Jupiter und Saturn. Unbedingt nötig aber ist die Kenntnis des aktuellen Orts (die Lage in einem Sternbild) bei den Feldstecher-Planeten Uranus und Neptun.

Machen wir uns an die Arbeit. Spüren Sie mit mir den Planeten Jupiter auf. Heute ist angenommen der 10. Dezember 2000. Wir suchen erst einmal das Sternbild, in dem sich Jupiter an diesem Tag befindet. Greifen wir zum „Himmelsjahr 2000" (Preis ca. 12,50 €) und schlagen im hinteren Teil auf Seite 213 unter der Tabelle *Jupiter* nach. Wir finden im Kopf der Tabelle uns schon bekannte Begriffe: Rektas.(zension), Deklin.(ation). Diese und andere Orientierungsdaten nennt der Astronom *Ephemeriden.*

Rektaszension:
$4^h\ 10^m$, das sind rund $4 \times 15°$, also *60° vom Frühlingspunkt,* Sternbild Fische, entfernt.

(Man liest nicht 4 Uhr, sondern 4 Stunden, 10 (Winkel!-)Minuten.)

Deklination:
+20°, das ist der Winkelabstand vom Himmelsäquator.

Wir greifen nun zur drehbaren Sternkarte und schauen sie uns erst mal genauer an. Am Rand finden wir eine *rote* Skala. Das ist die *Rektaszension*, die Richtung (die „Länge“) des gesuchten Planeten. Auf dem beweglichen Zeiger finden wir ebenfalls eine *rote* Skala, die Deklination. Sie führt in die Mitte zum Nordpol des Himmels (die Niete). Das ist gewissermaßen die „Höhe“ des Objekts über dem Himmelsäquator. Der Nullpunkt des Zeigers liegt auf einem Kreis. Das ist er, der uns schon bekannte Himmelsäquator.

Jetzt stellen wir – immer als ersten Wert – am Rand die Rektaszension ein. Dazu drehen wir den Zeiger auf den ersten langen Strich nach der Zahl 4 (^{h}). Das sind die 4 Stunden und die 10 ^{m}. Damit uns die Maske nicht stört, heben wir sie jetzt leicht an. (Die Maske brauchen wir erst, wenn wir anschließend auch die Beobachtungszeit berücksichtigen müssen.)

Wir finden Jupiter bei +20° zwischen dem auffälligen Sterngrüppchen Plejaden (dt. Siebengestirn, manchmal mit dem Kleinen Wagen verwechselt) und den Hyaden (dt. Regengestirn), also zwischen PERSEUS und STIER. Links unterhalb steht der leicht auffindbare Orion, von dem aus wir mühelos den Jupiter als sehr helles Gestirn finden.

Bleibt die Frage, in welchem *Zeitraum* Jupiter an diesem Abend gut zu beobachten ist.

Wir drehen die bewegliche Maske der Sternkarte so weit, bis sich ihre Nord-Südlinie, der Ort von Jupiter und der Zeiger decken. Unter dem 10. Dezember steht auf der Maske 23 Uhr. Um diese Zeit steht der Jupiter im Süden und damit am höchsten. Man sagt, er *kulminiert.*

Jupiter ist demnach an diesem 10. Dezember 2000 drei Stunden vor bis drei Stunden nach Mitternacht am besten zu sehen.

Wir können auf dem Zeiger zwischen Horizont und Jupiter auch abzählen, wie hoch der Planet steht: 60° über dem Horizont.

Zum Knobeln: Finden Sie mit Hilfe der Drehbaren Sternkarte die fehlenden Angaben.
Alle Zeitangaben sollen sich auf den 20. Februar beziehen.

Stern	Sternbild	Aufgangszeit	Untergangszeit	Kulminationszeit (Stern bei SÜD)
Aldebaran	Stier	> Uhr	> Uhr	> Uhr
Beteigeuze	Orion	> Uhr	> Uhr	> Uhr
Arktur	Bootes	> Uhr	> Uhr	> Uhr
>	Gr. Hund	16.20 Uhr	> Uhr	> Uhr
Regulus	>	> Uhr	> 7.00 Uhr	> Uhr
Kapella	>	> Uhr	> Uhr	> 19.25 Uhr

Lösung

Stern	Sternbild	Aufgangszeit	Untergangszeit	Kulminationszeit (=Stern im SÜDEN)
Aldebaran	Stier	11.30 Uhr	02.00 Uhr am folgenden Tag	18.45 Uhr
Beteigeuze	Orion	13.30 Uhr	02.30 Uhr am folgenden Tag	20.00 Uhr
Arktur	Bootes	20.45 Uhr	11.40 Uhr am folgenden Tag	04.10 Uhr am folgenden Tag
Sirius	Gr. Hund	16.20 Uhr	01.30 Uhr am folgenden Tag	20.55 Uhr
Regulus	Löwe	17.25 Uhr	07.00 Uhr	00.15 Uhr am folgenden Tag
Kapella	Fuhrmann	zirkumpolares Sternbild geht niemals auf oder unter!		19.25 Uhr

Abb. 24: Prüfungsaufgabe mit Lösung

Möchten Sie es einmal allein versuchen, vielleicht mit dem wundervollen Ringplaneten Saturn? Sie werden es ganz bestimmt schaffen. Hier sind Saturns Ephemeriden:

Die Rektaszension $\alpha = 3^{h}\ 40^{m}$
Die Deklination $\delta = +17°$

Saturn steht, wie Sie sehen, nur ein wenig rechts (westlich) von Jupiter. Beide bilden ein eindrucksvolles Doppelgestirn. Zufällig stehen sie in diesen Monaten in einer Richtung, allerdings hunderte Millionen von Kilometern entfernt.

Leider stört heute der grelle Vollmond (Rekt. $3^{h}\ 50^{m}$; Dekl. $+16°$), links von den beiden Planeten, den selten schönen Anblick. Aber nach ein paar Tagen ist er weiter nach Ost gewandert, während die beiden strahlenden Planeten wegen ihrer größeren Entfernung zur Erde an fast der gleichen Stelle stehen.

Nun drei Aufgaben zur Selbstkontrolle. Welche Sterne verbergen sich hinter folgenden Koordinaten? Ihre Namen stehen auf der Sternkarte.

? 1) Rektaszension $\alpha\ 18^{h}\ 37^{m}$,
Deklination $\delta\ +39°$
2) Rektaszension $\alpha\ 19^{h}\ 51^{m}$,
Deklination $\delta\ +9°$
3) Rektaszension $\alpha\ 6^{h}\ 45^{m}$,
Deklination $\delta\ -17°$

Lösung:

1) Wega, Sternbild Leier
2) Atair, Sternbild Adler
3) Sirius, Sternbild Großer Hund

Die Sternbilder des Tierkreises

Die „Stiere" unter den Lesern haben sich eben gefreut, „ihr" Sternbild schon mal kennengelernt zu haben. Doch ich muss sie gleich schwer enttäuschen.

97 % aller Menschen in unserer Region kennen „ihr" Tierkreis-Sternbild. Viel wichtiger wäre es, endlich mal die Steuernummer im Kopf zu haben. Aber wir sind eben ganz besonders daran interessiert, was uns die Zukunft bringt; damit unser Verhalten auf das Kommende eingestellt ist. Manche meinen, beides hänge wesentlich von jenem Sternbild ab, das von Astrologen mit ihrem Geburtsdatum in Zusammenhang gebracht wird.

Was hat es mit den Tierkreis-Sternbildern auf sich? Angeblich haben 12 der 88 Sternbilder auf Charakter und Zukunft der Menschen maßgeblichen Einfluss. Warum die anderen 76 Sternbilder nicht? Fragen Sie mal einen Astrologen. Die unbefriedigende Antwort: Weil in den 12 Monaten vor diesen Sternbildern die (so wichtige) Sonne vorbeizieht. Fragen Sie weiter: Und wenn die Erdachse zufällig, wie beim Jupiter, genau senkrecht zur Umlaufbahn um die Sonne stünde? Dann müssten ganz andere Sternbilder unser Leben beeinflussen, weil die scheinbare Bahn der Sonne in 12 Monaten eine andere wäre. (Jupiter hätte bei seiner Umlaufzeit von rund 12 Jahren, zu je 12 Dreißigtage-Monaten allerdings 144 Tierkreis-Sternbilder!) Die meisten Menschen glauben, „ihr" Sternbild sei zum Zeitpunkt ihrer Geburt am Abendhimmel zu sehen gewesen. Fragen Sie den Astrologen! – Er wird erklären: Nein, Ihr Sternbild ist jenes, vor dem die *Sonne* stand.

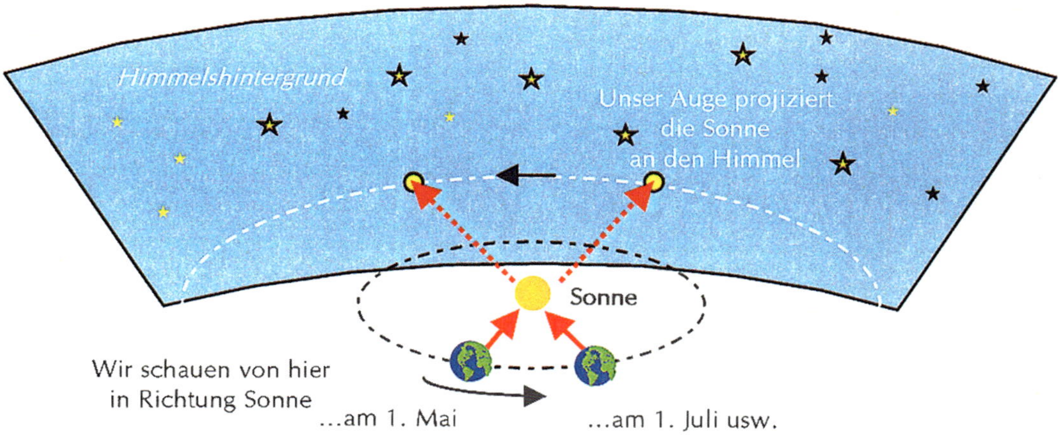

Abb. 25: So entsteht am Himmel eine scheinbare Bahn der Sonne, die Ekliptik

Es stand mit ihr daher am Tageshimmel! Ihr Sternbild war am Tag Ihrer Geburt also gerade *nicht* am Himmel sichtbar.

Sind Sie Wassermann oder Waage? Dann haben Sie gar kein Tierkreis-Sternbild. Das sind keine Tiere. Auch Jungfrau oder Schütze nicht. – Ein ziemliches Durcheinander, können Sie dem Astrologen sagen...

Also, was steckt wirklich dahinter?

Als vor 5000 Jahren die ersten Kalender entstanden, bemerkte man, dass die große Göttin Sonne ihre Bahn regelmäßig durch dieselben Sternbilder nimmt. Das ließ sich mit der (falschen) Annahme erklären, dass die Sonne um die Erde laufe. Für Ihren dabei beschriebenen Vollkreis, die so genannte *Ekliptik*(-Linie), braucht die Sonne 1 Jahr. Der Vollkreis wurde nun wie eine Torte in 12 gleiche Sternbild-Abschnitte geteilt, die Monate. Das passte praktischerweise einigermaßen zu den jährlich 12 Umläufen des Mondes. Damit war der Kalender fertig. Seine Genauigkeit war ausreichend. Eine nützliche Einrichtung.

Hinzu kam der zunächst nur bei Hofe geförderte Glaube, für den Lebensweg eines Menschen sei der Geburtsmonat entschei-

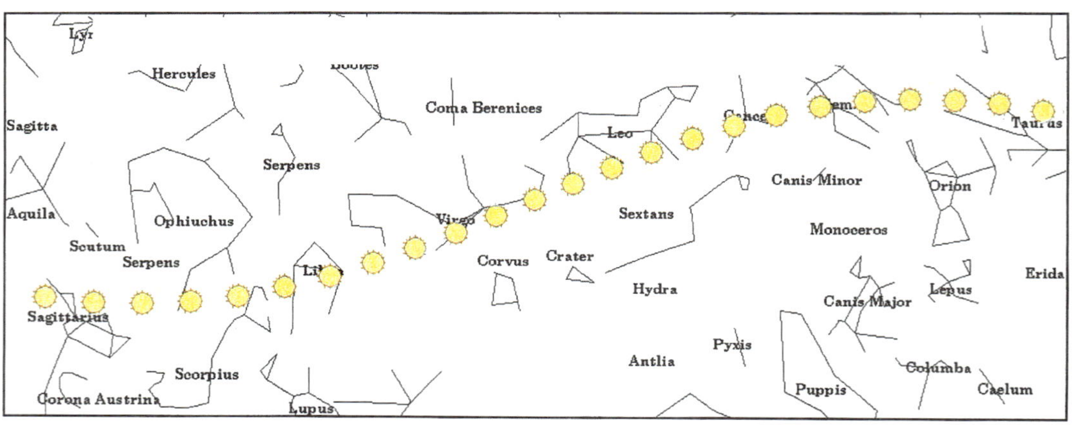

Abb. 26: Ein Teil des scheinbaren Weges der Sonne (Ekliptik) durch die Tierkreissternbilder

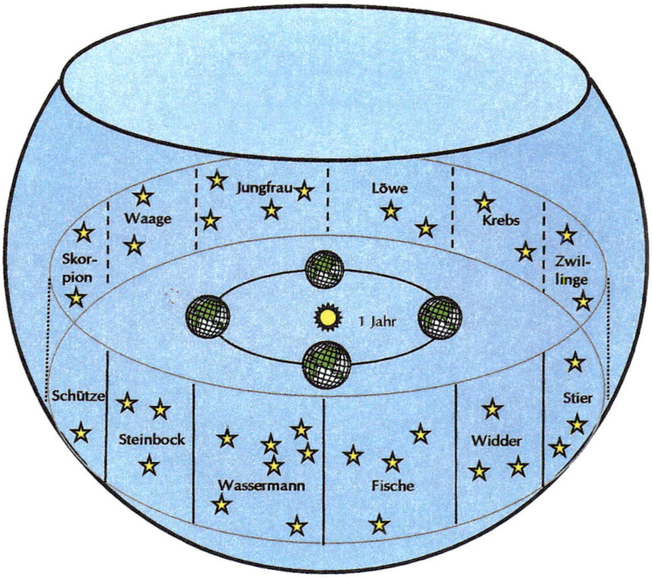

Abb. 27: Der Tierkreis von „außen“ gesehen

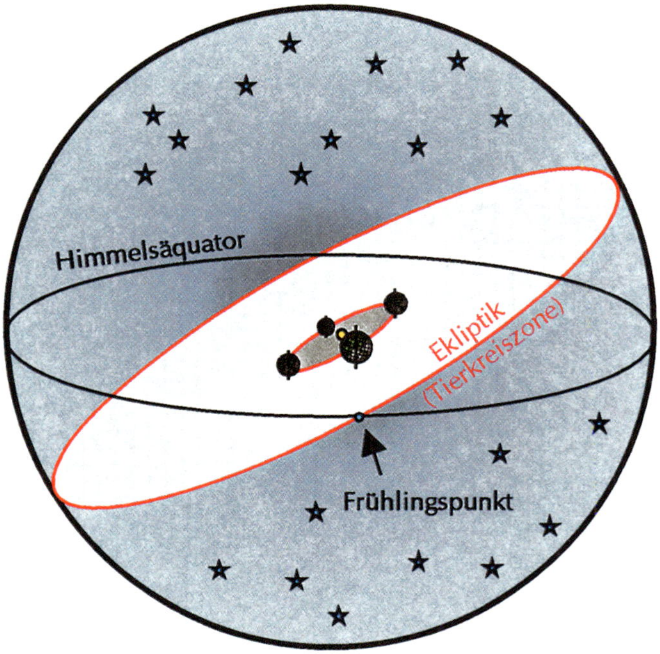

Abb. 28: Großkreise an der scheinbaren Himmelskugel von „außen“ gesehen

dend. Das beruht wohl auf der Erfahrung, dass es nicht unwichtig ist, ob ein Baby in Monaten des Hungers oder des Überflusses genährt wurde. Schließlich hat unsere Konstitution erheblichen Einfluss auf unsere Leistungsfähigkeit und diese auf unsere Chancen. Mit solchen Fragen befassten sich vom König gut be-

Ekliptik bedeutet zweierlei:

Erstens
die scheinbare Bahn der Sonne bei Ihrem Umlauf um die Erde vor dem Hintergrund der Sternenkuppel.

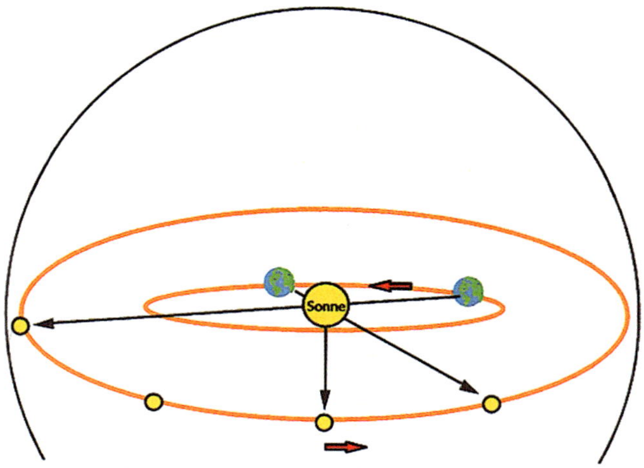

Zweitens
die Erdbahnebene

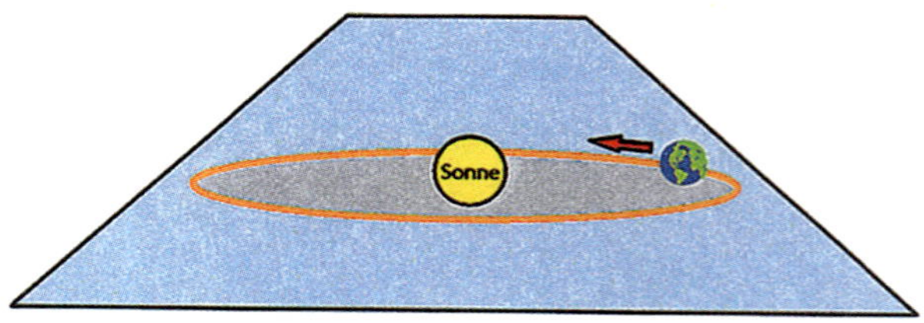

Abb. 29: Ekliptik bedeutet zweierlei

zahlte Geheim-Wissenschaftler, die seine Chancen weissagten und so manche politische Entscheidung leichter machten. Das gibt es heute noch.

Schauen wir uns jetzt die Tierkreis-Sternbilder auf unserer drehbaren Sternkarte an. Sie liegen *nicht* platzfüllend zwischen den 12 „Tortenstücken", die am Rand verzeichnet sind! Das Sternbild Widder ist winzig, die Fische sind riesig. Wir sollten demnach unterscheiden zwischen Tierkreis-Stern*bildern*, durch welche die Sonne ihre Jahresbahn zieht und den Tierkreis-Stern-*zeichen*, die die Astrologen heute noch in altertümlicher Weise willkürlich den Kalendertagen zuordnen. Warum beginnt zum Beispiel Wassermann am 21. Januar und endet am 18. Februar? Nicht mit Vernunft zu beantworten. Kein Tierkreis-Sternbild passt genau in „seinen" Monat.

Dieses grobe System lange vergangener Zeiten haben die Astrologen bis heute beibehalten. In der Astronomie hingegen spielt der Tierkreis absolut keine Rolle, weil Astronomen nicht glauben, dass (bequemerweise) Sterne über unser Schicksal entscheiden sollen.

Es kommt noch schlimmer.

Stellen Sie einmal den 20. April mit Hilfe des Zeigers (langes Ende) auf Ihrer Sternkarte ein. Wo die Deklination und die rote Kreislinie (die erwähnte scheinbare Sonnenbahn, die *Ekliptik*) sich schneiden, steht die Sonne. Sie steht aber nicht im Stier, sondern zwischen Fische und Widder! (Ganz am Rand allerdings steht „Stier“. Diese Beschriftung ist leider ein Zugeständnis der Produzenten an die Astrologie.)

Stellen wir nun den 10. Mai ein, indem wir den Zeiger etwas nach links drehen. Die Sonne steht immer noch nicht im Stier. Erst die Menschen, die zwischen dem 12. Mai und 20. Juni geboren werden, sind wirklich Stier, wie man sieht (wenn man überhaupt so etwas festlegen muss). Laut Astrologie aber sind Stiere zwischen dem 21. April und dem 20. Mai Geborene! Wie ist das zu erklären!?

Probieren Sie das aber zunächst einmal mit ihrem eigenen Sternbild oder dem eines anderen aus! Genau derselbe Widerspruch, nicht wahr?

Also, wie kommt es zu der Unstimmigkeit? Die scheinbare Bahn der Sonne, und mit ihr der Frühlingspunkt, hat sich in den letzten 2000 Jahren um etwa 30 ° stark verschoben. Die Ursache ist das Taumeln der Erde, die ja ein großer Kreisel ist. Das führte sogar dazu, dass es heute ein 13. Sternbild gibt, den Schlangenträger. Die Sternkarten beweisen das.

Abb. 30: Astrologie kontra Astronomie

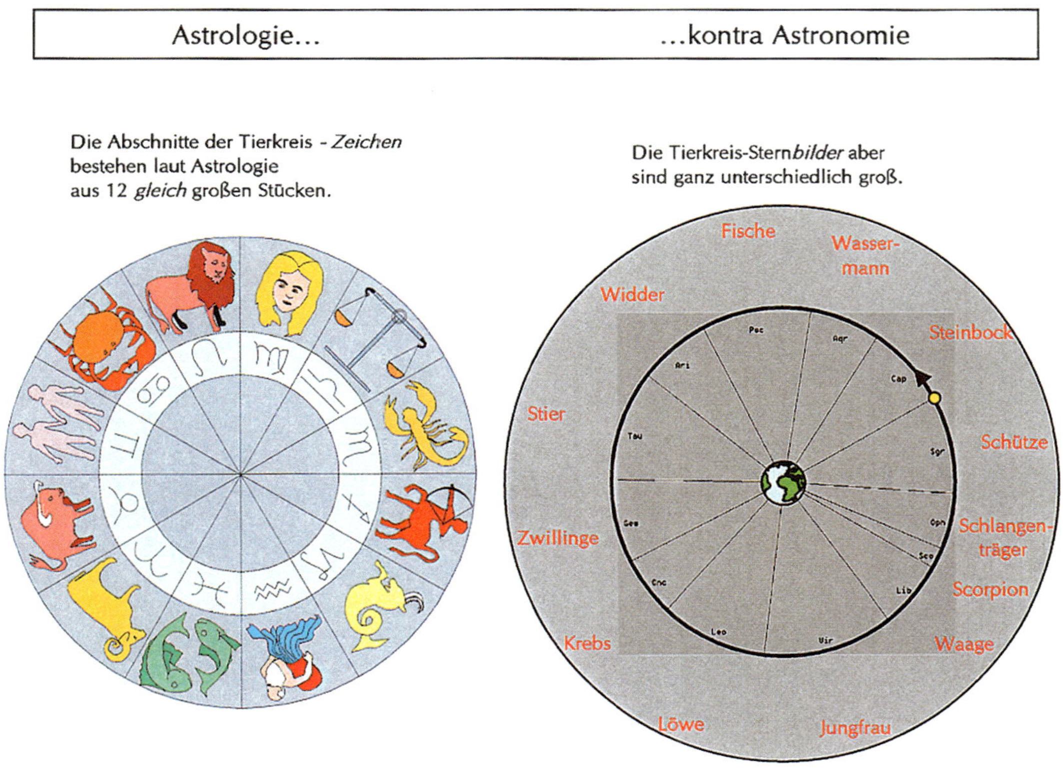

Anzahl der Tage, die einem Tierkreissternbild zugeordnet sind: ...laut der Astrologie (willkürliche Festlegung)	Name	... in Wirklichkeit (so lange durchläuft die Sonne dieses Sternbild)
30 Tage	1 Steinbock	27 Tage
30 Tage	2 Wassermann	23 Tage
29 Tage	3 Fische	38 Tage
31 Tage	4 Widder	25 Tage
30 Tage	5 Stier	39 Tage
31 Tage	6 Zwillinge	29 Tage
32 Tage	7 Krebs	21 Tage
32 Tage	8 Löwe	37 Tage
31 Tage	9 Jungfrau	44 Tage(!)
30 Tage	10 Waage	23 Tage
29 Tage	11 Skorpion	7 Tage(!)
ignoriert, 0 Tage	12 Schlangenträger	18 Tage
29 Tage	13 Schütze	34 Tage

Abb. 31: Anzahl der Tage, die einem Tierkreissternbild zugeordnet sind

Man weiß von dieser Schwankung seit 2100 Jahren. Die Entdeckung der sogenannten Präzession gelang dem antiken Astronomen Hipparch (um 190 – 125 v. u. Z.). Astrologen ignorieren das, obwohl sie die Wahrheit sehr wohl kennen. Aus Geschäftsgründen.

Pfiffige Astrologen haben den lästigen Widerspruch durch Zusatzkonstruktionen zum Schein gelöst. Sie sagen, es käme ja gar nicht auf die Planeten oder Sternbilder an. Es seien Regionen der Ekliptik mit ihren unmessbaren Kraftfeldern (!), die unser Schicksal bestimmten. Diese Ausstrahlungssektoren hätten natürlich ihre Lage für immer und ewig eingenommen. Die Treffsicherheit der Prognosen würde das beweisen und die typischen unfairen Angriffe auf die Astrologie, die doch nur den Menschen helfen wolle, würde sie somit lässig abwehren. Man wisse zwar nicht ganz, warum das funktioniert, aber die Praxis würde es ja zeigen.

Nun, wie können Folgerungen richtig sein, wenn schon die Ausgangsthesen falsch sind? – Und Prognosen? – Meistens heißt es doch in Horoskopen: Das *kann* so kommen, das kann aber auch anders kommen...

Die Astrologie – eine obskure „Wissenschaft" des Vielleicht.

Reise zu den Planeten

Bevor wir nun mit unserem Gedanken-Raumschiff starten, sollten Sie sich am Koffer Ihre kosmische Adresse notieren...

Wenn man bedenkt, dass sich in ihr eine Beschreibung des gesamten Weltalls widerspiegelt, ist sie verhältnismäßig kurz:

Meine kosmische Adresse	
Meine Hausnummer	______________
Meine Straße	______________
Mein Wohnort	______________
Mein Land	Deutschland
Mein Kontinent	Europa
Mein Planet	Erde
Mein Stern	Sonne
Meine Galaxis	Milchstraße
Mein Galaxienhaufen	Lokale Gruppe
und schließlich...	
Meine Metagalaxis	Weltall

Unsere neun Planeten
(Nicht maßstabsgerecht)

Die Reise ins Weltall beginnt

Um unsere Sonne laufen nicht nur neun, sondern Tausende von Planeten. Davon haben allerdings nur neun einen Durchmesser von über 1000 km. Planeten mit kleinerem Durchmesser nennt man Kleinplaneten (Planetoiden, fälschlich auch Asteroiden). Wir werden sie besuchen! Zunächst reisen wir zu den großen Planeten. Sie haben annähernd Kugelform und beschreiben annähernd kreisförmige Bahnen um die Sonne. Ihre Namen kennt jeder:

! **Merkur, Venus, *Erde,* Mars, Jupiter, Saturn, Uranus, Neptun, Pluto.**

Merkur

Die uns nahen und großen Planeten unter ihnen kann man mit bloßem Auge sehen. Es sind Merkur, Venus, Mars, Jupiter und Saturn. Ihr Licht ist lange unterwegs: Die Sonne bestrahlt sie, sie

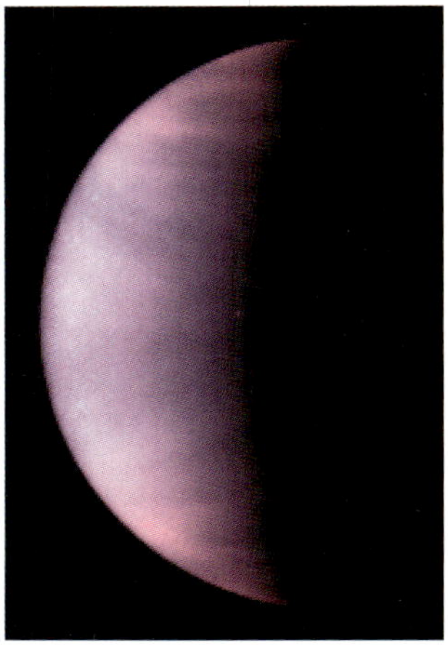
Venus

Erde

Mars

Jupiter

werfen deren Licht zurück und dann erst in unser beobachtendes Auge. Ein weiter Weg, denn Planetenlicht ist Sonnenlicht!

Die Planeten Uranus, Neptun und Pluto lassen sich nur mit einem Fernrohr finden.

Uranus und Neptun sind zwar viel größer als die Erde, jedoch sehr weit weg. Das erschwert ihr Auffinden. Pluto ist obendrein sehr klein, kleiner als unser Mond; sein Durchmesser beträgt nur zwei Drittel von ihm. Nur große Fernrohre sind in der Lage, Pluto als schwaches Lichtpünktchen auszumachen.

Mit einer Eselsbrücke prägen wir uns die Namen der neun Planeten ein:

! **M**(EIN)	**M** E R K U R
V(ATER)	**V** E N U S
E(RKLÄRT)	**E** R D E
M(IR)	**M** A R S
J(EDEN)	**J** U P I T E R
S(ONNTAG)	**S** A T U R N
U(NSERE)	**U** R A N U S
N(EUN)	**N** E P T U N
P(LANETEN)	**P** L U T O

Die Anfangsbuchstaben der Wörter dieses ziemlich deprimierenden Satzes stehen für die Anfangsbuchstaben der Planeten, genau in ihrer Reihenfolge von der Sonne aus.

Um die Entfernungen zu unseren neun Planeten vorstellbar zu machen, werden wir sie nun in einen extrem kleinen Maßstab umrechnen. Die Planetenbahnen sollen in eine gedachte Kugel von 6 Kilometer Durchmesser passen – ausgedehnt also wie eine Kleinstadt, aber auch so hoch wie der Kilimandscharo. Die Luft über einer Stadt gehört schließlich auch zu ihr...

Stellen Sie sich vor, Sie wandern vom Zentrum dieser Stadt auf einer schnurgeraden Ausfallstraße 6 Kilometer zum Stadtrand. Dort treffen Sie, nach einem strammen Marsch von einer guten Stunde, auf den Winzling Pluto. Er hat in unserem Maßstab die Größe eines Pfefferkorns!

Die Erde, der Sie auf dem Weg nach 150 Metern begegnet wären, hätten Sie glatt übersehen, oder gar nicht getroffen, wenn sie auf ihrer Bahn um die Sonne zufällig in der Gegenrichtung zum Stadtzentrum gestanden hätte. Die Erde hat in unserem geschrumpften Planetenraum nur die Größe einer Kirsche. Auch der größte Planet, der gigantische Jupiter, würde mit Pampelmusengröße nicht viel zum Ausfüllen der Raumkugel beitragen.

Zwar kreisen die Planeten wie die Pferde eines Kinderkarussells in etwa derselben Ebene, aber über und unter ihnen ist ja auch noch jede Menge Weltraum! Wir sehen: Unser Planetenraum ist eigentlich fast leer. Auf das Volumen des Kilimandscharo 9 Kugeln, die allesamt in ein Eimerchen passen würden.

Sonne bis	Entfernung Sonne-Planet in Meter	Planetendurchmesser in Millimeter
Merkur	58	4,8
Venus	108	12,3
Erde	150	12,8
Mars	228	6,8
Jupiter	778	143
Saturn	1427	120
Uranus	2872	52
Neptun	4501	50
Pluto	5915	2.3

Pluto ist in diesem milliardenfach verkleinerten Maßstab fast 6 km von der Sonne entfernt und nur 2,3 mm groß.

Abb. 32: Maßstäbliche Größen im Planetensystem

Saturn

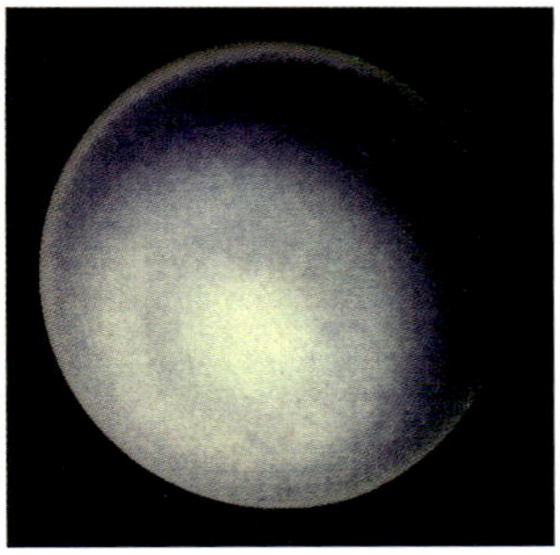
Uranus

Neptun

Pluto

Darum wollen wir uns jetzt mit diesem Häufchen, unseren neun Planeten, auch nur im Vorbeiflug beschäftigen. Uns geht es letztlich in diesem Buch um das ganze Weltall.

Doch halt, was ist mit der Größe der Sonne? Selbst sie hätte in unserem Verkleinerungsmaßstab einen Durchmesser von nur 1,4 Metern.

Merkur – der Nachbar der Sonne

Glutroter Sonnenuntergang auf der geheimnisumwitterten Insel Sansibar. Die Boote mit dem charakteristischen Dreiecksegel bilden eine malerische Silhouette. Nach der kurzen Dämmerungszeit, denn wir sind am Äquator, zeigt sich im Fernglas über dem westlichen Meereshorizont zusammen mit den ersten Sternen ein helles Gestirn. Die Venus? Nein, die ist jetzt gerade am Morgenhimmel zu sehen. Seltsam.

Wieder daheim, weist ein Astronomie-Computerprogramm den Lichtpunkt ganz klar als den Planeten Merkur aus!

In unseren Breitengraden, wo die Sonne eher schräg statt steil wie auf Sansibar unter den westlichen Horizont taucht, dauert die Dämmerung meist zu lange, um Merkur mit bloßem Auge zu finden. Er steht im noch zu hellem Licht der Sonne und obendrein im Dunst des Abends oder Morgens versteckt. Man muss schon in einem astronomischen Jahrbuch, zum Beispiel dem „Kosmos Himmelsjahr" nachschlagen, um Merkurs Sichtbarkeitszeit und seine Lage zum Horizont genau zu kennen. Mit einem achtfach vergrößernden Fernglas könnte es dann klappen.

Planet	mittlere Entfernung von der Sonne in Millionen km	Umlaufzeit um die Sonne in Jahren	Durchmesser in Kilometer	mittlere Dichte in g/cm^3
Merkur	58	0,24	4 880	5,4
Venus	108	0,62	12 100	5,24
Erde	149,6	1,00	12 742	5,52
Mars	227	1,88	6 800	3,93
Jupiter	778	11,86	142 800	1,33
Saturn	1 424	29,46	120 600	0,69
Uranus	2 874	84,02	51 200	1,24
Neptun	4 497	164,79	49 600	1,6
Pluto	5 894	247,7	2 300	2

Abb. 33: Wahre Größen im Planetensystem

Plötzlich erscheint in der Nähe des helleren Teils des Horizonts ein auffälliges Pünktchen – der Merkur! Die Beobachtbarkeit ist nur dann möglich, wenn Merkur ganz weit links von der Sonne (das wäre abends) oder ganz weit rechts von ihr steht (das wäre morgens). Meistens befindet er sich leider vor, hinter oder dicht neben der Sonne, also mit ihr gemeinsam am hellen Taghimmel. Zu guter Letzt müssen wir natürlich einen freien, wolkenlosen Blick auf den Horizont voraussetzen. Sie merken schon: Sie können stolz sein, wenn Sie den Merkur jemals zu Gesicht bekommen werden. Selbst dem großen Astronomen Kopernikus, von dem noch die Rede sein wird, soll dieses Glück, so liest man oft, nicht vergönnt gewesen sein.

Merkur wurde aus der Nähe nur ein einziges Mal mit einer Raumsonde fotografiert. Wie unser Mond mit Unmengen Einschlagskratern übersät, gleicht Merkur unserem Erdtrabanten, oberflächlich gesehen, aufs Haar.

Merkur rotiert 59 mal langsamer als unsere Erde. Dafür ist er viel schneller einmal um die Sonne gelaufen als wir. Er schafft in nur 88 Tagen wozu wir 365 brauchen.

400 °C wurden auf der sonnenzugewandten Seite des Merkur gemessen. Gleichzeitig können auf seiner Nachtseite –170 ° herrschen. Bedenken wir: Zwischen beiden Seiten besteht eine Temperaturdifferenz von 570 Grad!

Keine Besiedelung möglich, kein ökonomischer Nutzen zu erwarten. Reisen wir also weiter!

Venus – die verhüllte Schönheit

Merkur, der schnelle Götterbote der Antike, ist einer von nur zwei Planeten, die von uns aus gesehen in Richtung Sonne kreisen, das bedeutet weiter „innen". Der andere ist die Venus, die strahlende Göttin der Liebe. In den fünfziger Jahren vermutete man, dass sich unter ihrer dichten Wolkenhülle üppiges Leben wie zu Urzeiten der Erde finden würde. Die Saurier, bei uns vor 65 Millionen Jahren ausgestorben, sollten auf der Venus noch heimisch sein. Irgendwelches Leben auf der Venus hielt man zumindest für möglich. Eine grandiose Vorstellung, aber leider falsch!

Als die ersten gelandeten Raumsonden Temperaturen von der Oberfläche der Venus funkten, war diese Illusion dahin. Unter einer 20 km dicken Wolkendecke, die die Venus vollständig einhüllt, herrschen bis zu 470 °. Treibhauseffekt: Es ist heißer als auf dem Merkur! Blei schmilzt bei 327 °C. Venedigs Bleikammern würden also in der Venus"luft" zum Rinnsal. – Und es kommt noch dicker! Der Druck dieser schwefelsäurehaltigen Atmosphäre aus Kohlendioxid und ein bisschen Stickstoff ist einhundert mal höher als der Luftdruck auf unserer Erdoberfläche. Nein, auf der Venus konnte sich kein Leben entwickeln.

Die dichte Atmosphäre, welche irgendwann einmal ausgasende Vulkane erzeugten, verursacht eine annähernd gleichbleibende Temperatur, egal, welche Seite die Venus der Sonne zuwendet. Auch auf der Erde sorgt ja eine wolkenreiche Atmosphäre für Temperaturausgleich, wozu allerdings noch das Wasser der Meere beiträgt.

Auf der Venus wird es nie richtig hell. Nur 2 % des Sonnenlichts erreichen ihren Boden. Auch daran ist natürlich die „dicke Luft" schuld.

Dennoch gelangten Bilder von der Venus zu uns. Die Elektronik *gelandeter* Sonden versagte zwar in der Gluthitze schon nach kurzer Zeit, doch immerhin zeigten gefunkte Fotos ein paar Steine. Andere technische Wunderwerke wie die Raumsonde *Magellan* setzten hochauflösendes Radar ein und sendeten aus dem Venus-Orbit atemberaubend schöne Bilder von der gesamten Oberfläche des Planeten. Die Radar-Abtastungen sind so gut, dass sie von echten Fotos kaum zu unterscheiden sind.

Die Radarbilder zeigten im Wesentlichen eine nur 500 Millionen Jahre alte, hügelige Landschaft. Auf der Erde zählt das Alter von Gebirgsgestein immerhin nach Milliarden Jahren! Offenbar kocht die Venus wie ein Pudding hin und wieder auf und verändert dabei ihre Oberfläche dramatisch. Jedenfalls werden 80 % von ihr durch Lavaebenen gebildet.

Zwei kontinentgroße Hochebenen und riesige Vulkane mit erstarrter Lava wurden entdeckt. Ob es zur Zeit aber aktive Vulkane gibt, ist noch ungeklärt.

Ständig toben in der höheren Atmosphäre der Venus gewaltige Stürme. Sie sind doppelt so schnell wie unsere schlimmsten

Orkane, erreichen die Geschwindigkeit startender Düsenjäger. In 18 Kilometern Höhe ist es hingegen nahezu windstill.

Die Venus läuft als innerer Planet schneller um die Sonne als unsere Erde. Ein Venus-Jahr dauert nur 225 Tage.

Als Dame unter den Planeten dreht sich „Ihre Hoheit“ um ihre Achse mit würdevoller Langsamkeit. Ihre Rotations-Periode beträgt 243 Tage. Ein Venus-Tag dauert also länger als das Venus-Jahr! Und natürlich muss eine Diva exzentrisch aus der Rolle fallen! Als einziger Planet dreht sich die Venus (von oben gesehen) nicht links, sondern rechts herum. Das ist, gelinde gesagt, eine physikalische Ungehörigkeit, weil die Erklärungsversuche über die Entstehung unseres Sonnensystems durch diese Ausnahme ihre Schwierigkeiten haben. Ist irgendwann einmal die Drehachse gekippt?

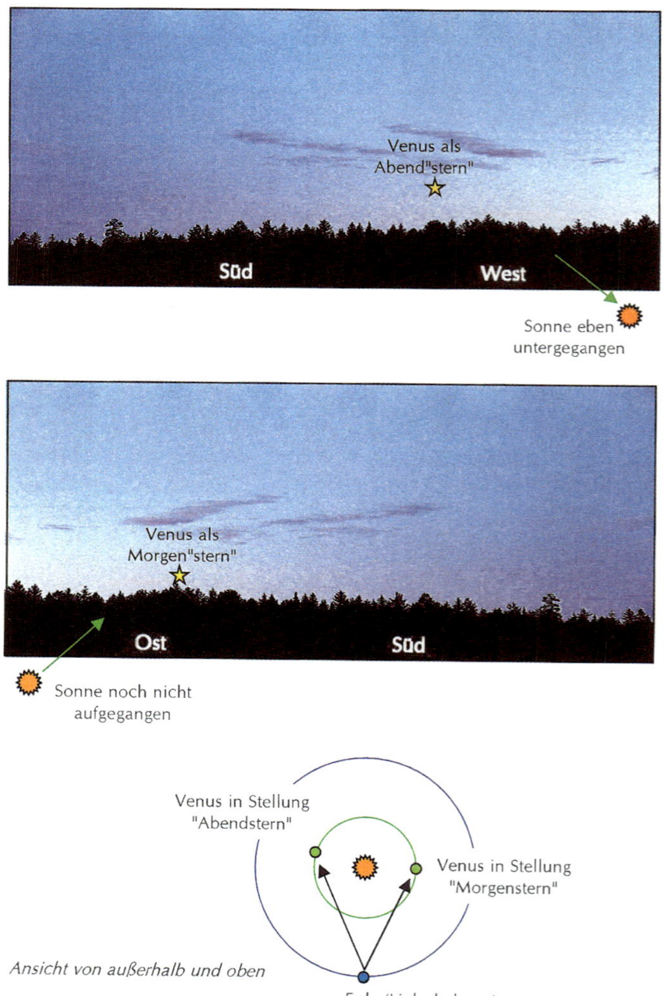

Abb. 34: Die Sichtbarkeitsbedingungen der Venus

Auf alten Steinbildern der Babylonier, auf Reliefs vorkolumbianischer Indianer-Hochkulturen findet sich häufig die Venus als dritthellstes Gestirn des Himmels, das heißt neben Sonne und Mond. Das 2600 Jahre alte Ischtar-Tor im Berliner Pergamon-Museum wurde unserem inneren Nachbarplaneten geweiht. Ischtar bedeutet Venus.

Die Venus haben Sie ganz sicher schon einmal gesehen. Ihr ruhiges Licht zerfließt in brillianten Strahlen, wenn sie, der Erde sich nähernd, ihre größte Helligkeit erreicht. Ihre Schönheit spiegelt sich im Dunkel einsamer Waldseen, und ihr Licht kann sogar schwache Schatten werfen.

Die Venus sehen Sie entweder am Morgen- oder am Abendhimmel. Wegen ihrer Nähe zur Sonne kann sie niemals am Mitternachtshimmel stehen.

Weil manche meinen, die Venus sei ein besonders heller *Stern*, wird sie auch „der" Morgen- bzw. „der" Abendstern genannt. Die Venus ist aber *kein* Stern, sondern ein die Sonne umlaufender Planet. Die Sterne sind viel, viel weiter weg als unsere Planeten. Auch handelt es sich am Morgen und am Abend um immer denselben Himmelskörper – die Schwester unserer Erde.

Erde – das Raumschiff mit 6 Milliarden Besatzung

Da die Erde den Geowissenschaften gehört, überlassen wir diesen alles weitere, halten nur kurz inne, und fliegen gleich weiter zum Mars.

Die Erde ist der Wasserplanet unserer kosmischen Heimat. Wasser ist eine Voraussetzung für die Entstehung von Leben. Das macht die Erde zu einer kosmischen Rarität.

Die Atmosphäre der Erde ist sehr dünn. Auf einem Schul-Globus hätte sie im Maßstab nur die Stärke von Haushaltsfolie. Wasser und Luft sorgen für ausgeglichene Temperaturen zwischen Tag und Nacht. Das ist für höheres, sensibles Leben wichtig.

Lassen wir einmal kühn 4 Milliarden Jahre Erdalter zu einem einzigen 24-Stunden-Tag zusammenschrumpfen.

Nehmen wir an, die Erde sei nachts geboren worden, genau um ***0.00 Uhr***.

Das Leben hätte in diesem verkleinerten Maßstab diese Entwicklung genommen:

erste Anzeichen von Leben	schon früh	um 2.40 Uhr
erste Mehrzeller	morgens	ab 8.00 Uhr
Photosynthese	abends	ab 19.00 Uhr
Leben an Land	nachts	ab 21.45 Uhr
Säugetiere	spät nachts	ab 23.40 Uhr
Aussterben der Saurier	kurz vor Mittternacht	ab 23.40 Uhr
erste Menschen	Tagesende	ab 23.59 Uhr und 59 Sekunden

Da ist man einfach sprachlos, oder?

Und? Gibt es im Weltall, außer hier auf der Erde, intelligentes Leben?

Oft wird die zweifellos riesige Zahl von Planeten um ferne Sonnen als *Beweis* dafür genommen, dass es auch woanders Leben, ja sogar Außerirdische geben muss. Jedoch lediglich mit einer großen Zahl, einer mathematischen Wahrscheinlichkeit, einen stichhaltigen *Beweis* zu führen, ist problematisch. Es gibt zum Beispiel auf der Erde 60 Milliarden menschlicher Finger. Dennoch wissen wir von den Kriminalisten, dass kein Fingerabdruck dem anderen gleicht.

Man könnte durchaus eine große Zahl von Planeten annehmen und genau anders herum argumentieren: Nur weil es seit Urzeiten Milliarden von Planeten gibt, konnte *einer* von ihnen Dutzende erforderlicher Bedingungen (so viele sind es, sagen Biologen!) entwickeln und bereitstellen und so aus unbelebter Materie belebte machen. Eine schwierige Sache, denn wie wir wissen, ist es noch keinem unserer Labore gelungen, auch nur wenigstens ein paar Bakterien zu basteln.

Das irdische Leben – ein Jackpotgewinn? Wozu?

Nun, das Weltall denkt nicht nach Zweck und Nutzen. Ganz einfach: *Es ist.* Philosophen mögen darüber nachdenken, warum es eigentlich nicht *nicht* ist.

Vom Leben zum *intelligenten* Leben ist es übrigens nochmals ein gewaltiger Schritt. Er ist nahezu unwahrscheinlich! Aber das Unwahrscheinliche ist der Grenzfall des Möglichen.

Die große Euphorie, einst Besuch aus dem All zu bekommen, ist heute, nach jahrzehntelangem Erscheinen einer Menge seriöser und zahlloser unseriöser Bücher und Fernsehsendungen, weitgehend verklungen. Es ist stiller geworden um die Außerirdischen. Dennoch wird nach ihnen, sogar mit Unterstützung von Internet-Benutzern, weltweit gelauscht.

Nachbarn im All nachweisen zu können scheint auch deshalb sehr unwahrscheinlich, weil man da „oben“ vielleicht nach neunhundertvierundvierzig Jahren verzweifelten Funkens und Lauschens, sagen wir im Jahre 1827, die Suche schlichtweg aufgegeben hat – lange bevor Marconi im Jahre 1901 eine erste Botschaft über den Atlantik zu senden vermochte und erst damit das Radiozeitalter eröffnete. Verpasste Gelegenheit eines überaus spannenden Rendezvous?!

Doch es gibt *SIE* vermutlich gar nicht. Zwar sind die fürs Weltall Zuständigen, die Astronomen, wegen der großen Zahl der Planeten optimistisch, die Biologen und Evolutionswissenschaftler aber, fürs Lebendige zuständig, sind es nicht. Vielleicht sollten sich beide Fraktionen mal öffentlich drüber unterhalten. Irgendwie ginge es uns alle an, wenn Kontakt hergestellt wäre.

Wir sollten uns keinesfalls auf Außerirdische verlassen. Unsere irdischen Probleme lösen nur wir selbst. Wir sind doch dabei höchst erfolgreich! Uns in nur 50 Jahren um 3,5 Milliarden zu vermehren und mit den Folgeproblemen auch noch halbwegs fertig zu werden, zeigt, dass wir eine äußerst clevere Spezies bilden. Andere Tierarten hätten diese Überpopulation wohl kaum überstanden.

Mars – der rostige Planet

Sie haben richtig gelesen. Der Mars ist rostig. Er erscheint am Himmel rötlich, weil sein Gestein einen hohen Anteil von oxidiertem Eisen, also Rost, aufweist. Kein Wunder, dass er für die Griechen (Ares) und die Römer (Mars) der feurige Kriegsgott war.

Roter Boden findet sich auch auf der Erde. Man muss nicht bis in den Südwesten der USA reisen, wo die Felsen des Monument-Valley in Marlboro-Reklame-Tönen leuchten. Auch in Deutschland treffen wir auf roten Boden, z. B. in Thüringen, bei Eisenberg an der A 9.

Wenn wir uns mit unserem Gedanken-Raumschiff dem Mars nähern, entdecken wir auffällig weiße Stellen am Nord- oder Südpol, je nachdem, welche Seite der Sonne abgewandt ist. Wir können sie sogar schon in einem Schulfernrohr erahnen. Es ist wie bei der Erde: Die Rotationsachse des Mars ist geneigt, so dass er Jahreszeiten aufweist wie sie. Allerdings werden wir Baumblüte oder Herbstfärbung vergeblich suchen. Auf dem Mars gibt es keine Pflanzen, ja auch keine Meere (mehr?). Den kümmerlichen Rest an Feuchtigkeit, der mit der öden roten Wüste einen hübschen Kontrast bildet, liegt auf den Polkappen als Eis und Kohlendioxidschnee.

Auch in der hauchdünnen Atmosphäre finden wir vor allem Kohlendioxid. Der Mars vermag keine dichte Atmosphäre zu halten: Er hat nur den halben Durchmesser der Erde und – bei etwa gleicher Festigkeit – weniger Masse. Dadurch übt Mars weniger Anziehungskraft auf seine Lufthülle aus. Wir wissen schon, auch Planetenluft besitzt eine Masse. Sie hat also, infolge der Gravitation, ein (geringes) Gewicht und drückt daher auf die Planetenoberfläche.

Weil weder Ozeane noch Luft die Oberflächentemperatur des Mars ausgleichen können, wirkt sich die Strahlung der Sonne unmittelbar aus. Wo das Licht streifend einfällt, an den Polen, liegen die Temperaturen bei minus 127 °C. Kohlendioxidnebel friert aus und lagert sich dort ab. In den Äquatorbreiten, wo die Mars-Sonne am Tage senkrecht steht, ist es mit plus 15 °C angenehm warm. Aber bei Sonnenuntergang fällt die Temperatur schnell auf antarktische Werte um minus 60 °C. Wir müssen daran denken, dass Mars etwa eineinhalb mal weiter von der Sonne entfernt ist als die Erde, aber vor allem fehlen eben temperaturausgleichendes Wasser und eine wärmende Wolkendecke.

Immerhin reichen die Temperatur-Differenzen und die dünne Lufthülle aus, um ab und zu gewaltige Stürme auszulösen. Tagelang kann die gesamte Wüstenlandschaft in roten Sand und

Staub gehüllt sein und den Blick einer Raumsonde auf die Schluchten und Krater des „Roten Planeten" verwehren.

Vielleicht haben Sie das Glück, in einem großen Buchladen einen Marsglobus anzutreffen. Zwei gigantische Formationen fallen sofort ins Auge. Zum einen ist da der höchste Berg des Sonnensystems, ein erloschener Vulkan von 26 Kilometern Höhe (über dem Umgebungsniveau), einem Basis-Durchmesser von 600 km und einem Kraterloch von 90 km! Schade, dass dieser Vulkan schon lange schweigt. Ein gewaltiges Naturschauspiel böte sich unseren Augen.

Gehen wir mit den Augen vom Vulkankrater *Olympus Mons* nach Südosten, treffen wir auf drei weitere riesige Vulkane. Nun gelangen wir zu einem weiteren Marsmonster – dem größten Graben unseres Planetensystems. Er hat eine Länge von 4 800 km, eine Breite bis zu 70 km und eine Tiefe von 7 km. Wer jemals mit offenem Mund am tausendfünfhundert Meter tiefen, 350 km langen Grand Canyon (USA) stand, würde bei diesem Anblick den Unterkiefer bis auf die Brust fallen lassen!

Die bis auf den heutigen Tag bekannten „Marskanäle", im Fernrohr gesichtete künstliche Bauten der „Marsianer", hatten sich schon bei den ersten Raumflügen der sechziger Jahre des vorigen Jahrhunderts als optische Täuschung erwiesen.

In einigen Gegenden des Mars kann es dennoch Wasserläufe gegeben haben. In unseren irdischen Flussbetten ähnelnden Tälern sieht man beispielsweise tropfenförmige Sandbänke, die wohl nur durch fließendes Wasser entstanden sein können. Aber noch ist das letzte Wort nicht gesprochen. Wohin sind die riesigen Wassermassen entschwunden? Verdampft? Versickert?

Der Mars hat sicher genau wie die Erde Warm- und Eiszeiten durchgemacht. In den warmen Zeiten taute der Boden auf und setzte möglicherweise Wasser frei. Steine wurden mitgerissen und ausgerichtet, so, wie es Fotos von Marslandern belegen. Vielleicht befindet das Wasser sich heute zu Eis gefroren im Boden? Das wäre für zukünftige bemannte Marsflüge (2001 für 2020 geplant) von höchster Bedeutung.

Einige der Beobachtungstatsachen lassen die Schlussfolgerung zu, dass der Mars vor hunderten Millionen Jahren außer Flüsse sogar Ozeane aufzuweisen hatte. Wir kommen leider (oder zum Glück?) zu spät, um eine zweite Erde ohne viel Aufwand zu besiedeln. Wissenschaftler halten es jedoch für eine ferne Zukunft möglich, durch künstliche Umgestaltung den Mars bewohnbar zu machen. Man hat bereits einen Ausdruck dafür – *Terraforming*.

In den siebziger Jahren haben die USA Raumsonden vom Typ „*Viking*" Roboter mit Schürfarmen abgesetzt. Chemisch-biologische Analysen fanden statt. Die Reaktionen wiesen nicht eindeutig auf bakterielles Leben hin. Eine Enttäuschung. Aber man ist ja noch am Anfang der Suche nach Leben. Leben in einfachster Form könnte es auf dem Mars durchaus gegeben haben. Genau das macht ihn als Nachbarn so interessant.

Nach etlichen missglückten Mars-Missionen der Amerikaner und der Russen konnte 1997 ein kleines „Auto" von der Größe eines Schuhkartons, übrigens in der Nähe des Landschaftsteils „Hameln", sicher abgesetzt werden. Fotos und Gesteinsanalysen vertieften und erweiterten das Wissen über unseren Nachbarn.

Im Umlauf um den Mars arbeitet eine Sonde, die ihn genau kartographiert. Inzwischen sind die größeren Formationen, wie bei unserem Mond, alle benannt.

Eine weitere Sonde der USA wurde 2001 gestartet. 2003 wollen die Europäer folgen. Der Ansturm auf den Mars hat, fast unbemerkt, schon begonnen.

Obwohl auf dem Mars keinerlei höhere Lebens- oder gar Bautätigkeit (Marskanäle!) auszumachen war, wurden dicke Bücher über das kilometergroße „Marsgesicht" geschrieben. Weil man mit pseudowissenschaftlichen Schwarten schnell reich werden kann, viel reicher als pingelig genau arbeitende Wissenschaftler, sind die wüstesten Spekulationen über eine untergegangene Mars-Zivilisation angestellt worden, aus der wir selber hervorgegangen sein sollen. Die Idee vom Menschen als Importprodukt der Erde ist variationsreich und weit verbreitet. Immer noch bestehen offenbar Zweifel, dass Mensch und Schimpanse gleiche Vorfahren hatten.

Wir kennen hier auf der Erde jede Menge Felsformationen, die liegenden Menschen oder Charakterköpfen unglaublich ähnlich sind. Niemand würde annehmen, dass es sich um Bauwerke untergegangener Kulturen handelt. – Nun der Clou. Das neueste Bild vom Objekt zeigt, was es mit dem Marsgesicht auf sich hatte: nichts. Ein zufälliger Schatteneffekt.

Mir ist nicht bekannt, dass einer der selbsternannten Marsgesichtforscher sich zu diesem Ergebnis geäußert oder gar seine geplatzten Spekulationen bereut hätte. -

Bereut? – Finanziell auf keinen Fall.

Auf dem Weg zum Jupiter – die Kleinplaneten

Hunderttausende Kleinplaneten, Planetoiden, begegnen uns auf unserer Gedanken-Reise zum Rande des Planetensystems. Dennoch ist der Raum groß genug, um Zusammenstöße zu vermeiden.

Doch zwischen Mars und Jupiter befinden sich mehr Kleinkörper als im Planetensystem üblich. Sie bestehen meist aus lockerem Schutt mit einer Dichte um nur 2 g/cm^3. Alle Brocken auf einem Haufen würden nur ein Zehntausendstel der Erdmasse ausmachen. Es handelt sich um übriggebliebenen Baustoff aus der Zeit der Entstehung des Sonnensystems. Der konnte sich wegen „Materialknappheit" nicht mehr zu einem Planeten zusammenballen.

Der größte unter den Kleinplaneten, Ceres, hat einen Durchmesser um die 1000 km. Würde man Ceres wie einen Apfel durchschneiden und eine der Schnittflächen auf die Erde legen können, würde Spanien gut abdeckt sein.

Typisch für Kleinplaneten sind jedoch Durchmesser zwischen 20 und 40 Kilometer, haben also die von Großstädten. Nur 100 Planetoiden sind größer als 50 Kilometer.

1991 gelang es der amerikanischen Raumsonde Giotto von einem der Planetoiden, „Gaspra", Nahaufnahmen zu machen. Ein paar Jahre später wurden „Ida" (Durchmesser 31 km) und „Eugenia" (Durchmesser 215 km) fotografiert.

Die beiden werden von winzigen Monden umkreist. Das Möndchen von Eugenia hat einen Durchmesser von 13 Kilometer. Es umkreist sie in 5 Tagen in einem Abstand von 1000 km. Entstanden sind diese Kleintrabanten vermutlich durch Abspaltung bei einer Kollision von Planetoiden.

Andere von Raumsonden besuchte Planetoiden sind „Mathilde" und „Braille". Weitere – Otawara und Siwa – erhalten 2006 und 2008 Besuch.

Seit Februar 2000 umkreiste eine Raumsonde den Planetoiden Eros. Die Fotos zeigten eine düstere Landschaft mit dickem Staub und kleinen Einschlagkratern. Dann, bei der Landung, betrug infolge der geringen Anziehung auf Eros das Gewicht der Sonde, das auf der Erde dem von 4 Menschen entsprach (im Weltraum war sie gewichtslos), lediglich dem eines Esslöffels.

Können die Planetoiden der Erde gefährlich werden? Durchaus! 1500 von ihnen können unsere Bahn kreuzen. Ein schon recht naher Felsen flog am 18. 1. 2000 auf halbe Mondentfernung heran. Aber dicht daneben ist, Gott sei Dank, auch vorbei.

Auf die Frage der Kollisionsgefahr spezialisierte Wissenschaftler schätzen heute, dass ein Planetoid von nur 100 Metern Durchmesser in einem besiedelten Gebiet 10 000 Tote zur Folge hätte. Bei 1 Kilometer wären es eine Million Tote, schon ab 3 Kilometer Durchmesser hätten wir Milliarden Opfer zu beklagen. Wie sollte unsere Welt damit fertig werden? Die Einschlagsexplosion würde unser Klima stark verändern, weil sehr viel Staub und Dampf in die Atmosphäre gelangen würden. Was geschähe mit unserer Zivilisation? Würden die nächsten Kriege dann wieder mit Pfeil und Bogen ausgetragen werden?

Möglicherweise sind vor 65 Millionen Jahren durch einen solchen Einschlag neben 90 % der Tierarten die damals seit 200 Millionen Jahren dominierenden Saurier infolge der Unterbrechung der Nahrungskette ausgestorben.

Mit dem Planetoidengürtel verlassen wir nun die Grenze zwischen den kleineren Planeten Merkur, Venus, Erde, Mars und den großen Planeten Jupiter, Saturn, Uranus und Neptun. Ein weiterer Planetoidengürtel befindet sich hinter dem letzten Planeten, dem kleinen Pluto. Dort liegt das erste große Etappenziel, von wo aus wir im zweiten Teil unseres Reiseführers in die Welt der Sterne aufbrechen.

Jupiter – der Gigant

Jupiter legt 70 % der Masse aller neun Planeten auf die Waage. Er hat den elffachen Durchmesser unserer Erde. Jules Vernes Held Phileas Fogg, der im 19. Jahrhundert die Reise um die Erde in 80 Tagen sehr knapp schaffte, brauchte für Jupiters Umrundung also 880 Tage. Das hätte er sich wohl gut überlegt. Aber die Reise wäre bei bestem Willen auch gar nicht möglich gewesen. Jupiter verfügt über keine feste Oberfläche. Er besteht bis weit in Richtung Kernbereich aus den beiden leichtesten Gasen: Wasserstoff und Helium. Kein Wunder, dass seine mittlere Dichte, (also die Berechnung Masse durch Volumen mit der Einheit Gramm pro Kubikzentimeter) nur 1,3 g/cm^3 beträgt, das ist nahe dem Wert für die Sonne (1,4 g/cm^3). Als Ganzes würde Jupiter in einem kosmisch großen Wasserbecken langsam untergehen, denn Wasser hat die Dichte von einem Gramm je Kubikzentimeter, ist also etwas „leichter".

Der Riesenplanet Jupiter ist durch schnelle Rotation – sein Tag hat nur 10 Stunden – stark abgeplattet, viel stärker abgeplattet als unsere Erde. Das sehen Sie bereits im achtfach vergrößernden Fernglas: Jupiter erscheint als ovale Scheibe. Diese schnelle Drehung verursacht Stürme, deren größter Wirbel im Durchmesser dreifach so groß ist wie der Durchmesser der Erdkugel. Man beobachtet diesen Wirbelsturm schon seit 300 Jahren, aber er tobt bestimmt schon viel länger. Wir vergleichen ihn mit den recht stabilen Tornadowirbeln auf unserer gegenüber Jupiter winzigen Erde. Die große Ausdauer des Jupiter-Orkans ist dennoch ein Rätsel. Man nennt diesen Sturmwirbel angesichts seiner Farbe ehrfürchtig den „Großen Roten Fleck" (GRF).

Jupiter, benannt nach dem obersten Gott der Römer, ist fünfmal weiter von der Sonne entfernt als die Erde. Seine Temperatur an der Oberfläche beträgt daher minus 120 °C. In seinem Innern ist er aber durch den Druck der auf dem Kern lastenden Massen sehr heiß. Wäre Jupiter in Urzeiten etwas schwerer gewesen, hätte er im Zentrum so hohe Temperaturen entwickelt, dass aus ihm eine zweite Sonne geworden wäre. Das wäre für uns Menschen ziemlich unangenehm, weil wir dann gleich von zwei Seiten geröstet würden. Eine kühlende Nacht gäbe es dann auf der Erde nicht. Wie in so vieler Hinsicht hatte die Entwicklung des Lebens wieder einmal Glück gehabt.

Saturn – der Herr der Ringe

Jupiter ist umgeben von einem schwachen Ringsystem aus Fels und Eis, aber wenn ein Planet für Ringe zuständig ist, dann ist es natürlich der Saturn. Sie bestehen aus einer ungeheuren Zahl Restbrocken von durch Saturns Gravitation zerrissenen Monden, die die „Mühle" des Ringes immer wieder auffüllten.

Bald werden wir mehr darüber wissen. Raumsonden sind unterwegs.

Schon in einem Fernrohr ab 25facher Vergrößerung lässt sich der Saturnring gut erkennen. Es kann dennoch sein, dass Sie ihn zur Zeit nicht finden. Alle paar Jahre ist der Blickwinkel Erde – Saturn so ungünstig, dass wir auf die schmale Kante der Ringe blicken. Monate später aber schauen wir leicht von oben oder unten auf ihn und genießen einen atemberaubenden Anblick.

Wie hingezaubert schwebt der Ring vor unseren Augen im freien Weltraum. Alle Nahaufnahmen vom Saturn können dieses direkte Erlebnis, diesen beglückenden Moment, nicht voll nachempfinden lassen. Es gibt Menschen, die dieses Naturwunder beim zufälligen Besuch einer Sternwarte zum allerersten Mal bestaunen und erst und gerade danach beginnen, sich mit der Astronomie zu beschäftigen. Das ist nicht zu spät, aber man sollte sie warnen: Sie kommen meist von ihr nicht mehr los! Mir ging es jedenfalls schon in jungen Jahren so, als ich auf einem Berliner Dach durch ein uraltes Messingfernrohr erstmals den frei im All schwebenden Ring bestaunte.

Erst die amerikanischen Raumflugkörper konnten um 1980 beim nahen Vorbeiflug detaillierte Bilder vom Saturnring schießen und zu uns herabfunken. Die Fachwelt war darauf eingerichtet, dass sich nicht nur ein einziger fester Ring zeigen würde. Große Fernrohre hatten Zwischenräume entdeckt, und einen festen Ring, einer Zylinderhutkrempe ähnlich, konnte es aus bewegungsmechanischen Gründen nicht geben. Die inneren Teile müssten stets die äußeren überholen. Dass aber nun gleich hunderttausend schmale Einzelringe auf den Bildschirmen erschienen, war selbst für kühle Gemüter einfach zu viel. Man war begeistert und verblüfft. Was für ein gigantischer Kreisverkehr! Einzelne Teile der Ringe ließen sich wegen der nötigen respektvollen Distanz der Voyager-Sonde zum Saturn allerdings noch nicht abbilden.

Saturn hat einen Durchmesser, in den 10 Erdkugeln passen würden. Eine elfte könnte bequem zwischen ihm und seinem innersten Ringteil durchtauchen. Er ist ohne seinen Ring der größte Planet nach Jupiter und nur wenig kleiner als er. Würde man Saturn und Erde in ein mächtiges kosmisches Aquarium werfen können, würde die Erde wie ein Stein untergehen. Der Saturn aber würde ... schwimmen!! Seine durchschnittliche Dichte entspricht genau der von Rotbuchenholz, 0,67 g/cm^3. Saturn muss also wie Jupiter größtenteils aus Gas bestehen. Und in der Tat fanden sich im tief hinunter reichende Außenbereich hauptsächlich Wasserstoff, Helium und Methan. Ähnlich sind auch die beiden dem Saturn folgenden Planeten zusammengesetzt.

Bevor wir zu einem von ihnen, den Uranus, weiterfliegen, schauen wir vom Saturn aus kurz zu unserer Erde zurück. – Um Himmelswillen, sie ist weg! Zumindest dem bloßen Auge hat sie sich entzogen! Bereits von hier aus, einem Viertel unserer Reise zum Pluto, geht sie in den Strahlen der Sonne unter.

Uranus – die langweilige Kugel

Optisch hat der Planet Uranus – vierfacher Erddurchmesser, zwanzig mal weiter von der Sonne entfernt als die Erde – auch aus der Nähe wenig zu bieten. Verschwommen bläulich wie ein schüchternes Vergißmeinnicht zieht er gemächlich seine Bahn. Er braucht trotz 25 000 Kilometer pro Stunde Umlauftempo ganze 84 Jahre, bis er die Sonne einmal umrundet hat. Aber er hat es dennoch in sich, der Uranus. Er ist zum Beispiel der erste hinzu entdeckte Planet nach 5000 Jahren Astronomiegeschichte. Saturn strahlt, wenn er und die Erde sich auf ihren Kreisbahnen begegnen, so hell am Himmel, dass ihn selbst der Neandertaler vor hundertfünfzigtausend Jahren gekannt haben muss. Uranus aber versteckt sich im Gewimmel schwacher Hintergrund-Sternchen. Er ist nur mit einem Fernglas und bei genauer Kenntnis seiner Lage am Himmel auszumachen. Hat man das Lichtpünktchen dann endlich im Visier, ist man allerdings eigentlich nur enttäuscht. Zu ähnlich ist er einem Stern unter Sternen.

Die Achse des Uranus ist um fast 90 Grad gegen seine Bahn geneigt. Das ist außergewöhnlich und schwer zu begründen. Er rollt wie ein Ball auf seiner Kreisbahn um die Sonne und nimmt dabei einen dünnen Ring und etliche Monde mit, die über seine Bahn hinweg oder unter ihr hindurch fliegen. Diese seltsame Achsenneigung ist im Planetensystem einmalig. Kollidierte Uranus bei seiner Entstehung vor 4,5 Milliarden Jahren mit einem schweren Körper und wurde dadurch zu einem „schrägen Typ“? Man weiß es noch nicht.

Uranus müsste und sollte eigentlich nach seinem Entdecker „Herschel“ heißen. Vorgeschlagen wurde das, kurz nachdem das unscheinbare Gestirn 1781 von Friedrich Wilhelm Herschel (1738–1822) als Planet erkannt wurde. Das passte aber irgendwie nicht: Ein Menschenname unter Göttern? Daher trägt Planet „Herschel“ den Namen der Muse der Astronomie (Urania).

Herschels Name wurde anderenorts verewigt. Sein Freund John Franklin, auf der Suche nach der „Nordwestpassage“ in der Arktis verschollen, hat eine Insel im Eismeer Kanadas nach ihm benannt. Allerdings finden sich auf der Insel außer einer Reihe weiß gestrichener Grabkreuze nur ein paar Walfängerhüttchen. Leider kein einziger Hinweis auf den berühmten Namensspender. Am anderen Ende Amerikas finden wir kurz vor Kap Horn noch eine „Herschel-Insel“. Ist sie nach *ihm* benannt?

Auf dem Mond zählt ein nach Herschel benannter Krater zu seinen abgelegenen Denkmälern. Auf Mimas, einem 1789 von Herschel entdeckten Saturnmond, nimmt der Krater „Herschel“ 1/3 seiner Oberfläche ein. Näher für uns ist die Walhalla bei Regensburg, wo Friedrich Wilhelm Herschels Marmorkopf mit der untertreibenden Gravur „Sternkundiger“ neben die Büsten von Johannes Kepler (dort Ke*pp*ler) und Nikolaus Kopernikus aufs Podest gestellt wurde.

Abb. 35: Sir William Herschel, Entdecker des Uranus

Bahnstörungen – mal läuft Uranus schneller, mal langsamer als zu erwarten – führten dazu, dass ein weiterer Planet entdeckt wurde. Am Schreibtisch entdeckt! Zu dieser aufregenden Geschichte kommen wir jetzt. Wir wollen nur noch den Astrologen eine Frage stellen: Sind eigentlich alle Horoskope bis zum Entdeckungsjahr des Uranus ungültig? Man bezog ja nur Planeten bis zum Saturn ein, erst 1781 kam Uranus hinzu. Die Astrologen stützen sich nach eigener Aussage auf Jahrtausende alte Erfahrungen. Wie viel Planeten braucht der Astrologe für brauchbare Zukunfts-Voraussagen? Die Antwort des Astrologen wird lauten: Unsere Horoskope sind eben heute genauer als damals.

Astrologen kann man nicht überzeugen. Das wäre ja denn auch das Ende ihrer Passion. Wir stellen ihnen auch vorerst keine unangenehmen Fragen und präsentieren jetzt die Entdeckung weiterer zwei Planeten.

Neptun – der Schreibtischplanet

Neptuns Existenz und seine aktuelle Ortslage wurden Mitte des 19. Jahrhunderts aus Bahnstörungen des Uranus ermittelt. Ohne Computer dauerte das damals recht lange. So hatten nur zwei Astronomen ihr Hirn damit gequält: John Couch Adams in England und Urbain Jean Joseph Leverrier in Frankreich.

Adams war zuerst fertig. Aber die britische Fachwelt nahm Adams nicht ernst, als er 1845 seine Berechnung vorlegte. Der amtierende Beurteiler scheute sich, das Unglaubliche zu veröffentlichen. Er „vergaß" das eingereichte Manuskript unter einem Stapel Papier. Tröstlicherweise wurde Adams später Professor und Direktor der Sternwarte in Cambridge. Das ist ja auch was.

So hatte der Konkurrent Frankreich nach jahrelangem Kampf um das Entdeckerrecht die Nase vorn. Pechvogel Adams wurde in späteren Astronomiebüchern vergessen oder nur am Rande erwähnt.

Aber um 1999 kam er durch neue Forschungsergebnissen wieder ins Gespräch. Bislang unbekannte Dokumente tauchten auf, die belegten, dass Adams die Neptunbahn recht unpräzise berechnet hatte, und dass seine Angaben nicht genügt hätten, den Neptun ausfindig zu machen. Leverrier ist also zum zweiten Mal der Sieger dieses kuriosen Stückes Wissenschaftsgeschichte.

Was passierte nun mit den Berechnungen des Franzosen? Klar, er brauchte ein gutes Fernrohr, um Neptun zu suchen. Leverrier schickte daher am 18. September 1846 die Koordinaten des Neptun (Rektaszension und Deklination) an Johann Gottfried Galle in Berlin, der zum Aufspüren des hypothetischen Planeten ein geeignetes, zwei Meter langes Linsenfernrohr zur Verfügung hatte. Übrigens – obwohl die Eisenbahn damals noch ein recht lückenhaftes Schienennetz besaß, traf der Brief aus Paris schon fünf Tage später in Berlin ein. Heute geht das, auch per Luftpost, nicht viel schneller.

Am 23. September war der Himmel über Berlin dunkel und klar, was heutzutage ein echter Glücksfall wäre. Dicht neben der von Leverrier berechneten Stelle, eine gute Vollmondbreite entfernt, fand J. G. Galle nach einer Stunde tatsächlich den später nach dem Meeresgott *Neptun* benannten Planeten. Das war dann Nummer acht. Ein Riesenerfolg für die rechnende Astronomie! Neptun hatte man übrigens schon viel früher ein paar Mal im Visier, ihn aber wohl für einen Stern gehalten.

Das grenzt an Zauberei: Wenn man noch unentdeckte Himmelskörper exakt voraussagen konnte (die Astrologie sieht wieder alt aus), mussten die Naturgesetze der Planetenbewegung schon immer gegolten haben und ewig gelten. Man konnte sich auf sie verlassen. Nikolaus Kopernikus, der die Sonne in die Mitte rückte, hatte recht; aus seinem Welt„bild" wurde absolute Gewissheit. Johannes Kepler, mit dessen Werk wir uns später noch beschäftigen, hatte die Formeln geliefert, mit denen sich zeigen ließ, *wie* sich die Planeten bewegen. Jetzt profitierte man von der praktischen Anwendung. Es hatte sich all die Mühe des Rechnens und Suchens gelohnt. Das Ergebnis: Der Kosmos ist trotz seiner unbegreiflichen Weiten erforschbar, seine Gesetze sind erkennbar.

Neptun ist Uranus ähnlich in Zusammensetzung, Größe und Farbe. Raumsonden konnten auf seiner gasförmigen Oberfläche aber mehr Einzelheiten ausmachen als auf der glattblauen Uranuskugel. Es zeigten sich immerhin weißliche Wolkenfetzen. Ein großer Wirbelsturm tobte, ähnlich denen auf Jupiter oder Saturn.

Neptun hat wie alle vier Gasplaneten ein Ringsystem, allerdings ein sehr schwaches.

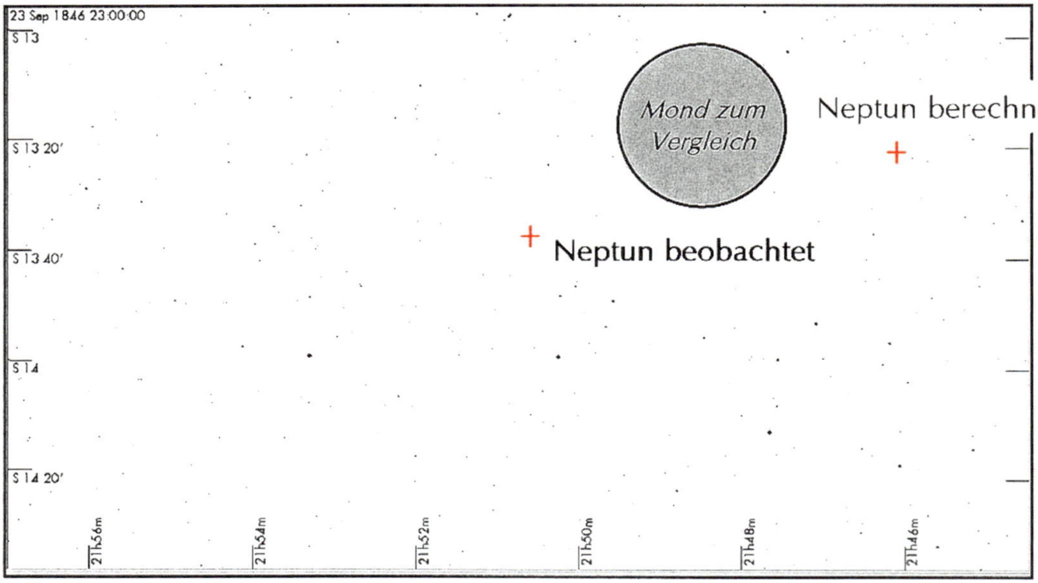

18.9.1846: Leverrier (Paris) schickt Galle (Berlin) die Koordinaten des vermuteten Planeten.
23.9.1846: Galle entdeckt Neptun nur ein Fingerbreit weiter links.

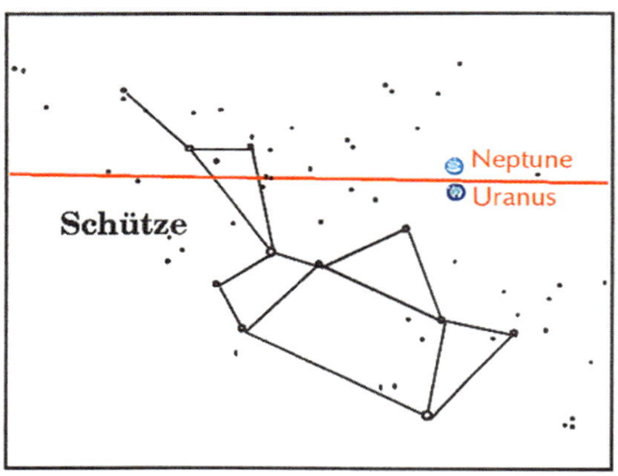

Am 28.11.1821 stand der Uranus
sehr nahe am Neptun, der eigentlich hätte entdeckt werden müssen, aber beide Planeten standen zu der Zeit nicht über dem Horizont.

Abb. 36: Die Entdeckung des Planeten Neptun

Pluto – der Trittbrettfahrer

Pluto würde ich hier am liebsten übergehen. Zwar wird er von den Astronomen nach etlichem Streit seit 1999 eindeutig als Planet geführt; er könnte aber genauso gut ein Planetoid sein. Sein Durchmesser beträgt nur 2000 km. Also ist er kleiner als unser Mond! Er würde gerade einmal Westeuropa abdecken. Pluto und sein Begleiter, ein Mond von 1000 km Durchmesser, bestehen vermutlich im wesentlichen aus Eis.

Dahinten herrschen entsetzliche Temperaturen. Sie liegen auf der Plutooberfläche bei minus 230 °C. Vom Pluto aus erscheint die Sonne bereits als Stern unter Sternen.

Pluto braucht wegen seiner großen Entfernung zum Gravitationszentrum Sonne 250 Jahre für einen Umlauf. Daher haben wir ihn bisher nur ein Stückchen auf seiner Bahn optisch begleiten können. Er wurde 1930 auf einem Foto, das man mit einer älteren Aufnahme verglich, mehr zufällig entdeckt.

Pluto hat eine ungewöhnlich stark geneigte Umlaufbahn, 17 ° geneigt gegen die Erdbahn (Ekliptik). Alle anderen Planeten laufen wenigstens grob gesehen in der Ekliptikebene, er nicht. Auch ist seine Bahn fürchterlich eierig, also eine deutliche Ellipse: Bis zum März 1999 lief er zeitweilig als achter Planet innerhalb der Neptunbahn!

Was soll man von einem solchen Außenseiter halten? Schmuggelte sich ein Komet unter die Planeten? Dafür ist er eigentlich zu groß.

Leider ist Pluto noch nie von einer Raumsonde besucht worden. Mit den besten Fernrohren und raffiniertesten Aufnahmetechniken bekommen wir nur verrauschte Bildchen. Kein Wunder, denn der winzige Pluto reflektiert das Licht der Sonne, das ihn nach fünf Stunden erreicht, in weiteren fünf Stunden zu uns zurück. Auf einem weißgrauen Scheibchen ist dann keine Einzelheit mehr zu erkennen. Pläne für den Besuch des Pluto wurden gefasst, aber keine Raumsonde zu ihm kann vor dem Jahre 2010 dort ankommen. Die Flugzeit ist gewaltig, weil Pluto 40fach weiter von der Sonne entfernt ist als die Erde zu ihr.

Hier sei aber schon darauf hingewiesen, dass es bis zu unserem *Nachbarstern* ungleich weiter ist. Das Licht braucht nicht Stunden oder Tage, es braucht rund 4 Jahre! Überlegen Sie mal kurz, was Sie vor 5 Stunden gemacht haben und was heute vor 4 Jahren los war, dann wird Ihnen der Sprung von unseren Planeten zu den Sternen bewusst.

Beim Pluto angelangt, endet unser Besuch bei den Geschwistern der Erde. Die Bahnen planetarer Himmelskörper enden aber hier noch nicht. 150 „Transplutos“ bis zur halben Plutogröße wurden bis zur Jahrtausendwende entdeckt, und es werden noch viele folgen. Einen weiteren *großen* Planeten hinter Pluto zu finden, ist allerdings sehr unwahrscheinlich.

Planeten sortieren

Als das Sonnensystem vor etwa 4,6 Milliarden Jahren entstand – es hat damit nur rund ein Drittel des Alters des Kosmos –, fielen die schweren Bestandteile der Urwolke, aus der sich alle Planeten bildeten, schneller zur Sonne hin als die leichten. In den äußeren Bezirken verblieben hauptsächlich Gase. Daher haben wir innen feste, kleine, massearme Planeten und außen lockere, große, massereiche. – Pluto lassen wir mal aus den genannten Gründen draußen vor.

Die vier inneren Planeten nennen Astronomen nach der Erde „erdartig" (nicht wie oft gelesen erdähnlich, denn der Erde ist kein einziger Planet ähnlich) und die vier äußeren Planeten charakterisiert man nach dem Jupiter als „jupiterartig".

Nullenkiller

Auf unserer Reise durch das Weltall jonglieren wir unvermeidlich mit sehr hohen Zahlen. Nun, Millionen oder Milliarden – was spielt das schon für eine Rolle? Selten wird uns bei dieser großzügigen Denkweise bewusst, dass eine Milliarde das Tausendfache einer Million ist. Es ist ein Unterschied, ob jemandem für einen vergnüglichen Abend 1 Euro oder 1000 Euro zur Ver-

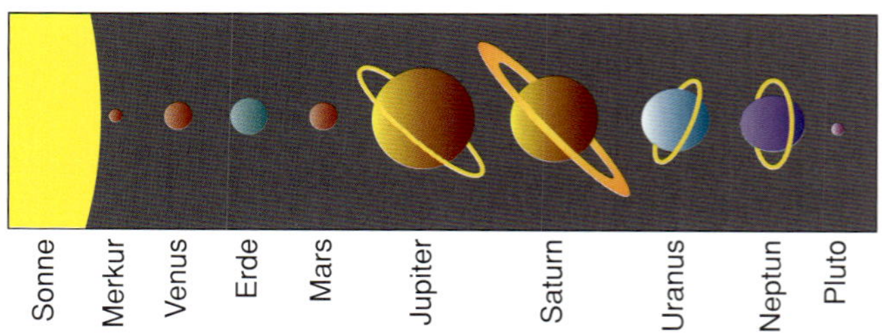

Von der Sonne bis zum...	Entfernungen der Planeten zur Sonne in Mio. km	in AE	in " Lichtzeit "
Merkur	58	0,4	3,2 min
Venus	108	0,7	6 min
Erde	150	1,0	8,3 min
Mars	228	1,5	12,6 min
Jupiter	778	5,2	0,8 Std.
Saturn	1427	9,5	1,3 Std.
Uranus	2870	19,1	2,7 Std.
Neptun	4496	30	4,2 Std.
Pluto	5946	40	5,5 Std.

Lichtgeschwindigkeit: 300 000 km/s

Abb. 37: Entfernungen der Planeten zur Sonne

Man unterscheidet zwei Typen von Planeten:

erdartige Planeten:
Merkur, Venus, Erde, Mars

jupiterartige Planeten:
Jupiter, Saturn, Uranus, Neptun

erdartig heißt ähnlich wie die Erde geartet:
kleine Masse, kleiner Durchmesser, *große* Dichte
Besonderheit: wenige Monde (max. 2)
jupiterartig heißt ähnlich wie Jupiter geartet:
große Masse, großer Durchmesser, *kleine* Dichte
Besonderheit: viele Monde (bis zu 25)

Die Unterschiede:

	erdartige Planeten	*jupiterartige Planeten*
Radius	klein	groß
Masse	klein	groß
Dichte	groß	klein
Rotation	langsam	schnell
Abplattung	gering	stark
Atmosphäre	dünne Hülle	ausgedehnte Hülle
Monde	wenige	viele

Pluto mit seinem Mond Charon könnten Kometenkerne sein. Pluto wird jedoch (vorerst) als Planet geführt.

Abb. 38: Zwei Typen von Planeten

fügung stehen! – Ob Sie bis zu 1 Million oder bis zu 1 Milliarde zählen sollten, wäre ebenfalls nicht unwichtig: Für das Zählen bis zur Million brauchten Sie, beim Aussprechen jeder Zahl, 5 Tage. Machen Sie aber weiter bis zu einer Milliarde, müssten Sie 20 Jahre zählen.

Die Entfernungen von der Sonne zu den Planeten kann man natürlich in Kilometern angeben. Dann aber müssen wir für Pluto schreiben: 5 946 000 000 km. Schön umständlich, nicht wahr. Bei der sonnennahen Erde ist das auch nicht viel freundlicher, nämlich 149 600 000 km.

Ein einfacher Trick ändert das. Die Astronomen setzen in internationaler Übereinkunft für diese Strecke, die mittlere Entfernung Sonne-Erde, den Wert „1". Die Erdentfernung wird also zur Maßeinheit. Statt „1 Erdentfernung" oder „40 Erdentfernungen" (Sonne – Pluto) zu sagen, hat man sich auf den etwas hochtrabenden Begriff „Astronomische Einheit" (Abk. AE, englisch AU) als Maßeinheit geeinigt.

Wir benutzen sie, weil sie so bequem ist, noch öfter.

Vergleich der Masse der Sonne mit der Masse der sie umlaufenden Himmelskörper

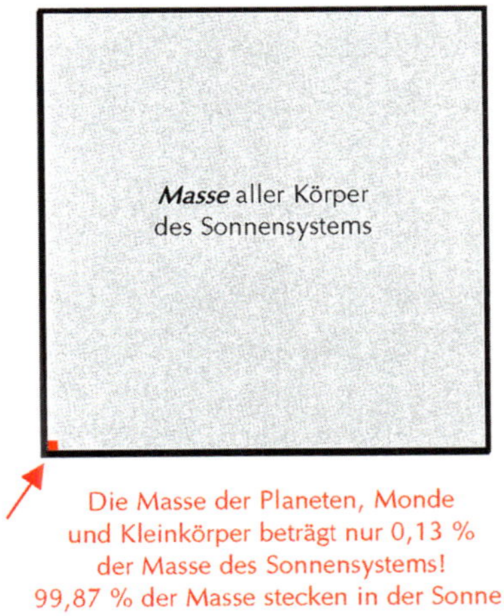

Abb. 39: Massenvergleich: Die Sonne und ihre Trabanten

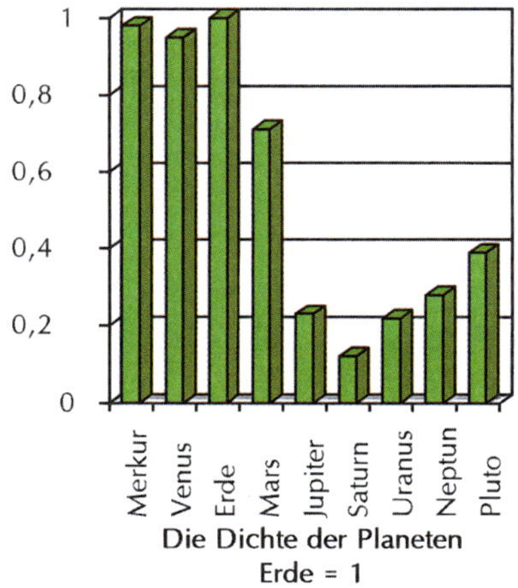

Abb. 40: Die Dichte der Planeten

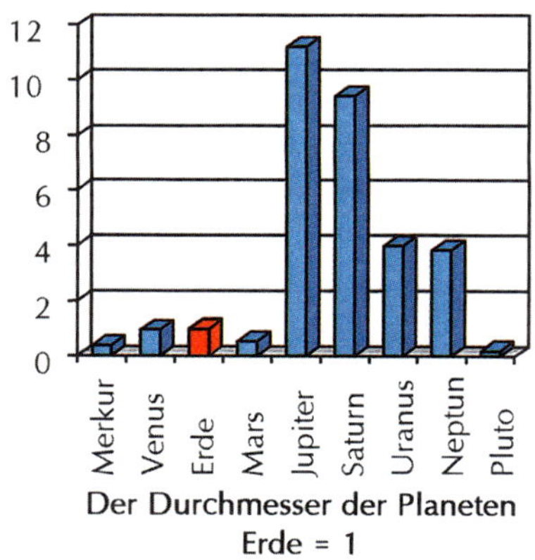

Abb. 41: Der Durchmesser der Planeten

Rückflug zur Erde

Fliegen wir in unserem Gedanken-Raumschiff jetzt zur Erde zurück. Wenn wir auf dieser Rückreise an allen Planeten noch einmal vorbeifliegen wollten, ginge das natürlich nicht auf geradem Wege. Die Planeten stehen nämlich nicht extra für uns auf einer geraden Flugroute. Jeder Planet bewegt sich mit einer ihm eigenen Geschwindigkeit um die Sonne. Die inneren sind schneller als die äußeren. So sind alle Planeten im Planetenkarussell verstreut.

Dabei fällt uns ein: Manchmal schlagen Trivialmedien Alarm, zur Zeit stünden „alle Planeten in einer Reihe“. Das hätte wegen der verschärften Anziehungskraft für uns katastrophale Folgen. Astrologen warnen: Die Erde würde aus ihrer Bahn geworfen werden!

Wahr ist: Es stehen nie alle (9) Planeten in einer Reihe, weil ein solcher Zufall ausgeschlossen ist. Auch die zeitweilige „Reihe“ einiger Planeten gleicht eher einem undiszipliniertem Gänsemarsch als einer aufziehenden Ehrengarde. Die dabei leicht zunehmende Anziehungskraft ist wegen der riesigen Entfernungen zwischen den Planeten niemals bedrohlich. Was soll das also?

Die Redakteure müssen die Konsumenten ihrer Zeitung neugierig halten, um die Auflagehöhe zu sichern. Sie lieben Gespräche von Leuten, die beginnen mit: „Haste gelesen...?!“

Es geht bei Medien um den Absatz von Ware, nicht um das Wahre. Der Erfolg ist sicherer, wenn man auf die Gefühle der Menschen setzt. Es muss immer etwas Gruseliges zu lesen oder zu hören sein.

Natürlich geht es dabei nicht ganz ohne Fakten. Die findet man sehr leicht schon eineinhalb Jahre im voraus in wissenschaftlichen Jahrbüchern.

Die Medien berufen sich listig auf (mitverdienende?) Astrologen, welche sie seriösen Astronomen gleichsetzen. Solche „Propheten“ erwähnen natürlich nicht, dass der nahe Erdmond eine stärkere Anziehungskraft auf die Erde ausübt (Ebbe und Flut...) als es alle Planeten in einer Reihe zusammengenommen täten.

Die Entfernungen zwischen den Planeten sind einfach zu groß, um das Gravitationsfeld der Sonne zu stören. Selbst ihre gesamte Masse ist viel zu klein für Schwerkraftauswirkungen. Das können Astronomen ausrechnen. Astrologen verschweigen das und machen ihre Geschäfte mit der Angst.

Die Astronomen machen den Menschen keine Angst, sie zeigen ihnen, wie interessant es im Kosmos zugeht. Sie laden sie ein, die erhabene Schönheit der kosmischen Natur zu genießen und ihre Gesetze zu verstehen.

Die riesige Masse der Sonne hält also auch in Zukunft die Erde sicher auf ihrer Bahn. Sie hat es seit vier Milliarden Jahren getan. Verlassen wir uns auf unsere Erfahrung! Keine einzige Voraussage zum Untergang der Erde durch ihre Planetengeschwister ist eingetroffen. Das kann jeder von uns aus eigener Erfahrung bestätigen.

Planetendaten									
	Merkur	Venus	Erde	Mars	Jupiter	Saturn	Uranus	Neptun	Pluto
Mittlerer Abstand von der Sonne (in AE)	0,39	0,72	1,00	1,52	5,20	9,54	19,18	30,06	39,88
Umlaufzeit um die Sonne (in Jahren)	0,24	0,62	1,00	1,88	11,86	29,46	84,01	164,79	247,7
Exzentrizität der Bahn	0,21	0,01	0,02	0,09	0,05	0,06	0,05	0,01	0,25
Neigung der Bahn (in Grad)	7,0	3,4	0,0	1,85	1,30	2,49	0,77	1,77	17,2
Masse (Erde = 1)	0,05	0,82	1,00	0,11	317,8	95,1	14,5	17,2	(0,004)
Radius (Erde = 1)	0,38	0,95	1,00	0,53	11,2	9,42	4,10	3,88	(0,18)
Mittlere Dichte (Wasser = 1)	5,4	5,3	5,5	3,9	1,3	0,7	(1,2)	1,7	(1,99)
Rotationszeit (um die eigene Achse)	58,7 Tage	243 Tage	24 Stunden	24,6 Stunden	9,8 Stunden	10,665 Stunden	(17,24 Stunden)	(16 Stunden)	(6,4 Tage)
Neigung des Äquators gegen die Bahnebene (in Grad)	2	3	23,5	24	3	27	98	29	ca. 50
Monde	0	0	1	2	16	23+	15	8	1
Oberflächenmagnetfeld	0,01	0,01	1	< 0,01	14	0,67	0,1	?	?

Abb. 42: Planetendaten

Zwischen den Sternen befanden sich Gas- und Staubwolken vom Mehrfachen der Masse unserer Sonne. Wenn solche riesigen Wolken durch ihre Schwerkraft langsam in sich zusammenfallen, beginnen sie zu rotieren.

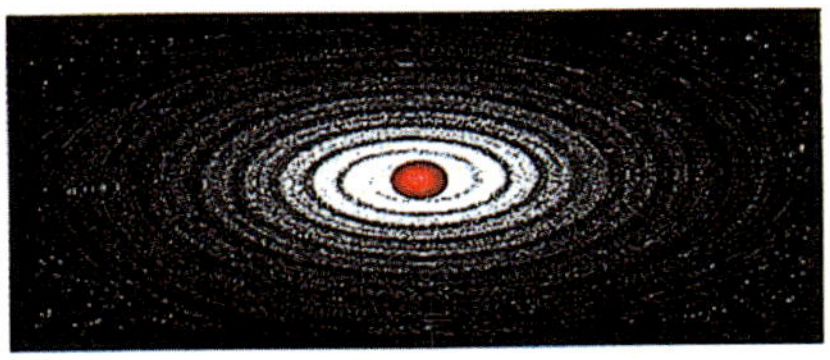

Durch Fliehkraft flachte sich die Wolke zu einer Scheibe ab.
Im massereichen Zentrum entstand die Sonne.
Außen bildeten sich Klumpen, die nach und nach die restliche Materie einsammelten.

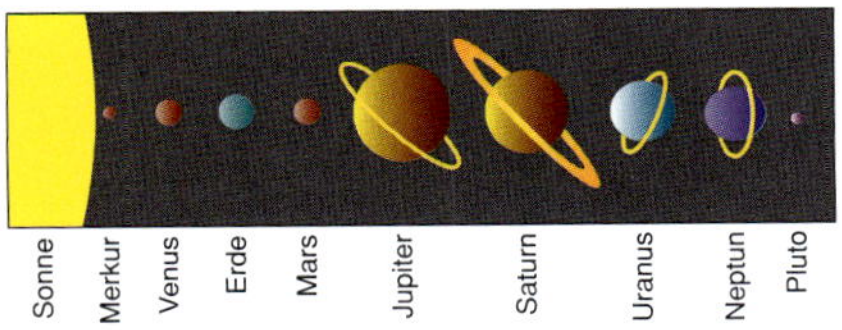

Aus diesen Klumpen wurden durch "Schneeballeffekte" nach Millionen von Jahren unsere Planeten.

Abb. 43: Die Entstehung des Planetensystems

Die Erdzeitalter

Beginn vor Mill. Jahren	Dauer in Mill. Jahren	Erdzeitalter	Formation	Abteilung		Erdgeschichtliche Vorgänge
1,5	1,5	Neo- oder Känozoikum (Erdneuzeit)	Quartär	Holozän (Alluvium, Nacheiszeit)		Herausbildung der heutigen Landschaftsformen
				Pleistozän (Diluvium, Eiszeit)		Vereisung der Nordhalbkugel, Hebung der zentraleuropäischen Mittelgebirge, abklingender Vulkanismus
65	64		Tertiär	Jungtertiär (Neogen)	Pliozän Miozän	Alpidische Gebirgsbildung auf der ganzen Erde, starker Vulkanismus, Einbruch des Mittelländischen Meeres
				Alttertiär (Paläogen)	Oligozän Eozän Paläozän	
135	70	Mesozoikum (Erdmittelalter)	Kreide	Obere Kreide		Ablagerungen des Kreidemeeres, Beginn der alpidischen Gebirgsbildung, auflebender Vulkanismus
				Untere Kreide		
190	55		Jura	Malm (Weißer Jura)		Weite Meeresüberflutungen (Tethys im Bereich Mittelmeer-Alpen)
				Dogger (Brauner Jura)		
				Lias (Schwarzer Jura)		
220	30		Trias	Keuper		Keine größeren tektonischen Ereignisse, wüstenhaftes Festland herrscht vor
				Muschelkalk		
				Buntsandstein		
280	60	Paläozoikum (Erdaltertum)	Perm	Zechstein Rotliegendes		Abklingen der variszischen Gebirgsbildung, Vereisung auf der Südhalbkugel, Kali- und Salzablagerungen in Zechstein-Meeren
350	70		Karbon	Oberkarbon		Rückgang der Meeresüberflutungen, Vereisung der Südhalbkugel, variszische Gebirgsbildung mit starkem Vulkanismus, große Sumpfwälder als Grundlage späterer Steinkohlebildung
				Unterkarbon		
400	50		Devon	Oberes Devon		Weite Meeresüberflutungen, Ausklingen der kaledonischen, Beginn der variszischen Gebirgsbildung
				Mittleres Devon		
				Unteres Devon		
440	40		Silur (Gotlandium)	(Obersilur)		Erste Landpflanzen, kaledonische Gebirgsbildung (besonders in Nordeuropa)
				(Untersilur)		
500	60		Ordovizium	(Oberordovizium)		Beginn der kaledonischen Gebirgsbildung, Beginn der Cephalopodenzeit
				(Unterordovizium)		
580	80		Kambrium	Oberes Kambrium		Ablagerung der ersten fossilführenden Sedimente
				Mittleres Kambrium		
				Unteres Kambrium		
2000	1400	Präkambrium (Proterozoikum, Urzeit)	Algonkium (Jungproterozoikum)	(Oberes Algonkium, Jungalgonkium)		Erste gebirgsbildende und vulkanische Vorgänge
				(Unteres Algonkium, Altalgonkium)		
4500	2500		Archaikum (Altproterozoikum)			Bildung der Urkontinente und Urmeere
			Sternzeit			Erde im Zustand eines glühenden Planeten

Abb. 44: Die Erdzeitalter

Wenn der Kosmos statt 12 Milliarden Jahre nur 1 Jahr alt wäre...

1. Mai:	Entstehung der Milchstraße
9. September:	Entstehung Sonne, Erde
25. September:	erste Lebensanzeichen

November

Montag	Dienstag	Mittwoch	Donnerstag	Freitag	Samstag	Sonntag
					1	2
3	4	5	6	7	8	9
10	11	12	13	14	15 Seerosen Seeigel	16
17	18	19	20 Korallen Krebse	21	22	23
24	25	26 Fische Land-Pflanzen	27	28	29	30 Schachtel-halme

Dezember

Montag	Dienstag	Mittwoch	Donnerstag	Freitag	Samstag	Sonntag
1	2	3 Nadelbäume Reptilien Rieseninsekten	4	5	6	7
8 Gingko-bäume	9	10	11	12	13 Saurier	14
15 Vögel	16	17	18	19	20 Saurier ausgestorben Kleinsäuger	21
22	23	24 Heiligabend	25 1. Weihnachtsfeiertag	26 2. Weihnachtsfeiertag Grosse Säugetiere	27	28
29	30	31 Silvester Mensch				

Der Silvestertag des "kosmischen Jahres"
-12 Milliarden Jahre verkleinert auf 12 Monate -

In diesem Maßstab dauert ein Menschenleben nur 0,1 Sekunden.

am 31.12. um	
22 Uhr 30 min	Die ersten Menschen
23 Uhr 46 min	Gebrauch des Feuers erfunden
23 Uhr 59 min und 20 s	Ackerbau, Haustiere (vor 10 000 Jahren)
23 Uhr 59 min und 50 s	Hochkulturen, Himmelsbeobachtungen
23 Uhr 59 min und 56 s	Das Jahr 1 in unserer Zeitrechnung
0 Uhr 0 min und 0 s	jetzt

Die Astronomie macht die großen Leute klein
und die kleinen Leute groß.
Bruno H. Bürgel

Abb. 45: Kosmischer Kalender

Im Planetenkarussell

Die Erde führt zwei Bewegungen aus. Sie bewegt sich zum einen in einer fast kreisrunden Bahn um die Sonne. Und das für unsere Begriffe mit hohem Tempo, mit 108 000 Kilometern pro Stunde! Dennoch benötigt Mutter Erde für einen Umlauf eine lange Zeit. Wir nennen diese Zeit „*Jahr*".

Zum anderen dreht sich die Erde wie eine Eistänzerin bei einer Pirouette um sich selbst. Weil aber die Erde um einiges größer ist als eine Eisprinzessin, braucht sie im Vergleich zu ihr relativ lange. Diese Zeit definieren Astronomen als einen „*Tag*". Unser Kalender ist in „Tage" eingeteilt. Der Tag widerspiegelt die Erdrotation. Die Rotationszeit wird in von Menschen erfundene Portionen, die Stunden, geteilt.

Pingeligerweise müssen wir sagen, dass der Begriff „Tag" noch eine andere Bedeutung hat. Tag nennen wir auch die beleuchtete Erdhälfte (Tagseite), also die *helle Zeit* eines Tages, wo die Sonne über unserem Horizont steht.

Was für wundervolle Pirouetten dreht unsere Erde, und das seit Milliarden von Jahren! Immerhin beträgt die Geschwindigkeit eines Ortes am Äquator 1695 km/h! Das sind 471 m/s, das ist Überschallgeschwindigkeit! Weil die Luft an die Erde gekoppelt ist und sich mit ihr mitdreht, merken wir davon nichts. Das ist schwer zu glauben, weshalb es Zeiten gab, wo man die Erde als ruhend und den Himmel als bewegt auffasste.

Weil sich beide Erdbewegungen, Umkreisung und Drehung, gleichzeitig stattfinden, so als würde die Eisprinzessin bei ihrer Pirouette auch noch einen Kreis auf der Eisfläche beschreiben, haben wir Probleme, uns die Entstehung von Tag und Nacht und deren auffällig unterschiedliche Länge vorzustellen. Denn es kommt noch dazu, dass wir auf einer Kugel wohnen und die Leute in Neuseeland fast immer eine ganz andere Tageslänge haben als wir auf der Nordhalbkugel. Warum? Das klären wir jetzt.

Die Bewegungen der Erde und deren Folgen

Warum sind im Norden die Tage im Winter kurz und im Sommer lang? Warum sind die Jahreszeiten auf der Südhalbkugel „verkehrt" herum? Warum ist dort Apfelernte, während hier zur selben Zeit die Apfelbäume blühen? Oder denken wir an die dick bepelzten Eisbären im hohen Norden und die wackeren

Pinguine am südlichen Ende der Welt! Warum scheint diesen armen Tieren im Polarwinter wochenlang keine Sonne? Warum geht sie andererseits an den Polen, im jeweiligen Sommer, wochenlang nicht unter?

Gehen wir diesen Fragen auf den Grund. Stellen Sie vorerst zum Spaß fünf Leuten zwischen 16 und 90, die Ihnen zufällig über den Weg laufen, folgende Frage: Warum ist es bei uns im Winter kalt und im Sommer warm? Eine häufige Antwort ist: „Im Winter sind wir weiter von der Sonne weg, im Sommer näher dran. Das ist doch ganz klar!“

Sie können in zweifelnde Gesichter sehen, wenn Sie erwidern: „Es ist genau umgekehrt. Wir sind in unserem Winter an der Sonne dichter dran! 5 Millionen Kilometer! Daran kann es nicht liegen!“ – „Dann liegt es daran, dass im Sommer die Tage lang sind, im Winter jedoch kurz.“ – „Das leuchtet ein“, entgegnen Sie. „Aber... dann müssten die Eisbären sich im arktischen Sommer doch totschwitzen, weil dort ja 24 Stunden Tag ist. Es müsste wärmer sein als bei uns, wo nur 16 Stunden Tag sind“! – „Hmm... – also dann muss das mit der Erdachse zusammenhängen, das hatten wir mal in der Schule. Lange her. Und jetzt lass' mich zufrieden mit dem Quatsch.“

Schade. Denn das ist die Lösung! Ursache für die Jahreszeiten ist tatsächlich die Neigung der Erdachse gegen ihre Bahn. Sie steht nicht senkrecht zu ihr, sondern um 23 ½ Grad geneigt.

Manche können sich die Entstehung der Jahreszeiten besser vorstellen, wenn die Erdachse senkrecht stehend gedacht wird. Weil es im Kosmos keine bevorzugte Lage gibt, ist das durchaus berechtigt!

Die *Bahn* der Erde *um die Sonne* wäre dann um 23 ½ ° gegen eine gedachte Waagerechte geneigt. Während ihres Umlaufs um die Sonne wird die Erde von ihr nun einmal von oben (Nordhalbkugel hat Sommer), ein halbes Jahr später von unten (Südhalbkugel hat Sommer) beschienen.

Aber meistens zeichnet man die Erdbahn als waagerechte (wahnsinnig übertrieben schlanke) Ellipse. Wohl darum: Wir leben in Räumen mit waagerechtem Boden. Die Erdachse muss dann geneigt sein, wie wir das vom Globus kennen.

Abb. 46: Warum ist es im Sommer wärmer als im Winter?

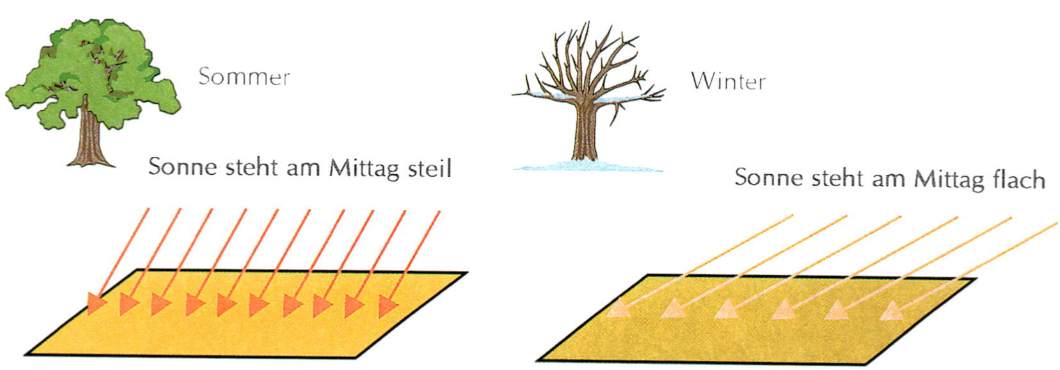

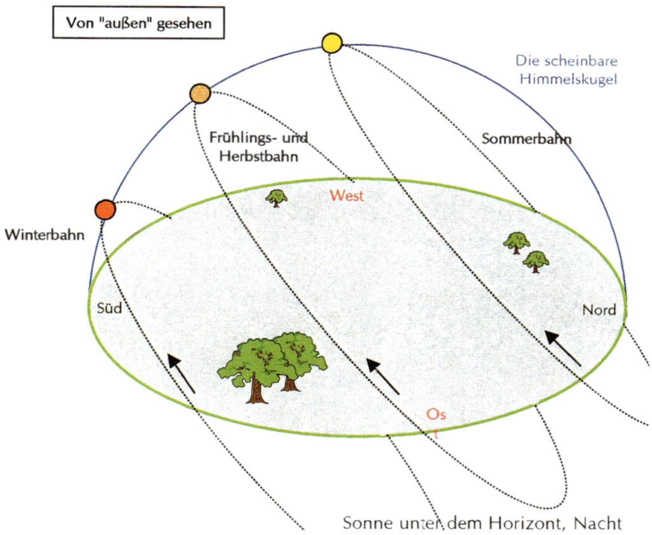

Die Sonnenbahn am Tage im Wechsel der Jahreszeiten

Sommer:	steil, lang von Nordost nach Nordwest
Frühling / Herbst:	von Ost nach West
Winter:	flach, kurz von Südost nach Südwest

Abb. 47: Die Tagesbahnen der Sonne im Wechsel der Jahreszeiten

Schiebt man den Globus auf der Platte eines runden Tisches links herum am Rand entlang, werden die Verhältnisse schnell klar. In die Mitte stellen wir eine Taschenlampe. Den Reflektor nehmen wir ab. Das ist die Sonne. Sie bestrahlt mal mehr die nördliche Halbkugel (Nordsommer, Südwinter), mal die südliche (Südsommer, Nordwinter). Aber Achtung! Die Ausrichtung der Globusachse muss immer gleich sein. Sie erreichen das, wenn Sie den Globus fest an seinem Fuß packen und beim Bewegen entlang der Tischkante nicht mehr loslassen. Die Lage der Achse zu ihrer Bahn weist stur in die gleiche Richtung. Weshalb? – Ein Kreisel wie unsere Erde ist gesetzmäßig lagestabil, wie ein ausgebautes, sich schnell drehendes Rad vom Fahrrad. Dessen Achse können Sie nur ganz schwer aus der Waagerechten bringen. Vielleicht haben Sie das schon mal probiert. Kreisel befinden sich auch in Satelliten. Ihre Antenne bleibt dadurch immer zur Erde ausgerichtet.

Was würde es eigentlich für Folgen haben, wenn die Achse der Erde senkrecht zu ihrer Bahn stünde, wie es beim Jupiter der Zufall wollte? Genau, die Sonne schiene immer senkrecht über dem Erdäquator. Wir hätten keine Jahreszeiten! Es wäre auf allen Breitengraden immer gleich warm. Jeder Ort der Erde hätte immer dieselbe Wärmezufuhr, denn die Strahlen der Sonne träfen an allen Orten immer im selben Winkel auf.

Kommen wir zum Schluss zu der interessanten Frage, was im Kalender der Südhalbkugler steht, wenn bei uns am 21. März „Frühlingsanfang“ zu lesen ist. Dort ist ja dann Herbstanfang!

Abb. 48: Die Entstehung der Jahreszeiten

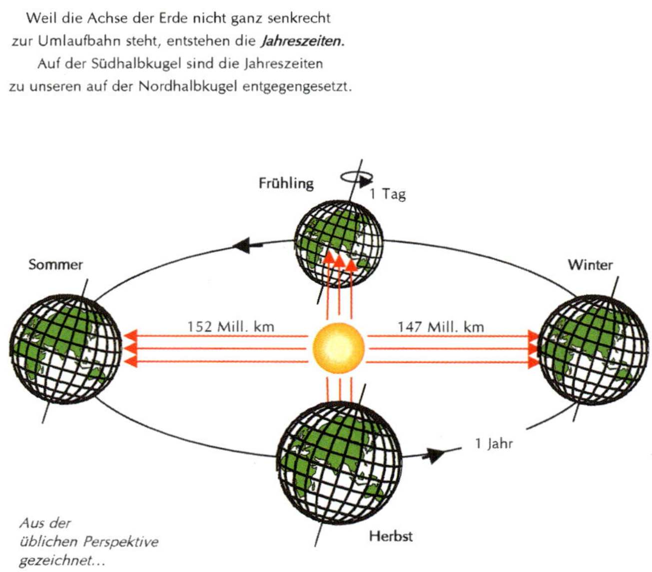

Wir wissen, an diesem Tag sind die Tag- und Nachtstunden überall auf der Erde gleich lang. Die Sonne scheint dann direkt über dem Äquator auf die Erdkugel. In den Polgegenden allerdings herrscht jetzt streifendes Dämmerlicht, weil die Sonne sich in Horizontnähe befindet.

Wir sprechen am 21. März auch von „Tag- und Nachtgleiche". Und genau das steht zum Frühlings- und auch Herbstanfang im Kalender von Neuseeland (ich habe nachgeschaut!): „Äquinoktium", Tag- und Nachtgleiche. Eine elegante Verlegenheitslösung. Sonst käme man durcheinander: Frühling, Herbst – ja, von wem aus gesehen?

Abb. 49: Eine ganz andere Sichtweise

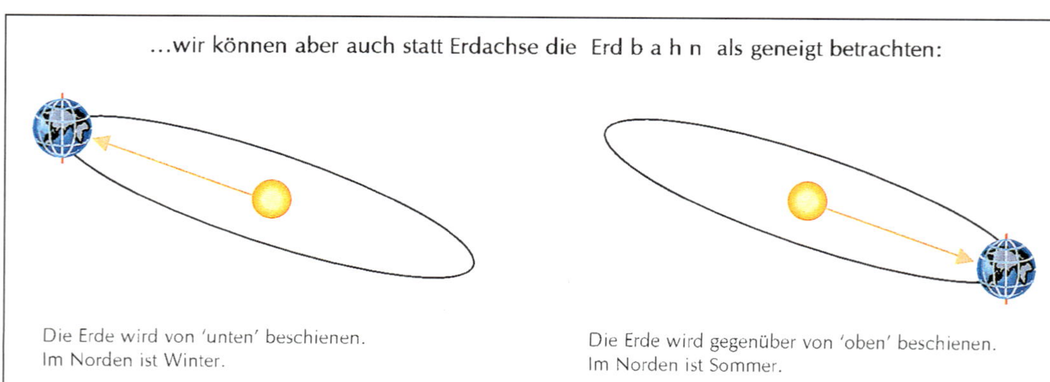

Die Gesetze, nach denen sich die Planeten bewegen

Es war nicht nur der Augenschein, der am Ende der Antike den seinerzeit berühmtesten Astronomen bewog, die kleine Sonne für einen umlaufenden Körper der mächtigen Erde zu halten. Phantasielos war man nicht! Man hatte durchaus diskutiert, ob die *Sonne* im Zentrum der Planetenbahnen stünde. Aristarch von Samos (um 310 bis um 250 vor unserer Zeitrechung, abgekürzt v. u. Z.) vertrat sogar diese richtige Ansicht mit Entschiedenheit.

Ein Grund, sich für ein geozentrisches Weltmodell zu entscheiden, war die totale Unterschätzung der Größe der Sonne (kleiner als die Erde!) und die Entfernungen zu den Himmelskörpern. Den Durchmesser der Sonne zu bestimmen gelang erst zu Käpt'n Cooks Zeiten, im 18. Jahrhundert. Es war für die meisten Astronomen der Antike einfach unvorstellbar, dass es etwas Größeres geben könnte als die Erde.

Ein anderer Grund, die Erde ins Zentrum zu stellen, war die vergebliche Suche nach der Verschiebung der Sterne. Als Folge eines Umlaufs der Erde um die Sonne wandern die Sterne im Laufe eines Jahres scheinbar hin und her, analog dem „Daumensprung" vor unseren Augen. Man konnte sich einfach nicht vorstellen, dass die Sterne so weit entfernt sind, dass diese Verschiebung mit den vorhandenen Winkelmessgeräten nicht ermittelt werden könne.

Durchgesetzt hat sich denn auch die Mehrheit um Claudius Ptolemäus (um 75 bis um 160 u. Z.), der die Erde im Zentrum dachte und lehrte, dass alle anderen „Wandersterne" (Planeten), der Mond und die Sonne in Kreisbahnen um sie herumlaufen. Ptolemäus hatte sein Wissen und das seiner Kollegen in ein so fundiert verfasstes Lehrbuch gebracht, dass seine Lehre 1400 Jahre lang nicht angezweifelt wurde. Ptolemäus blieb die ausdauerndste Autorität aller Zeiten.

So ist es auch kein Wunder, dass im Chorgestühl des Ulmer Münster sich unter einem Dutzend wunderschön geschnitzter Köpfe (um 1470) ein Astronom findet – Claudius Ptolemäus. Seltsamerweise hat er als einziger der Figuren keinen Hut auf, was ihn als Menschen der Antike ausweisen soll. Er trägt eine Himmelskugel, das Weltall, als dessen Mittelpunkt eine viel zu große Erde gedacht wurde.

„Im Anfang schuf Gott Himmel und Erde...", das sind die ersten Worte des „Buchs der Bücher". Dass die Erde ein *Teil* des Himmels ist, ahnte niemand. Bemerkenswert: In der Bibel allem voran die *Astronomie* – natürlich auf dem Stand des damaligen menschlichen Wissens.

Die Theorie der Planetenläufe um die Erde funktionierte in Ptolemäus' Buch leider ziemlich gut, denn es ist physikalisch egal, ob der Zug fährt und der Bahnhof steht- oder umgekehrt. Es genügt für die Beschreibung und Berechnung von Bewegungen zu wissen, dass sich zwei Körper gegeneinander verschieben.

Bis auf den heutigen Tag werden Horoskope auf der Grundlage einer falschen Annahme erstellt: Erde im Zentrum – Sonne ein Planet! Wenn irgendwann einmal jemand auf dem Mars geboren wird, kann eigentlich von ihm kein Horoskop erstellt werden. Es ist nicht bekannt, welche astrologische Wirkung aus dieser Perspektive der Planet Erde auf sein Leben hätte. Sie ist der einzige der angeblich einflussreichen Himmelskörper, der in Horoskopen ohne Bedeutung bleibt, weil er die ruhende Plattform der Astrologen ist. Aber vom Mars aus...? Diese Leute werden vermutlich auch aus diesem Dilemma einen Ausweg finden.

Bei so viel Ignoranz (oder Toleranz?) ist es kein Wunder, dass in Deutschland etliche Prozent der Erwachsenen nicht wissen, ob sich die Erde um die Sonne bewegt oder umgekehrt. Man mag es gar nicht glauben, aber es ist belegt.

Für recht modern hingegen hält man sich, wenn man hämisch grinsend äußert, die Leute hätten früher, so vor ein paar hundert Jahren, geglaubt, die Erde sei eine Scheibe. Kolumbus hätte dann den Beweis erbracht, dass die Erde eine Kugel sei. Ein weit verbreiteter Irrtum! Schon um 1492, als Kolumbus in Amerika eintraf, gab es einen Erdglobus. Selbst wenn sein Schöpfer, Martin Behaim, diesen bei Kolumbus' Abreise noch nicht in seinem Kopf gehabt hätte, wäre Kolumbus nicht der Entdecker der Kugelgestalt der Erde gewesen. Die Hälfte der Erdkugel, der Pazifik, hätte zur Umrundung und somit zum Beweis der Kugelgestalt schlichtweg gefehlt. Diese Reise gelang erst einer Expedition unter Ferdinand Magellan (1480–1521).

Bereits Aristoteles (384–322 v. u. Z.) belegte mit einem pfiffigen Argument die Kugelgestalt der Erde. Sie war damals schon durch zufällige Beobachtungen auf Fernreisen vermutet worden (nach Süden hin kamen immer neue Sternbilder hoch). Die Kugelerde hatte sich daher längst gegen die altgriechische Lehre von der Scheibenerde durchgesetzt. Aristoteles, das Genie des Altertums, argumentierte, bei Mondfinsternissen sei der Schatten der Erde auf dem Mond bekannterweise immer rund, d. h. Teil einer Kreisscheibe. Die Erde müsse daher eine Kugel sein. Wäre die Erde keine Kugel, müsste der Schatten *unterschiedliche* Formen annehmen. Eine sich drehende Scheibe ergäbe in Querlage hin und wieder einen ovalen Schatten oder gar einen Strich auf dem Mond.

Wie also kommt es zu dieser Merkwürdigkeit, „früher dachten die Leute, die Erde sei eine Scheibe"? Möglicherweise ist ein an sich gutmeinender Religionsunterricht daran Schuld. Denn die Angelegenheit hat einen rationalen Kern. Mit der geistigen Führerschaft der Kirche zwischen 1100 und 1400 wurde die Bibel zur einzigen Autorität. Die Gelehrten der Antike galten als Heiden und somit Irrende. Das biblische Weltbild ließ zur Bibel passende Weltkarten entstehen. Ihre flächige Darstellung ließ eigentlich offen, ob eine Kugel oder aber eine Scheibe gemeint war. So kam es vielleicht dazu, dass viele glaubten, die Welt sei eine Scheibe. Wer behauptete, die Erde sei eine sich drehende Kugel, hatte aber nicht, wie manchmal zu hören ist, mit Schwierigkeiten seitens der Obrigkeit zu rechnen. Das wird heute oft verwechselt mit einem anderen Streit in diesen dogmatischen Zeiten: Ist die Erde oder die Sonne Mittelpunkt des Universums? Der Papst, die Kirche, die Hölle – all das sollte plötzlich auf einer winzigen Erbse um die Sonne kreisen? Das hieße Gottes großartige Schöpfung entthronen!

So klein hat man damals den lieben Gott gedacht. Oder besser: so hat man argumentiert. Denn eigentlich ging es um etwas anderes. Die politische Ordnung – Teil der unumstößlichen göttlichen Schöpfung – sollte für alle Zeiten gesichert bleiben. Die einen arbeiteten, die anderen managten. Wir kennen das bis in unsere Zeiten. Es ist traurig und schön zugleich, dass sich erst spät, aber letztlich unaufhaltsam die Wahrheit durchsetzte und nicht fromme Wünsche.

Jahrhunderte ging man also von falschen Vorstellungen aus. Ehrlich gesagt, die Astronomie lag sowieso auf Eis. Alles, was man wissen und können musste, vor allem die Berechnung eines Kalenders zur Regelung des öffentlichen Lebens, wusste und konnte man. Erst die Problematik der Navigation bei weltweiten Eroberungsreisen führte zu neuen Überlegungen. So ist die Entwicklung der Astronomie, wie andere Wissenschaften auch, von gesellschaftlichen Anforderungen abhängig gewesen und bekam von ihnen die Impulse.

Nach 1500 erhob ein heute sehr bekannter Astronom Einspruch gegen das geozentrische Weltbild des Ptolemäus und damit gegen die Meinung der meisten Kollegen seiner Zeit.

Es war Nikolaus Kopernikus, ein Mann in Zeiten stürmischen politischen und wissenschaftlichen Aufbruchs.

Kopernikus (1473–1543) wurde in Thorn (Polen) geboren. Er weckte die antike Astronomie aus dem Dornröschenschlaf. Als Mediziner musste er auch Astrologie studieren, denn man behandelte Patienten nach dem astrologisch günstigsten Stand der Gestirne. Astrologie und Astronomie gingen immer noch wie Falschgeld und Währung Hand in Hand.

Mit 23 Jahren kamen Kopernikus bei seinen astronomischen Studien die ersten Zweifel an der Richtigkeit des 1400 Jahre alten geozentrischen Weltbilds. Neben seiner Tätigkeit als Domstift-Verwalter in Frauenburg (Polen), wo er auch starb, hatte er wohl genügend Zeit, sich mit dem Sternhimmel und der überlieferten Literatur zu befassen. Er wagte es aber nicht, seine Meinung in Druck zu geben, weil sie mit der päpstlich genehmigten nicht übereinstimmte. Dissidenten wurden seinerzeit schlankweg ausgerottet.

Kopernikus starb, und von nun an wurde sein Buch gedruckt. Die neue Lehre wurde verblüffenderweise zunächst positiv aufgenommen, war doch der Kirchen-Feiertagskalender mit den Jahrhunderten aus dem Tritt gekommen, und irgendwann hätte man Ostern im Schnee gefeiert. Man suchte bereits nach den Ursachen und einem Ausweg aus dem Dilemma. Ein neuer Kalender, basierend auf einem neuen Berechnungsmodell (nicht auf einer neuen Weltordnung!) hätte man in Rom durchaus begrüßt.

Ab 1582 galt dann der noch heute gültige gregorianische Kalender.

Gleichzeitig aber begriffen die Verwalter ewiger Wahrheiten die Brisanz der kopernikanischen Lehre. Alte Ideologie und eine neue Idee widersprachen sich ganz offensichtlich. In solchen Fällen kommt es in der Geschichte der Menschheit zu einer konfliktreichen Wende. Es geht bei bestimmten Berufsgruppen um alles, um die nackte Existenz.

Man spricht heute damit zu Recht von der „kopernikanischen Revolution".

Aber auch die meisten Kollegen des Nikolaus Kopernikus wandten sich aus handfesten praktischen Gründen gegen die heliozentrische Lehre (die Sonne, griech. Helios, ist Zentrum). Es gab ein Riesenproblem: Die Berechnungen zur Frage „wo am Himmel befindet sich wann ein Planet?" wurden leider keineswegs genauer!

Heute kennt man die Ursache. Die Astronomen, so auch Kopernikus, gingen immer noch davon aus, dass Gott sein Werk mit der Absicht vollendeter Harmonie geschaffen hatte. Alles perfekt – sonst wäre er ja kein Gott. Die ideale Form der Planetenbahnen sei der Kreis. Sie sind aber nur *fast* ein Kreis.

Wir wissen seit Johannes Kepler, hundert Jahre später, von *ganz wenig eingedellten* Kreisen.

Bevor wir zu Kepler und seinen Ellipsen kommen, müssen wir noch etwas klarstellen. Oft liest man vom „kopernikanischen *Weltbild* ". Kopernikus tauschte – es scheint kinderleicht – die Erde gegen die Sonne aus und fand ... *die* Wahrheit, also kein *Bild* von ihr! Es handelt sich beim heliozentrischen System nicht um ein Modell, eine Ansicht, eine Lehre, sondern es ist *die Realität*. Diese beweist sich in der Praxis. Die Praxis ist letztlich die Raumfahrt. Wenn Kopernikus geirrt hätte, was er, bescheiden und politisch klug, sehr wohl einräumte, würden wir mit unseren Raumflugkörpern nie dort ankommen wo wir hinwollten.

Die kopernikanische Revolution (Umwälzung) sollten andere vollenden. Geehrt wurde Kopernikus dennoch auf vielfältige Weise. In seinem Sterbeort Frauenburg wurde zu seinem 500. Geburtstag im Jahre 1973 ein monumentales Denkmal errichtet. Wie es sich gehört: Stehend, wallendes Gewand, erhobener Zeigefinger, ein Fuß vor. In der linken Hand hält der Meister – wie der antike Gegenspieler Ptolemäus im Ulmer Münster – sein „Weltmodell".

So ähnlich auch das Denkmal (diesmal sitzend; unerkennbares, weil verkitschtes Gesicht) vor dem Planetarium in Montreal.

Eine Nummer kleiner: Ein polnischer 1000-Zloty-Geldschein von 1982 zeigte in prachtvoller Weise Kopernikus und das kopernikanische System.

Die Bundesrepublik brachte 1973 zu Ehren Kopernikus eine Gedenkmünze heraus mit der zentral gesetzten Sonne und den umlaufenden Planeten. Rundes passt gut auf Rundes...

Auch Briefmarken zeigen den Kopernikus, von dem man nie weiß, wie er nun wirklich aussah, so unterschiedlich sind die Konterfeis – kurz, der Mann hat die Welt bewegt. Im wahrsten Sinne des Wortes.

Die Astronomie gehörte in Lehranstalten seit dem 5. Jahrhundert zu den „Sieben Freien Künsten". Daran erinnert der Fries des Erkers der Apotheke (1612) im westfälischen Lemgo mit wunderschönen Figuren und den vergoldeten Namen dieser „Künste": Arithmetik, Geometrie, Musik, Rhetorik...

Renaissance, Wiedergeburt! Kopernikus bewirkte sicherlich ein tiefes Aufatmen der gemarterten Astronomie-Studenten jener Zeit. Musste man doch nach der Lehre des Ptolemäus und obendrein durch den Kreisbahn-Irrtum des Kopernikus hochkomplizierte Geometrien studieren, die sich als zahllose Planetenbahn„kringel" (seriös: Epizykeln) darstellten. Plötzlich war durch das neue, richtige Wissen alles viel leichter.

So einfach wird alles manchmal, wenn man nur den Standort wechselt. Noch einmal: Kopernikus hatte lediglich Sonne und Erde gegeneinander ausgetauscht.

Die Planetenschleifen, das ein paar Wochen lange, plötzliche Rechtsherumlaufen der Planeten am Himmelsgewölbe, widerspiegeln nichts anderes als den Überholvorgang der Erde. Ähnlich wie beim Überholen auf der Autobahn der neben Ihnen grimmig schauende Verlierer, scheint ein Planet auf gleicher Höhe mit der Erde zunächst stillzustehen, um dann *rückwärts (!)*, von Ost nach West, zu schleichen. Nach dem Überholvorgang der Erde nimmt der Planet die alte Richtung unter den Sternen (West>Ost) wieder auf.

Eine der möglichen Erklärungen des berühmten Sterns von Bethlehem ist die Beobachtung solcher Planetenschleifen bei der dichten Begegnung von Jupiter und Saturn kurz vor Beginn unserer Zeitrechnung.

Jesus müsste demnach 7 v. u. Z. geboren worden sein. Auf jeden Fall liegt die Geburt *vor* 4 v. u. Z., weil in diesem Jahr Herodes schon tot war.

Die Weisen aus dem Morgenland waren nach meiner Vermutung mit astrologisch-astronomischem Wissen ausgerüstete Diplomaten. Die wollten vielleicht mal ausspionieren, ob die Römer, deren Statthalter Herodes war, auch ihrem Staat, dem Zweistromtal von Euphrat und Tigris (dem „Morgenland"), bedrohlich werden und ob diplomatische Beziehungen die Gefahr bannen könnten. Der abergläubische Herodes sollte erschreckt, politisch geschwächt und in der Folge von den Versklavten seiner Kolonie gestürzt werden. Die von den Magiern überbrachte Legende vom Stern sollte die Herrschenden provozieren (was ja auch klappte, der Kindermord von Bethlehem) und den Rebellierenden die Hoffnung auf einen gerechten Herrscher geben.

Abb. 50: Der historisch bedeutsame Austausch von Erde und Sonne

1400 Jahre lang lehrte die Astronomie
eine falsche Vorstellung vom Aufbau unseres Planetensystems

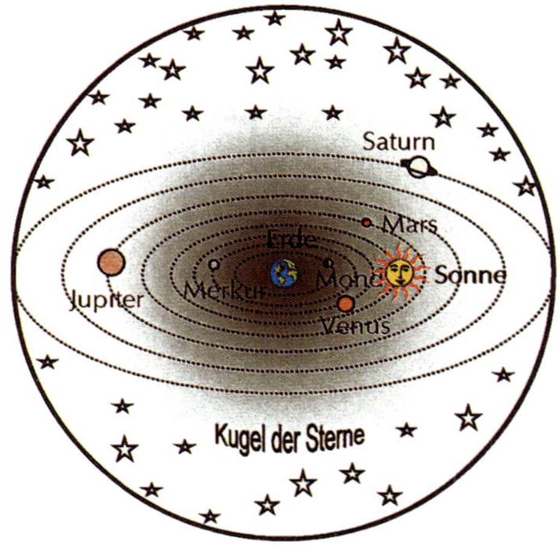

Unser Sonnensystem, geozentrisch,
nach den (falschen)
Vorstellungen von Ptolemäus

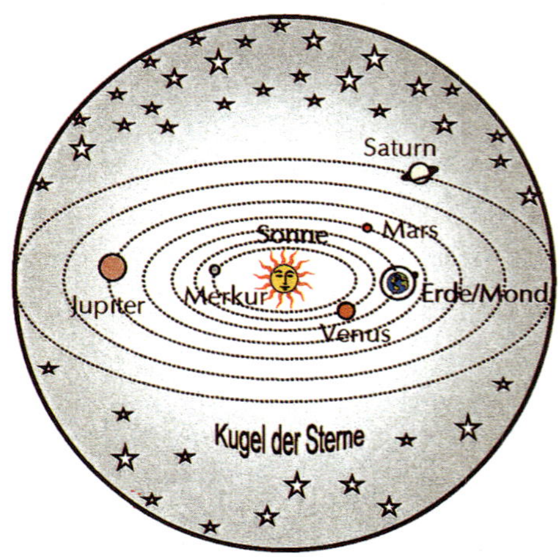

Unser Sonnensystem, heliozentrisch,
nach den (richtigen)
Vorstellungen von Kopernikus (um 1500)

Abb. 51: Die Entstehung einer Planetenschleife

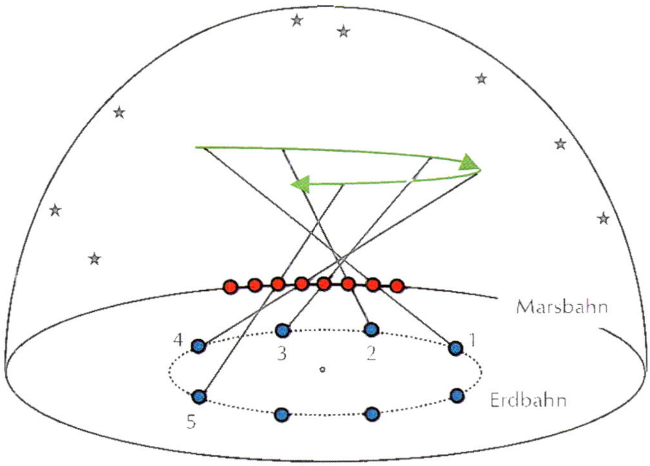

Die Erde überholt den Mars:
Er *scheint* seine Laufrichtung vor dem Sternenhimmel zu ändern.

Ich habe übrigens nie begriffen, warum die drei Magier ausgerechnet nachts nach Bethlehem eilten. Einen Stern brauchten sie dafür nicht. Von Jerusalem nach Bethlehem sind es 9 Kilometer, es geht immer Richtung Süden. Der Stern, der voranging und dann stehenblieb, dürfte nur so hoch daherziehen wie ein Heißluftballon kurz nach dem Abheben. Der Stern blieb angeblich genau über dem Stall stehen, nicht nur eben mal über der Stadt, welche leicht zu finden war.

Ist die Geschichte vom Wegweiserstern eine aus dem Alten Testament (4. Buch Mose) übernommene Legende? Um dem historischen Jesus, einem von vielen Predigern seiner Zeit, eine spannende Biographie geben zu können und sich selbst folgerichtig als Erben der Revolution zu küren, brauchte es ein prophezeites, ungewöhnliches Ereignis.

Ja, die allerungewöhnlichsten Ereignisse kommen in der Geschichte immer von oben. Moroni, der Verkündigungsengel des Adam Smith, Gründungsvater der „Mormonen", kam auch daher.

Aber wie das nun wirklich war mit dem Stern von Bethlehem – das sollen andere klären.

Rund hundert Jahre nach Kopernikus, um 1600, hat Johannes Kepler (1571–1630) in mathematischen Formeln beschrieben, WIE sich die Planeten bewegen. Das WAS begann sich bereits durchzusetzen: Die Sonne steht im Mittelpunkt der Planetenbahnen. Daran hatte Johannes Kepler keinen Zweifel mehr. Er wollte entdecken, WIE sich die Planeten bewegen, nach welchen mathematischen Gesetzen. Wenn das gelänge, hätte man den Beweis für die Richtigkeit der Lehre des Kopernikus. Kepler half zunächst der Zufall.

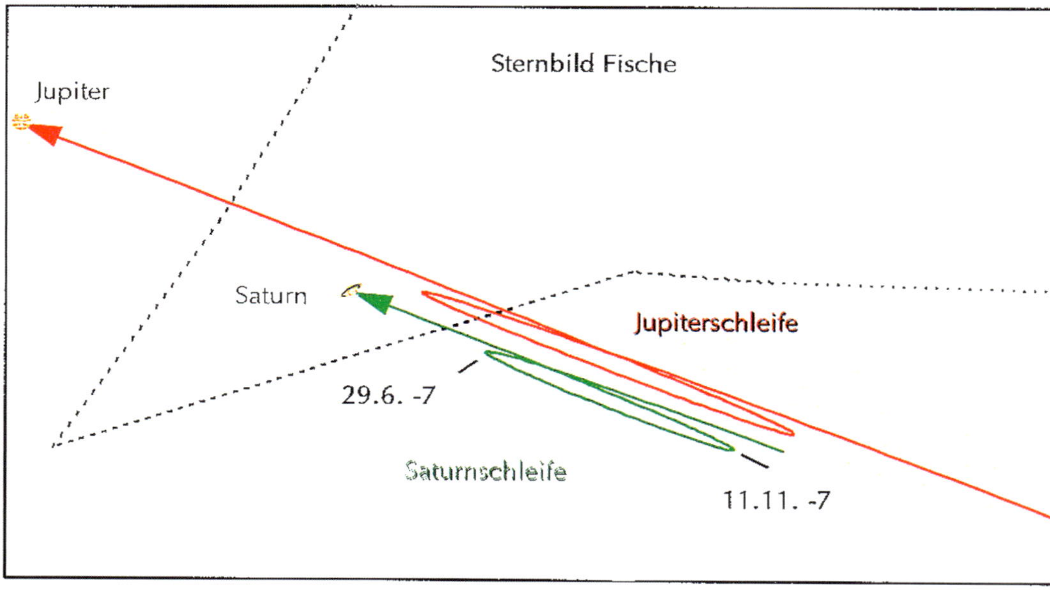

Diese Erscheinung tritt ca. **alle 850 Jahre** auf,

z.B. 1714 v.u.Z.
860 v.u.Z.
7 v.u.Z.
1702 u.Z.
2536 u.Z. (besonders nahe Begegnung)

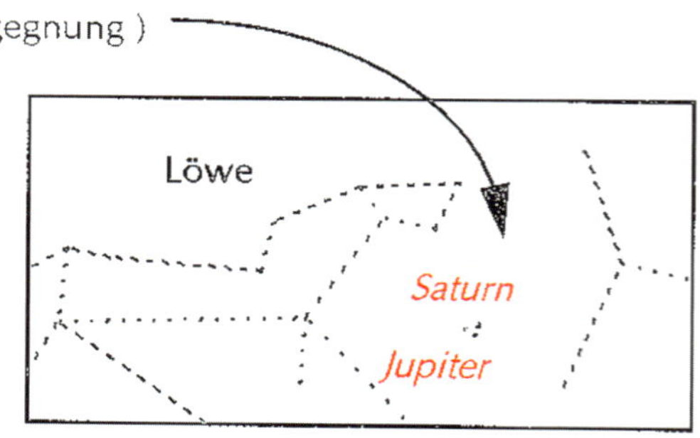

Abb. 52: War das der Stern von Bethlehem?

Der Däne Tycho Brahe (1546–1601) hatte in seiner mit Peilgeräten üppig ausgestatten Sternwarte auf der dänischen Insel Hven die Koordinaten des Planeten Mars jahrelang Nacht für Nacht vermessen und notieren lassen. Fanatisch den Planeten und Sternen verbunden, bemühte sich auch Tycho Brahe um Klärung, was denn in der Mitte stehe – Sonne oder Erde. Er entschied sich für eine Variante des... *geozentrischen* Weltbildes! Das war ein Fehler. Immerhin sollten nach seiner Meinung die Planeten um die Sonne kreisen. Doch die Sonne selbst wollte Brahe noch immer die Erde umlaufen lassen.

Als späterer Hofastronom in Prag holte Tycho Brahe im Jahre 1600 den jungen Johannes Kepler als Gehilfen zu sich. Man vertrug sich schlecht, aber das war bei Tychos unleidlichem Charakter kein Wunder. Hatte er sich doch schon in früher Jugend wegen einer Nichtigkeit duelliert und dabei seine Nase eingebüßt. Fortan trug er eine silbern ziselierte Prothese statt ihrer.

Einst in der Gunst des Königs und daher ein reicher Mann, war Tycho das Befehlen gewohnt. Aber Kepler, nicht sonderlich anpassungsbereit und 25 Jahre jünger, hatte die Zeit auf seiner Seite. Tycho Brahe starb in Prag kurz nach dem die Zusammenarbeit mit Johannes Kepler begonnen hatte. Er hinterließ ihm seine Beobachtungsdaten, unter anderen die von den vermessenen Orten des Mars. Brahe selbst hat uns keine großartigen Entdeckungen geschenkt, aber sein Beobachtungstick brachte in der Person Kepler die Astronomie einen riesigen Sprung nach vorn.

Auf dem „Astronomenfriedhof Mond" ist ein mächtiger Krater „Tycho" genannt worden. Sie können Tycho bei Vollmond (unten Mitte) mit bloßem Auge erahnen, weil von ihm die bekannten hellen Strahlen ausgehen.

Obwohl Kepler mit Brahes Daten die Hauptarbeit leistete, ist sein Gedenk-Krater weitaus bescheidener, etwa dreimal kleiner. Dafür gibt es Kepler-Gedenkstätten in seiner Geburtsstadt Weil der Stadt und seinem Sterbehaus in Regensburg, wo man die Düsternis seiner Zeit in eichen-getäfelten Räumen gruselnd nachempfinden kann.

Mit Hilfe der Mathematik lassen sich die drei berühmten Naturgesetze, nach denen sich die Planeten bewegen, relativ einfach beschreiben. Jahre um Jahre rechnete Johannes Kepler, um sie zu entdecken. Heutzutage brauchte ein Mathematiker für das Schreiben eines entsprechenden Rechenprogramms eine Woche und für das Ausrechnen per Computer 8 Minuten.

Für Laien eine Bagatelle, aber eben doch für genaue Vorausberechnungen sehr wichtig, besteht das erste Gesetz nur in der Beschreibung der *Bahnform* der Planeten:

! ***Die Bahnen der Planeten sind Ellipsen. In einem ihrer Brennpunkte steht die Sonne.***

Die Bahnen sind also keine Kreise, wie man bis dahin angenommen hatte, es sind Ellipsen! Das erklärte die Fehler bei den Voraussagen. Aber Achtung, die Abweichung vom Kreis ist winzig! Sonst hätte man es ja auch schon früher bemerkt. Die Ellipsenform der Erdbahn zum Beispiel weicht nur 0,5 % vom Kreis ab. Bei den riesigen Ausmaßen einer Planetenbahn führt die Annahme von Kreisen statt Ellipsen bei der Berechnung der Planetenstellungen aber schon zu erheblichen Fehlern.

Das zweite Planetengesetz sagt uns etwas über die *Bahngeschwindigkeit* eines Planeten. Lassen wir die Mathematik beiseite, wo wir sie nicht unbedingt brauchen und formulieren es etwas salopp:

! *In Sonnennähe läuft ein Planet schneller um die Sonne als in Sonnenferne.*

Dies spiegelt sich in unserem Kalender wider! Fragen Sie einmal ein paar Leute, welches Halbjahr – Sommer oder Winter – das längere ist. Gemeint sind die beiden Halbjahre, welche vom 21. März bis zum 22. September und vom 23. September bis zum 20. März reichen.

Der Winter ist länger? Kommt einem so vor. Zählen Sie nach: das Sommerhalbjahr hat 186 Tage, das Winterhalbjahr nur 179. Das bedeutet, wir fliegen im Winter schneller um die Sonne als im Sommer. Das bedeutet ferner, wie wir schon wissen, dass die Erde im Winter dichter (!) an der Sonne ist als im Sommer. Da muss sie gesetzmäßig langsamer laufen, sonst flöge sie aus ihrer Bahn wie ein Wassertropfen vom Fahrradreifen.

Das dritte Gesetz der Planetenbewegung beschreibt die *Bahnverhältnisse*. Wiederum vereinfacht formuliert, aber auf den Punkt gebracht:

! *Von zwei Planeten bewegt sich der sonnennähere Planet schneller als der sonnenfernere Planet.*

Wir wissen schon, dass dies mit der Anziehungskraft der Sonne zu tun hat. Wie für das 2. gibt es auch für das 3. Keplersche Gesetz eine Formel.

Die damit nun berechenbaren Planeten-Geschwindigkeiten unterscheiden sich enorm. Als mittlere Werte gelten für Merkur 48 km/s (172 800 km/h), Venus 35 km/s, Erde 30 km/s, Mars 24 km/s, Jupiter 13 km/s, ...und selbst für den fern dahinschleichenden Pluto noch 4 km/s (14 400 km/h).

Etwa hundert Jahre mussten verstreichen, ehe die stets letzte Frage aller wissenschaftlichen Probleme geklärt werden konnte, das ist die Frage nach dem WARUM.

WARUM bewegen sich die Planeten um die Sonne? Es genügt Wissenschaftlern als zähen Optimisten nicht, in irgendeiner Angelegenheit zu sagen „das ist eben so“ oder die Warum-Frage gar aufzugeben. Darin unterscheiden sie sich übrigens von den Theologen. Für die Wissenschaft hat alles eine (und zwar eine natürliche) Ursache, die die Frage nach dem WARUM erlaubt.

Um 1700 beantwortete der englische Physiker Isaac Newton (1643–1727) die Frage nach dem WARUM der Planetenbewegung mit der Entdeckung des Gravitationsgesetzes. Er erfasste in einer relativ einfachen Berechnungsformel eine Fernkraft, die schon von Kepler vorausgeahnt wurde, eine Kraft, die in der Sonne zu stecken schien. Heute nennen wir sie Schwerkraft oder Gravitation. Sie ist eine universelle Eigenschaft der gesamten Materie, tobt sich aber erst so richtig aus, wenn es um große Massen geht, wie das auf die Masse der Gestirne zutrifft. Je größer die Masse eines Körpers (in kg), desto stärker zieht er andere

Das 1. Keplersche Gesetz

Die Bahn eines Planeten ist nicht kreisförmig, sondern sie hat die Form einer Ellipse.
Die Sonne steht in einem der beiden Brennpunkte der Ellipse.

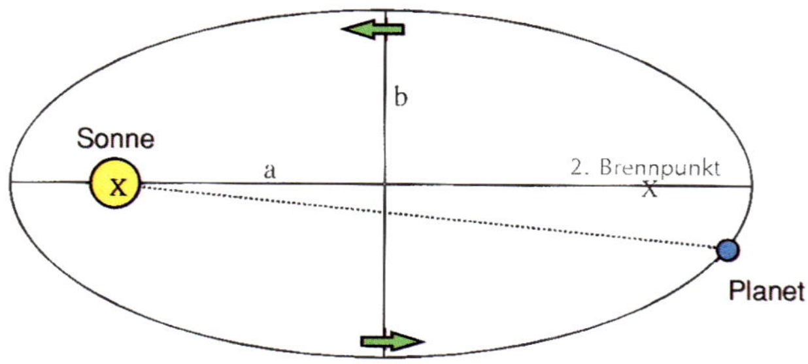

Aber: Die Ellipse weicht von der Kreisform nur ganz, ganz wenig ab! Hier ist die Darstellung zur Veranschaulichung stark übertrieben worden.

Das 2. Keplersche Gesetz

Der Planet wird wegen der stärkeren Anziehung der Sonne in ihrer Nähe schneller.
Mathematisch formuliert: Der gedachte Blickstrahl von der Sonne zum Planeten überstreicht immer in gleichen Zeitabschnitten gleich große Flächen.

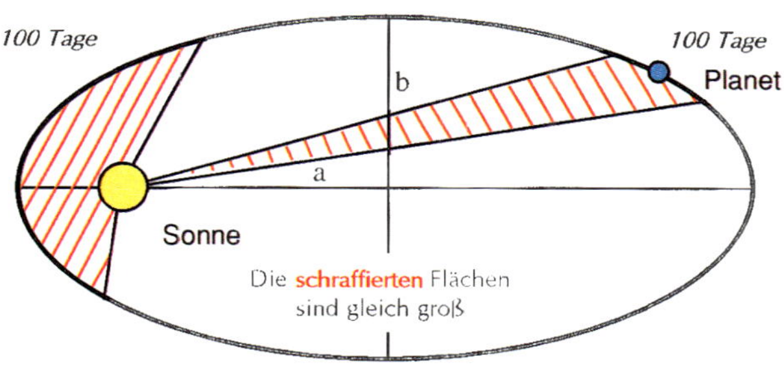

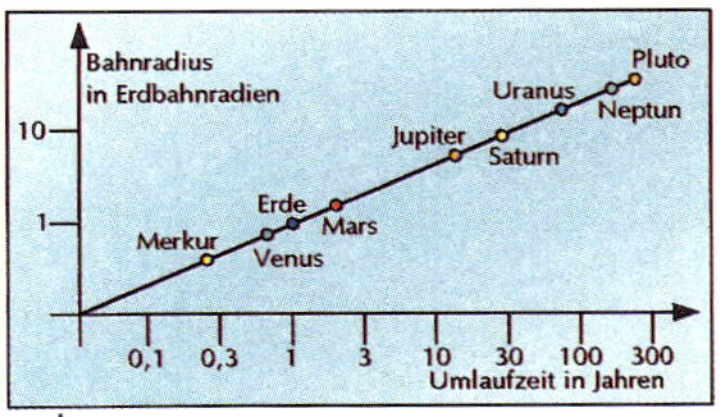

Das 3. Keplersche Gesetz (rechnerisch dargestellt)

Planet	Entfernung von Sonne r in AE	Umlaufzeit um Sonne T in Jahre	Rechnung: Entfernung hoch drei r^3		Umlaufzeit hoch zwei T^2	
Merkur	0,387	0,241	0,058	:	0,058	=1
Venus	0,732	0,651	0,378	:	0,378	=1
Erde	1,000	1,000	1,000	:	1,000	=1
Mars	1,524	1,881	3,540	:	3,540	=1
Jupiter	5,205	11,860	140,800	:	140,800	=1
Saturn	9,539	29,468	868,000	:	868,000	=1
Uranus...						

!

Das Gesetz heißt in der Formelsprache: $\frac{r_1^3}{r_2^3} = \frac{T_1^2}{T_2^2}$

Kennt man drei der Werte, kann man den vierten berechnen.

Abb. 53: Die ersten beiden Keplerschen Gesetze

Die Planeten laufen in Sonnennähe schneller als in Sonnenferne.
Es besteht ein mathematischer Zusammenhang:

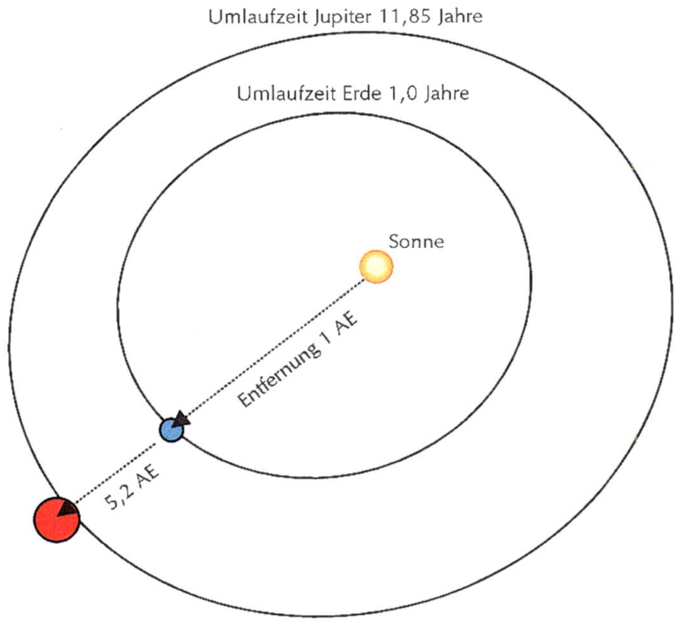

Wir rechnen für Jupiter

seine Umlaufzeit zum Quadrat:	11,85 * 11,85	$= 11{,}85^2 =$	(gerundet)
seine Entfernung zum Kubik:	5,2 * 5,2 * 5,2	$= 5{,}2^3 =$	(gerundet)

Wir rechnen für die Erde

ihre Umlaufzeit zum Quadrat:	1 * 1	$= 1^2 =$
ihre Entfernung zum Kubik:	1 * 1 * 1	$= 1^3 =$

... und setzten nun die Ergebnisse ins Verhältnis:

140 : 140 wie 1 : 1.

Daraus folgt
Jupiters *Umlaufzeit* *zum Quadrat* verhält sich zu seiner *Sonnenentfernung zum Kubik*
wie die *Umlaufzeit* der Erde *zum Quadrat* zu ihrer *Sonnenentfernung zum Kubik.*

Es gilt, etwas eleganter ausgedrückt, für alle Planeten das von Kepler entdeckte Gesetz

Die Quadrate der Umlaufzeiten zweier Planeten verhalten sich zueinander genau wie die dritten Potenzen ihrer mittleren Entfernungen zur Sonne.

Daraus folgt: Kennt man die Umlaufzeiten zweier Planeten und die Sonnenentfernung des einen (die gut bekannte Entfernung Sonne - Erde zum Beispiel), kann man die Entfernung des anderen Planeten daraus durch Berechnen ableiten.

Abb. 54: Das dritte Keplersche Gesetz

Historisches:
Die Gesetze, nach denen sich die Himmelskörper bewegen

um 150 **Ptolemäus lehrt:**
Sonne umkreist Erde. Trotz dieser falschen Annahme stimmen die Vorausberechnungen der Planetenstellungen recht genau.

Was ist richtig? — **Wie bewegen sich die Planeten?** — **Warum bewegen sie sich?**

Nikolaus Kopernikus
1473 bis 1543

Tycho Brahe
1546 bis 1601

Johannes Kepler
1571 bis 1630

Isaac Newton
1642 bis 1727

um 1500 **Kopernikus findet die Tatsachen:**
Erde umkreist Sonne. Vorausberechnungen stimmen trotzdem immer noch nicht genau, weil er davon ausgeht, daß Planeten Kreisbahnen haben.

um 1600 **Kepler**
entdeckt mit Beobachtungsdaten von Tycho Brahe die drei Gesetze der Planetenbewegung:
1. Gesetz der Bahnform
2. Gesetz der Bahngeschwindigkeit
3. Gesetz der Bahnverhältnisse

um 1700 **Newton**
entdeckt das Gravitationsgesetz:
Alle Himmelskörper ziehen sich gegenseitig an. Deshalb bewegen sich alle Körper im Weltall umeinander.

Heute nutzen wir all diese Erkenntnisse in der Raumfahrt.

Abb. 55: Historische Meilensteine

Körper an. Die Gravitation ist die einzige Kraft von den 4 Grundkräften des Weltalls, deren Herkunft spannenderweise noch ungeklärt ist. Sie ist einfach da – eine Eigenschaft der Materie eben. Keine Materie ohne Masse, wie kein Licht ohne Schatten... Mit der Magnetkraft oder der Anziehung durch statische Elektrizität (Haare am Kamm) dürfen wir sie auf keinen Fall gleichsetzen. Wir werden später erfahren, was für eine wichtige Rolle die Gravitation in unserem Weltall spielt.

Die Schwerkraft der Sonne also hält die Planeten in Bewegung. Die Größe der Kraft hängt dabei von der Masse *beider* Körper ab und wird mit dem Quadrat des Abstandes, das heißt sehr schnell, kleiner.

Machen wir ein vereinfachtes *Gedanken-* Experiment. Strecken Sie bitte ihre Hände nach vorn, so als würden Sie ein Tablett tragen. Stellen Sie sich vor, sie halten in Ihrer linken Hand eine Pampelmuse – die Sonne. In der rechten Hand halten Sie eine Kirsche. Das ist der Mars. Er ist viel zu groß gewählt, aber die Größenverhältnisse spielen bei unserem Gedankenexperiment keine Rolle. Der Raum im Zimmer sei luftleer. Selbst unsere Erde denken wir uns ausnahmsweise mal weg.

Jetzt geben Sie bitte der Kirsche einen Schubs nach unten. Sie kommt aber nicht zu ihren Füßen an, denn unsere Miniatur-Sonne, die Pampelmuse, hält sie mit ihrer Anziehungskraft davon ab, geradeaus zu fliegen. Die Kirsche, also der Mars, biegt in eine zu ihr hin gekrümmten Bahn ein, saust „unten" um sie herum, steigt wieder, im Kreis laufend, auf der anderen Seite auf, überquert dann die größere Frucht (es bremst sie ja nichts, auch keine Luft) und kommt dann wieder zum Ausgangsort, Ihrer rechten Hand zurück. Kosmisches Fallobst!

Weil es im Weltall kein oben und unten gibt, erlaubten wir uns den Trick, die Marsbahn senkrecht zu stellen und vom Herumfallen statt vom Kreisen zu sprechen. Physikalisch ist das dasselbe.

Wir haben das gleiche Prinzip bei den Erdsatelliten. Einmal in eine Umlaufbahn gebracht, kreisen sie antriebslos in elliptischen Bahnen um unsere Erde, solange sie deren Lufthülle nicht zu nahe kommen.

Unsere neun Planeten und alles andere zwischen ihnen bewegen sich wegen des Schwerkraftzentrums Sonne schon seit über 4 Milliarden Jahren – bedenken Sie, 4000 Millionen Jahre, ausgeschrieben 4 000 000 000! – wartungsfrei und dennoch zuverlässig. Seit ihrer Entstehung umkreisen Erde, Mars und alle ihre Geschwister unaufhörlich frei fallend die Sonne. Es wirken keine abbremsenden Kräfte, das heißt, sie werden es auch weitere Milliarden Jahre tun.

So geht es im gesamten Weltall zu. Grob gesagt: Alle massärmeren Körper „umfallen" massereichere. Aber wenn die Körper, wie annähernd bei manchen Doppelsternen, massegleich sind? Massegleiche Körper „fallen" auch, und zwar um den zwischen ihnen befindlichen, gemeinsamen Schwerpunkt. Das sieht aus wie der wirbelnde Stab eines Funken-Mariechens beim Karneval, nur nicht so schnell.

Klar, wir hätten in unserem Gedanken-Experiment eine Umlaufbahn genauso gut erzielt, wenn wir die Kirsche an einem dünnen Faden um uns herum gewirbelt hätten. Rhythmisches Ziehen am Faden hielte die Kirsche ebenfalls auf einer Umlaufbahn. Aber dann können wir auch gleich unser Fallobst verlassen und zu Sonne und Erde übergehen. Man hat es ausgerechnet: Brauchte die Sonne ein Stahlseil, um die Erde um sich herumzuschleudern, müsste es nicht nur 150 000 000 Kilometer lang, sondern auch noch 600 Kilometern dick sein, um nicht zu zerreißen!

Die Sonne hat aber kein solches Seil. Womit zieht sie also? Wählen wir ein anderes, lange nach Isaac Newton entwickeltes Erklärungsmodell für die Ursache der Gravitation. Die Sonne, so heißt eine von Albert Einstein (1879–1955) begründete Annahme, bildet um sich herum eine unsichtbare Mulde – wie ein schwerer Stein in einem aufgespannten Feuerwehr-Sprungtuch. Würde man eine Stahlkugel parallel zum Rand in diese Sprungtuch-Mulde werfen, liefe sie auf ewig um den Stein, wenn, ja wenn... Tuch- und Luftreibung sie nicht in Spiralen nach innen zögen und schließlich am Stein zum Halten brächten.

Alle Himmelskörper „verbiegen" in diesem Modell den Raum um sich herum – eine Folge ihrer Gravitation. Für unsere Alltags-Erfahrung ein Ding der Unmöglichkeit! Gekrümmter Raum! Und doch leben wir selbst in so einem „verbogenen" Raum. Die Erde verursacht ihn und läßt in der Trichtermulde ihrer Schwerkraft den Mond und künstliche Satelliten kreisen.

Isaac Newton galt lange Zeit als der Wissenschaftler, der die Physiker arbeitslos machte. Er war das Genie schlechthin. Alle Fragen der Mechanik und Optik schienen von ihm geklärt, selbst die Frage, WARUM die Himmelskörper sich bewegen. Die Keplerschen Gesetze? Sie sind gewissermaßen eine Folge des Gravitationsgesetzes, kaum noch der Rede wert...

Man hat Newton auf vielfache Weise geehrt. Ein üppiger Gedenkstein, knapp vor der Lächerlichkeit dekoriert, prunkt im nördlichen Seitenschiff der Westminster Abbey. Das hat der Mann nicht verdient. Aber ganz und gar nicht verdient hat er den winzigen Friedhofs-Krater am Südrand unseres Mondes. Doch zu seiner Zeit waren die großen alle schon vergeben. Auf noch zu entdeckende Krater auf der Mond-Rückseite wollte man wohl nicht warten.

Erscheinungen, die unser Mond verursacht

Wenden wir uns nun unserem kosmischen Nachbarn zu. Nicht, weil er von besonderer Bedeutung wäre. Aber die mit ihm verbundenen Erscheinungen, seine Lichtphasen und vor allem die Finsternisse, sind für uns Erdlinge so bemerkenswerte Erscheinungen, dass wir ‚den' Mond – eigentlich einer unter vielen – als ersten besuchen müssen.

Wie groß haben wir uns den Mond im Vergleich zur Erde vorzustellen? Vielleicht besitzen Sie bei sich zu Hause einen normal großen Erdglobus? Dann nehmen Sie ihn doch bitte einmal zur Hand. Stellen Sie sich nun drei Dinge vor (es geht schon wieder um Obst!): eine Johannisbeere, eine Kirsche und einen Apfel. Noch besser, Sie haben zufällig die drei in der Küche und legen diese Früchte neben Ihren Globus. Was meinen Sie, welche von den drei Früchten am ehesten den Mond im richtigen Größenverhältnis zur Erde darstellt?

Es ist der Apfel. Der Monddurchmesser beträgt fast ein Viertel des Durchmessers der Erde. Das ist zu anderen Planet-Mond-Verhältnissen sehr viel. Man kann sagen, Erde und Mond bilden einen *Doppelplaneten*. Vergleichen wir Jupiter mit seinem Mond Ganymed, stellen wir fest: Hier beträgt das Verhältnis 30 zu 1!

In direktem Zahlenvergleich sieht es dagegen ganz anders aus. Unser Mond hat einen Durchmesser von 3476 Kilometern, der von Ganymed aber beträgt 5280 Kilometer. Er ist damit größer als der Planet Merkur mit seinen mickrigen 4880 Kilometern Durchmesser. Übrigens wird Ganymed dennoch von Sterndeutern, den Astrologen, ignoriert, weil er erst durch Galileo Galilei im Jahre 1610 bekannt wurde und es ihnen offenbar nicht gelang, seinen Einfluss auf das Leben der Menschen zu erforschen.

Manchmal geht der Vollmond wie ein wundervoller Lampion orange und scheinbar riesengroß am Horizont auf. Bald ist er hochgestiegen und hat seine normale Größe wiedergewonnen. Man hat sich immer wieder den Kopf zerbrochen, warum dies so ist. An der Entfernung kann es nicht liegen, denn die ändert sich in ein paar Stunden nicht wesentlich. Man weiß, es handelt sich um eine optische Täuschung. Fotografiert man nämlich den Mond in beiden Stellungen, unten und oben, sind die Durchmesser der Bilder auf dem Negativ gleich groß. Probieren Sie's aus! Allerdings ist er winzig: Objektiv-Brennweite dividiert durch 100. Bei einem 35 mm-Objektiv entsteht also auf dem Negativ ein Pünktchen von kläglichen 0,35 mm Durchmesser. Erst eine (Fernrohr-)Brennweite von 2400 mm ergäbe einen das ganze Negativ füllenden Mond. Für ein stimmungsvolles Mondfoto brauchen Sie ein Objektiv mit 300 mm Brennweite.

Testen Sie doch bitte einmal Ihr Beobachtungsvermögen. Schätzen Sie, welches eine Loch von den vier hier abgebildeten – wenn Sie es mit *ausgestrecktem* Arm auf den Vollmond richten – gerade ausreichen würde, um ihn darin komplett zu sehen. Überlegen Sie ruhig ein bisschen. Es ist nicht ganz einfach! Die meisten Leute verhauen sich dabei. Also, schätzen Sie mal! Und lesen Sie vorher nicht weiter, denn danach kommt gleich die Lösung!

In welches Loch passt der Vollmond?

Lassen Sie sich ruhig ein bisschen Zeit. Lesen Sie nicht gleich weiter. Decken Sie bitte den folgenden Text zunächst ab.

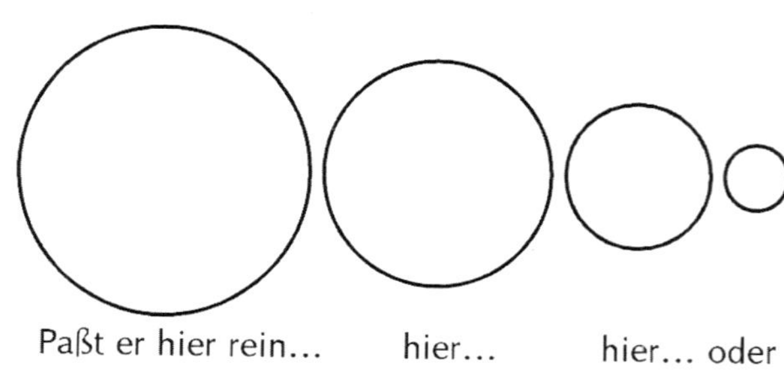

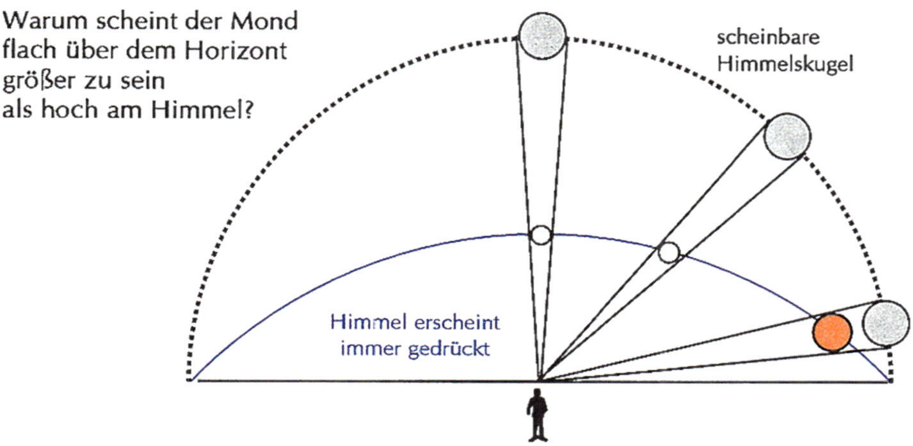

1. Erklärungsversuch: Der Blickwinkel, unter dem der Mond erscheint, ist stets *gleich* groß: ein halbes Grad.

2. Erklärungsversuch:
Links scheint der Mond größer zu sein als rechts, sie sind aber beide gleich groß.
Die Ursache ist in der starken Perspektive zu sehen.
Auch fehlen rechts Vergleiche ermöglichende Gegenstände.
Übrigens: Auch die Räder des Fahrrades sind in beiden Abbildungen genauso groß wie die Monde!

Abb. 56: „Heute Abend war der Mond aber groß…“

Die meisten Menschen wählen eine der beiden mittleren Größen. Daher können Sie mit dieser Frage jede Menge Wetten gewinnen! Richtig ist nämlich, dass der Mond am ausgestreckten Arm in das kleinste der vier Löcher passt. Das ist ein Bürolocher-Loch. Überzeugen Sie sich selbst: Stanzen Sie mit einem Bürolocher ein Loch in ein Kärtchen. Oder nehmen Sie ein Lineal. Das Loch darin ist genauso groß. Sie werden sehen, dass der Vollmond am ausgestreckten Arm *immer* ins Loch passt, ob er Ihnen nun besonders groß am Himmel erscheint oder nicht. Ersparen Sie sich die Enttäuschung eines misslungenen Mondfotos…!

Um bei der Wahrheit zu bleiben: Weil der Mond um die Erde eine Ellipsenbahn beschreibt, erhält man bei starker Vergröße-

Abb. 57: Erde und Mond im richtigen Größenverhältnis

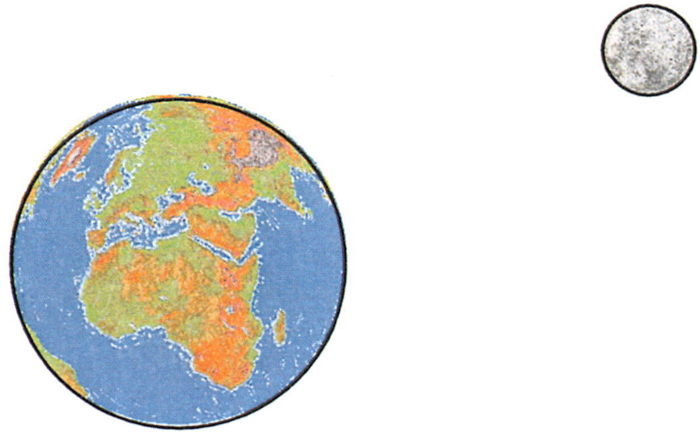

rung natürlich innerhalb eines Monats unterschiedlich große Fotos. Dem bloßen Auge bleibt das aber verborgen.

Wie weit müssen wir bis zum Mond reisen?

Maximal liegen zwischen Erde und Mond 406 740 km (Erdferne; Apogäum), minimal sind es 356 410 km (Erdnähe; Perigäum). Man gibt meistens den Durchschnittswert, die mittlere Entfernung, an. Das sind rund 384 000 km. Vorstellbar werden diese großen Zahlen nur, wenn wir sie in einen kleineren Maßstab umrechnen.

Es gibt kleine Erdgloben zu kaufen, die einen Durchmesser von 15 cm, also die Größe einer Honigmelone haben. Der dazu passende Mond müsste eine schöne große Walnuss von 4 cm Durchmesser sein. Spannen wir zwischen beiden eine Schnur, die der maßstäblichen Entfernung Erde-Mond entspricht, messen wir 4½ Meter. Dieser Maßstab passt gut in ein Zimmer: An der einen Wand die Honigmelonen-Erde, an der anderen der Walnuss-Mond. Das ist der maßstäblich verkleinerte Radius der Mondbahn.

Noch niemand von uns hat den Mond mit eigenen Augen von allen Seiten gesehen. Das war nur ein paar amerikanischen Astronauten vergönnt, die ihn umflogen haben. Wir andern sehen immer nur eine Hälfte. Nennen wir sie, typisch arrogant auf uns Irdische bezogen, „Vorderseite".

Fragt man ein paar Leute, warum wir denn immer dieselbe Mondseite sehen würden, erhält man oft als Antwort: *„Der Mond dreht sich nicht um sich selbst!"* – Wirklich?

Untersuchen wir die Sache näher.

Trippeln Sie mal stocksteif um ein zufällig anwesendes Opfer, das sich in die Zimmermitte stellen und die Erde spielen muss. Wenn Sie sich bei Ihrem Umlauf als Mond wirklich nicht um die eigene Achse drehen (Schuhspitzen immer zur selben Wand!!), bekommt Sie Ihr Partner bei einem Umlauf von *allen* Seiten zu sehen. Das mit dem nicht rotierenden Mond kann also nicht stimmen. Was dann?

Damit Ihr Partner von Ihnen nur die Vorderseite zu sehen bekommt, müssen Sie sich beim Umlaufen immer ein Stückchen um Ihre Körperachse weiterdrehen. Wenden Sie also Ihr Gesicht zu ihm und laufen Sie bitte noch einmal um ihn herum. Ihre Schuhspitzen müssen sich langsam mitdrehen, sonst haben Sie schnell Korkenzieherbeine. Sie bekommen jetzt alle 4 Zimmerwände zu sehen, vollziehen also eine ganze Drehung um ihre Körperlängsachse. Ihre Umlaufzeit war diesmal gleich Ihrer Rotationszeit. (Beim Mond betragen beide einen Monat, daher die Namensverwandtschaft von Mond und Monat.) Man nennt das (an den Umlauf) „gebundene" Rotation. Die gibt es bei unseren Monden im Planetensystem gar nicht selten. Ursache ist ihr über Millionen Jahre hinweg wirkendes, allmähliches Abbremsen und Einschwingen infolge der Anziehungskraft des Mutterplaneten.

Der Mond ist bis heute unser Kalendermacher. Zwar passen 12 Mondumläufe leider nicht genau in unsere 12 Monate (das Jahr), aber der Mond zeigt zum Beispiel unser Osterfest an. Es ist beweglich, weil es immer (nach dem Wunsch der Kirche) auf den ersten Sonntag nach dem ersten Frühlingsvollmond (d. h. nach dem 21. März, Tag- und Nachtgleiche) fällt.

Für 2005, zum Beispiel, ist Ostersonntag am 27. März, weil der erste Frühlings-Vollmond am 25. März ist. So konnte vor der Erfindung des Buchdrucks jedermann auch ohne Kalender vom ersten Vollmond nach der Tag- und Nachtgleiche, dem Tag, wo die Sonne genau im Osten auf- und im Westen untergeht, auf den bedeutenden kirchlichen Feiertag schließen.

Abb. 58: Eine Mond-Merkhilfe

Wie entstehen nun Halbmond, Vollmond und Neumond? Jedenfalls ist es nicht etwa der Erdschatten, der auf einen Teil des Mondes fällt und die Phase (dt. Lichtgestalt) erzeugt.

Die Ursache ist der Betrachtungswinkel Sonne – Mond – Erde.

Die Sonne wirft ihr Licht auf den Mond. Sie beleuchtet dabei immer den Mond zu 50 %. Bilden Sonne, Mond und Erde innerhalb des Monats einen rechten Winkel, wird also dabei nur die rechte Seite (zunehmender Mond) oder die linke Seite (abnehmender Mond) vom Sonnenlicht getroffen, sehen wir den Mond eben nur halb beleuchtet. Die andere Seite liegt im Schatten.

Beim Betrachten des Vollmonds scheint die Sonne auf uns bezogen „von hinten". Dadurch sehen wir seine volle Scheibe. Steht letztlich einmal im Monat der Mond neben der Sonne, wird seine Rückseite beleuchtet. Da dies nur am Tage sein kann, sehen wir den Mond dann nicht. Man sagt, es ist Neumond.

Wenige Tage vor und wenige Tage nach Neumond sehen wir die im Schatten liegende Fläche in schwachem Licht. Wie ist das möglich? Wir sehen das von der Erde zurückgeworfene Licht! – Die Erde reflektiert das Licht der Sonne zum Mond und wirft es zurück in unser Auge. Diesen Erdschein nennen wir „aschgraues Licht".

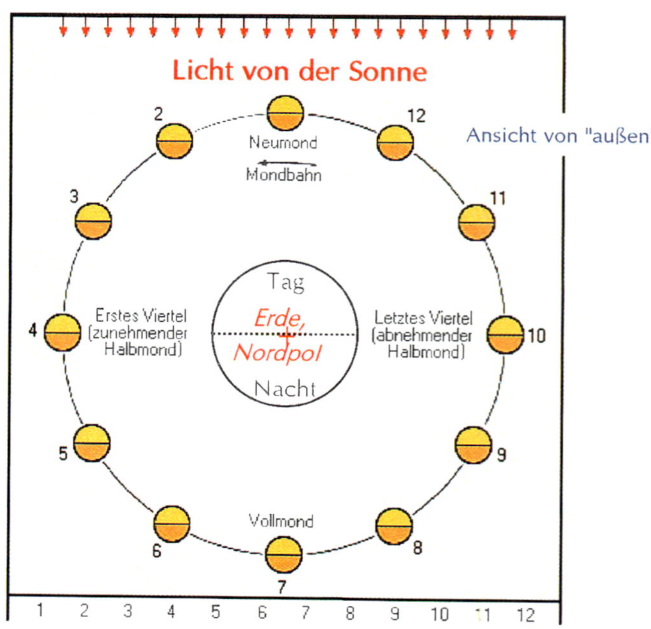

Abb. 59: Die Entstehung der Mondphasen

Innerhalb einer Nacht ändert sich die Phase des Mondes kaum sichtbar. Ebenso wie die Sonne geht er im Osten auf, steigt gen Süden hoch und geht abwärts zum Westen. Infolge der Drehung der Erde nach Ost (links) zieht also der Mond Stunde für Stunde scheinbar nach Westen (rechts) über den Himmel. Die Sterne seiner Umgebung tun dies natürlich auch. In jeder Stunde dreht sich die Erde um 15 ° (denn 24 Stunden Erddrehung entsprechen 360 °), so dass der Mond pro Stunde scheinbar um 15 ° nach Westen weiterzieht.

Am Folgetag bietet sich ein anderes Bild. Um dieselbe Beobachtungszeit steht der Mond ungefähr 13 ° weiter links als am Vortag. Das ist eine Folge seiner Wanderung um die Erde. In den vergangenen 24 Stunden hat sich der Betrachtungswinkel Sonne-Mond-Erde etwas geändert. Wir sehen einen volleren (zunehmenden) oder schmaleren (abnehmenden) Mond als am Vortag.

Viel interessanter als dieses monatlich wiederkehrende Spiel, aber selten, ist das Eintreten einer Finsternis. Auch für diese ist der Mond verantwortlich. Heben wir uns die spektakuläre Son-

In einer Stunde dreht sich die Erde um 15 ° nach Osten.
Der Mond wandert daher scheinbar nach Westen.

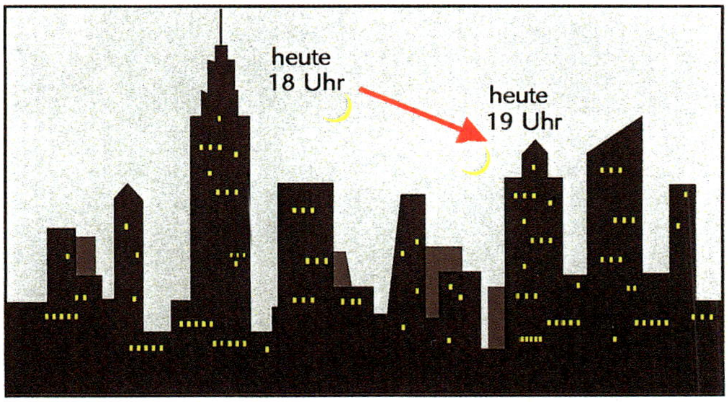

Jeden Tag wandert der Mond um ca. 13 ° nach Osten,
denn er läuft im "Linksverkehr" um die Erde.

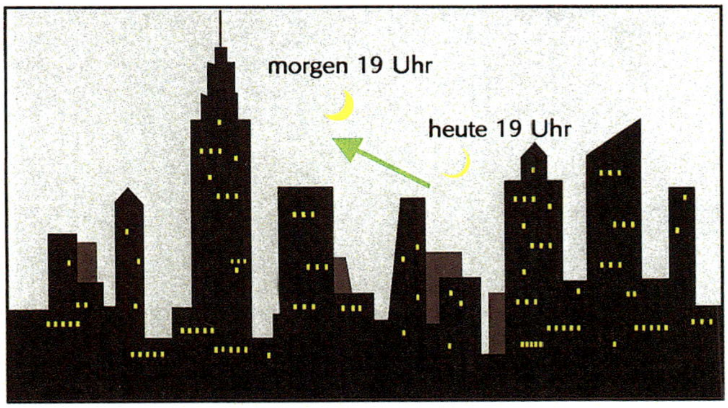

Abb. 60: Scheinbare und wahre Bewegung des Mondes

nenfinsternis für den Schluss auf. Beginnen wir mit der Mondfinsternis.

Welcher Himmelskörper verfinstert sich dabei? Wie der Name sagt: Der *Mond* wird *verfinstert*. Warum? Der Schatten der Erde, von der Sonne an unseren Himmel geworfen, verdunkelt ihn. Völlig verschwindet er nicht! Ein Unkundiger würde sagen, „der Mond sieht aber heute komisch rot aus!"

Die Atmosphäre der Erde lenkt nämlich etwas Sonnenlicht auf die Vollmondscheibe und lässt sie in einem matten Mischton von braun-rot-gelb-grau-weiß leuchten. Das dauert unter günstigsten Verhältnissen 1¾ Stunden.

Wenn Sie schon einmal, was wegen der relativen Häufigkeit ziemlich sicher ist, eine Mondfinsternis beobachtet haben, waren Sie vielleicht ein wenig enttäuscht. Sie hatten etwas ganz Besonderes erwartet. Aber dann gestaltete sich das Ereignis recht schleppend und wenig spektakulär. Vielleicht gingen Sie nach der vollen Bedeckung des Mondes durch den Erdschatten einfach schlafen?

Daher ein Tipp für die nächste Mondfinsternis: Beginnen Sie mit dem Beobachten erst 10 Minuten vor dem Zeitpunkt „Ende der totalen Verfinsterung", wie das in Ihrer Zeitung bezeichnet wird: Wie ein kostbarer Edelstein blitzend, gewinnt ganz plötzlich der verfinsterte, kupferrote Mond an einer Ecke seine alte Helligkeit wieder. Dieser Moment der *Ent*finsterung ist bezaubernd schön, einfach umwerfend!

Ein Opern- oder Fernglas ist für die Beobachtung einer Mondfinsternis nicht nötig, steigert aber den Genuss an diesem prächtigen Schauspiel.

Wie beeindruckend eine Mondfinsternis für Menschen vorwissenschaftlicher Zeiten gewesen sein muss, erzählt eine wahre Geschichte aus ferner Vergangenheit an fernem Ort. Nach dem dortigen Stand des Wissens waren die Ereignisse des Himmels mit keinem der auf Erden zu beobachtenden vergleichbar. Eine andere Welt, unverstanden von den Menschen, scheinbar verstanden nur von unsichtbaren Mächten.

Wir schreiben das Jahr 1504. Es ist der 29. Februar. Kolumbus ankert auf seiner 4. Fahrt nach Amerika an der Küste von Jamaika. Er hat die Indianer um frische Nahrungsmittel ersucht. Unerwarteterweise sind die Jamaikaner diesmal ziemlich wütend. Sie hatten wohl Ihre bisherigen Erfahrungen mit den Weißen gründlich aufgearbeitet und Konsequenzen für die nächste Begegnung geplant. Kolumbus gerät in große Bedrängnis.

Er macht sich jedoch, so wird erzählt, seinen Wissensvorsprung gegenüber den Indianern zunutze. Mit drohender Gebärde zum Himmel weissagt er, dass die Götter den Mond verfinstern lassen würden, wenn die anrückende Meute nicht augenblicklich innehalten würde! Er soll recht behalten. Es klappt. Halb verfinstert geht alsbald der Vollmond auf.

Mehr verängstigt als versöhnlich bringen die Indianer Kolumbus und seinen Mannen das, worum sie gebeten haben. Auch die

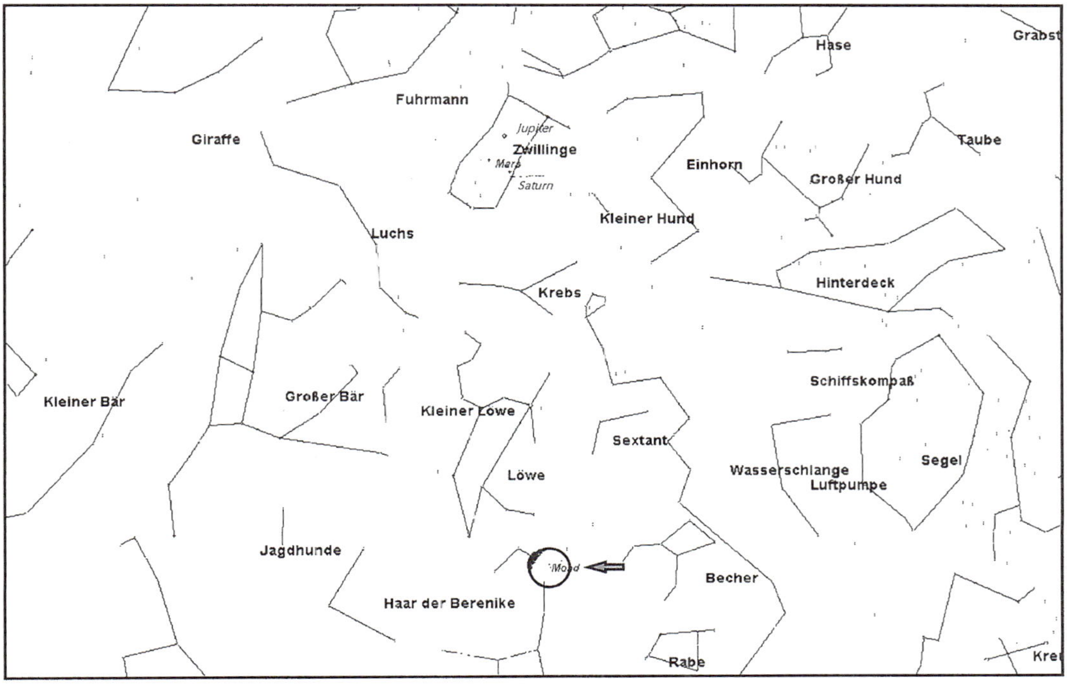

Mondfinsternis am 29. Februar 1504 auf Jamaica (julianischer Kalender).
Um 18:55 Uhr Ortszeit ging der bereits verfinsterte Mond auf.
Über ihm am Himmel standen die hellen Planeten Jupiter, Saturn und Mars eng beieinander (Negativbild).

Abb. 61: Kolumbus und die rettende Mondfinsternis

himmlischen Mächte sind beschwichtigt: Der Mond gewinnt seine gewohnte Helligkeit zurück.

Ein Opfer bringen – das hatten die Menschen vielleicht schon immer gemacht, wenn es zu einer Finsternis kam. Es galt, die Dämonen zu beschwichtigen. Und... der Mond entfinsterte sich jedes Mal wieder. Auch diesmal, natürlich. Man hatte schon lange gelernt, dass himmlische Mächte manipulierbar zu sein schienen.

Doch das war neu: Diesmal hatte ein Mensch das Ereignis vorausgesagt! Der muss mit den Göttern im Dauerkontakt stehen, dachten sich wohl die überlisteten Jamaikaner, und sie gaben klein bei. Es galt, vorsichtig herauszufinden, wie der weiße Häuptling das hinbekommen hatte und teilzuhaben an seiner schier unglaublichen Macht.

Bei den Beschreibungen von Finsternissen treten immer die Begriffe Halb- und Kernschatten auf. Was bedeutet das?

Unsere Sonne ist, wie jeder sieht, keine punktförmige Lichtquelle. Daher wirft sie, ähnlich wie eine Leuchtstoffröhre, einen grauen (Halb-) und darinnen einen schwarzen (Kern-)Schatten. Sie können das kontrollieren, wenn Sie unter einer Leuchtstoffröhre Ihre Hand dicht über ein weißes Blatt Papier halten. Jeder Finger wirft dann zwei Schatten. Bei einer Mondfinsternis

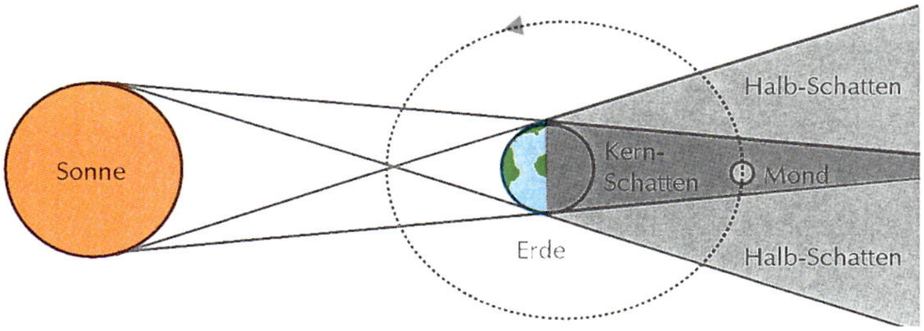

Abb. 62: Entstehung der Mondfinsternis

bewirkt die Erde einen solchen Doppelschatten. Tritt der Mond in ihren Halbschatten, wird dies von unserem Auge kaum wahrgenommen. Wir sollten die Beobachtung beginnen, wenn er in den tiefschwarzen Kernschatten der Erde eintritt. Erst dann wird er richtig verdunkelt. Es entsteht zunächst der Eindruck, es werde plötzlich Halbmond, wobei die Schattengrenze nicht die gewohnte Krümmung hat, sondern flacher verläuft.

Bei einer Sonnenfinsternis kommt dem Kernschatten eine ganz besondere Bedeutung zu. Bei einer Mondfinsternis kommen *alle* Menschen, bei denen der Mond über dem Horizont sichtbar ist, in ihren Genuss, das sind alle Beobachter auf der Nachtseite der Erde. Bei einer Sonnenfinsternis aber können nur jene die total verfinsterte Sonne erleben, die sich im Bereich des Kernschattens aufhalten. Das ist ein sehr schmaler, nur etwa

Abb. 63: Entstehung der Sonnenfinsternis

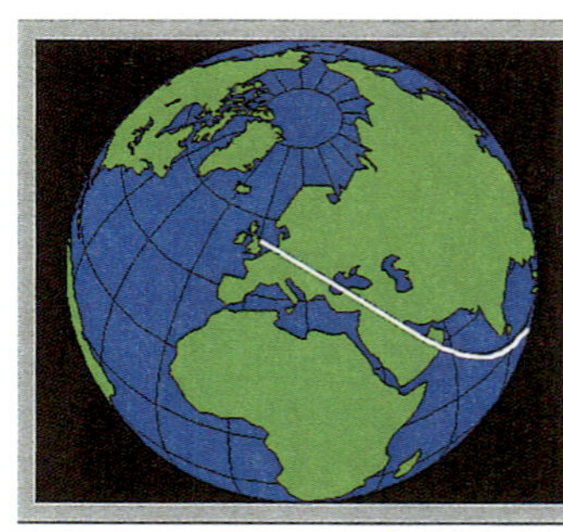

Die nächste totale Sonnenfinsternis in Nord-Deutschland: 7. Oktober 2135

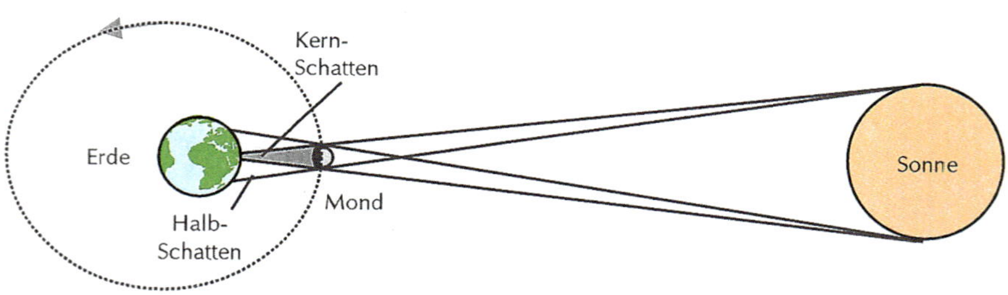

200 km breiter Streifen auf der Erdoberfläche. Für die ober- oder unterhalb des Streifens Beobachtenden ist die Sonne nur teilweise, man sagt partiell, bedeckt. Zum Glück zieht aber der Mondschatten etliche tausend Kilometer weit über die Erde, so dass meist mehrere Länder in den Genuss einer totalen Sonnenfinsternis kommen.

Sonnenfinsternisse unterscheiden sich von Mondfinsternissen wie Tag und Nacht – nicht nur im wahren Sinne des Wortes. Das liegt einmal daran, dass für einen bestimmten Ort der Erde eine vom Mond voll bedeckte Sonne sehr selten auftritt. (Und das, obwohl Sonnenfinsternisse, auf die gesamte Erdoberfläche bezogen, 1½ mal häufiger auftreten als Mondfinsternisse.) Bei einem so kleinen Kernschatten, 200 km Durchmesser, kein Wunder. Bedenken wir die Größe der Erdoberfläche.) Da ist für den Mondschatten viel Platz.

Für Deutschland fand die letzte Sonnenfinsternis am 11. August 1999 statt. Sie war in der Totalitätszone, Deutschlands Süden zwischen Saarbrücken und München – bis auf wenige Ausnahmen –, leider verregnet. Doch auch bei dünner Wolkendecke oder an Stellen mit ein paar Wolkenlöchern war das Ereignis überwältigend. Viele wunderten sich, wie hell wir es noch hatten, als die Sonne schon zur hauchdünnen Sichel geschrumpft war. Ein betagter Herr hielt sie für die Mondsichel. Bald aber wunderte er sich über die schlagartige Dunkelheit und den ringsum hellen Horizont. Während seine Frau ihn noch aufklärte, wurde die Menge lebhaft. Man pfiff, johlte und ließ Böller

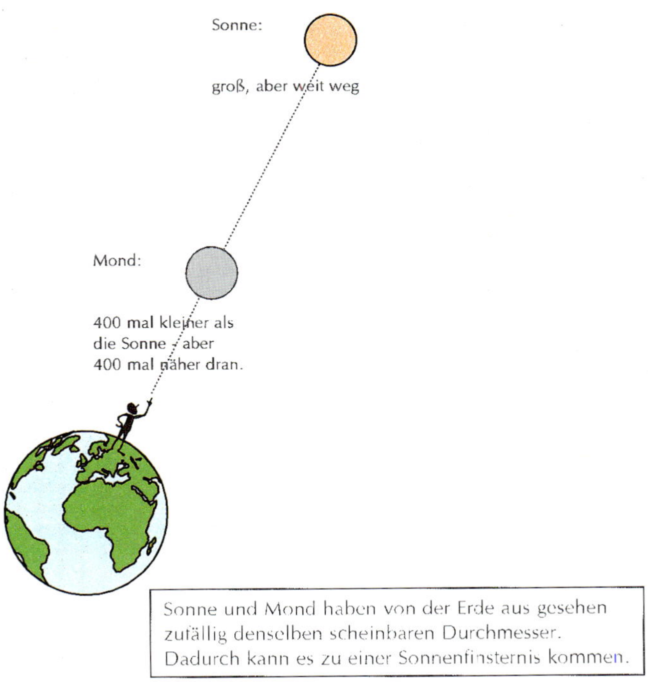

Abb. 64: Die scheinbaren Durchmesser von Sonne und Mond sind gleich groß

Abb. 65: Warum Sonnenfinsternisse selten sind

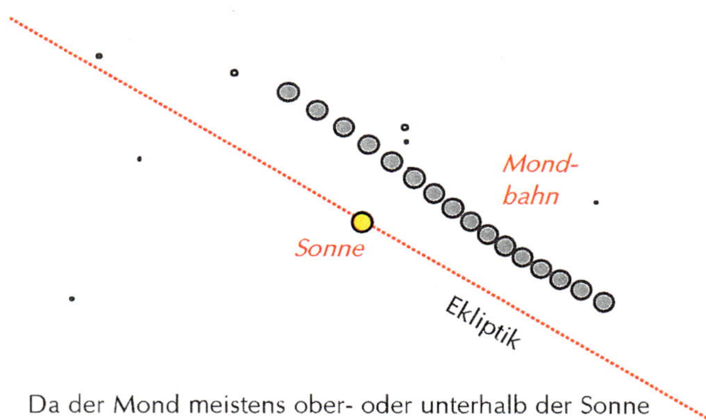

Da der Mond meistens ober- oder unterhalb der Sonne vorbeizieht, gibt es eine Sonnenbedeckung recht selten. Hier verläuft die Bahn des Mondes über die Sonne hinweg. Sein kleinster Abstand zur Sonne ist in diesem Beispiel 01°23'12", nur doppelter Monddurchmesser.

knallen. Die Allgemeinheit unserer Spaßgesellschaft gab sich eher geistlos als begeistert.

Ähnliches erlebte ich aber auch am 21. Juni 2001 in Zambezi/Sambia, fernab aller Zivilisationsschädigungen, wie man meinen sollte. Partystimmung. Kein atemloses Staunen, keine beklemmenden Ausrufe. Zur Ver- und Entfinsterung allerseits Ekstase, schon beinahe angsterregend.

Die nächste totale Sonnenfinsternis für Nord-Deutschland findet am 7. Oktober des Jahres 2135 statt. Computerprogramme, für wenig Geld zu kaufen, rechnen jeden und auch diesen Finsternistermin in Sekundenschnelle aus. Man kann sich auf solche astronomische Prognosen hundertprozentig verlassen.

Abb. 66: Sonnen- und Mondfinsternisse 1999 bis 2010

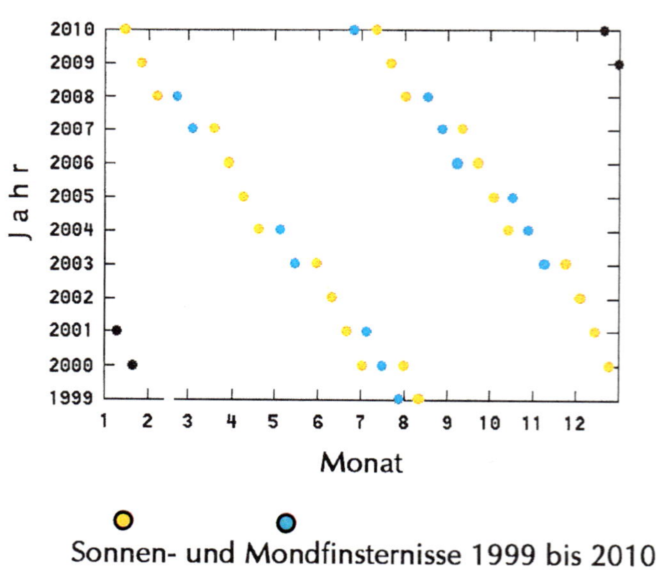

Sonnenfinsternis 21.6.2001 in Zambezi, West-Sambia
Bericht eines Touristen

Koordinaten	Breite 13°32'41" SÜD	=	13,546° SÜD
	Länge 23°06'35" OST	=	23,109° OST

Dauer 2 Stunden 55 Minuten.
Angaben in Ortszeit, das ist gleich der in Deutschland gültigen MESZ.
Weltzeit (Greenwich): Ortszeit minus 2 Stunden.

Beobachtungen:
Wolkenloser Himmel.
Erhöhter Standort auf dem Balkon des Hotels mit Blick (etwa 160°) auf den Sambesi Richtung Süd bis West.
Beginn der Bedeckung durch den Mond um 13.29 Uhr.
Temperatur 30°C.
Fahles Licht ab 14.30 Uhr, als Sonne etwa zur Hälfte bedeckt.
Temperatur fällt auf 29 °C.
Nur leises Lüftchen kurz vor der Totalität.
Keine Tiere beobachtet außer einen Schwarm auffliegender Vögel bei Totalität.

Totalität um 15.01 Uhr:
Keine "Fliegenden Schatten" an Hauswänden beobachtet.
Runde, symmetrische Korona, typisch im Sonnenfleckenmaximum. Einige flache Eruptionen oder Protuberanzen, und leider kaum etwas von der Chromosphäre - im Vergleich zur Finsternis vom 11.8.1999 in Deutschland. Ursache ist wohl die relative Mondnähe und die damit größere Abdeckung der Sonne.
Jupiter, Saturn, aber nicht Merkur tauchten auf; Beteigeuze, Sirius und weitere helle Sterne im Orion waren gerade noch gut zu sehen.
Dauer der Totalität (laut "Himmelsjahr 2001") 3 Minuten 46 Sekunden, bezogen auf Balovale, das ist das heutige Zambezi. Ich selbst vergaß vor Aufregung das Stoppen des Endes, eine typische Panne.
Nach einem PC-Programm für Zambezi Dauer 3 Minuten 56 Sekunden, nach einem anderen 4 Minuten 4 Sekunden (GUIDE 7.0, dieses gilt als sehr genau).
Zweimal Diamantringphänomen, großartig, insbesondere zum Ende der Totalität!!!
Das Blitzen unglaublich grell, aus nacht wurde plötzlich Tag. Die Mondscheibe schien für einen Augenblick von (bunten?) konzentrischen Kreisen überstrahlt, wie ein bewegter Bühnenscheinwerfer, dessen Licht plötzlich ins Auge fällt.
Temperatur sank um etwa 5 Grad auf 25°C.
Ende der Finsternis 16.22 Uhr

Reaktionen:
Das Interesse für uns, die seltenen Besucher, war seitens der Bevölkerung mindestens ebenso groß wie das Interesse am Ereignis selbst.
Die Einheimischen waren vorher von einem offenbar Sachkundigen unterrichtet worden.
Überschwengliche Begeisterung und sehr störendes Gejohle bei Eintritt der Totalität und am Ende derselben. Sonnenfinsternisbrillen hatten nur einige wenige. Ein Junge hatte sich eine unbrauchbare Brille aus Wellpappe und Pergamentpapiergläsern gebaut. Vielleicht hoffte er auf eine richtige Brille von uns, vielleicht war er nur stolz auf seine Bastelei?
Einige Sonnenfinsternis-Brillen hatten wir über, sie gingen von Hand zu Hand.
Die verbreiteten blauen Folienbrillen zeichneten ein starkes Halo um die Sonne, sind also schlecht. Sehr gut die braune Brille aus der "Illustrierten Wissenschaft" 1999.

Abb. 67: Ein Sonnenfinsternis-Bericht

Astrologen können uns um diese exakte Vorhersage nur beneiden. Um uns beeindrucken zu wollen, nehmen sie ersatzweise Prophezeiungen des gut zu vermarktenden Mönchs *Nostradamus* (1503–1566). Schon dessen klangvoller Name scheint manche zu beeindrucken. Die BILD-Zeitung zitiert ihn am 31. 12. 1998, ein halbes Jahr vor der Sonnenfinsternis:

»Im August 1999 wird ein großer Schreckenskönig vom Himmel steigen.«

Wer oder was das auch immer sein sollte – ein furchterregendes Szenario in vielen Medien bereitete unaufgeklärten Personen womöglich schlaflose Nächte. Diese düsteren Prophezeiungen haben sich nicht – natürlich nicht – auch nur ansatzweise erfüllt. Leider werden die für solche Dinge Anfälligen daraus nichts lernen.

Die BILD tat gut daran, die Vorhersage des mittelalterlichen Visionärs nicht erst eine Woche vor dem Ereignis zu präsentieren. Ganz so kurz ist das menschliche Gedächtnis nun doch nicht.

Ich persönlich finde es übrigens schade, dass Nostradamus mit seinen Prognosen immer danebenliegt. Für 1998 hatte er prophezeit, so las man in gewissen Büchern, dass Außerirdische im Fernsehen zu sehen sein werden. Ich hätte mich sehr darüber gefreut.

Wann immer eine Sonnenfinsternis stattfindet, reisen Wissenschaftler und Enthusiasten in Scharen zum „Veranstaltungsort". Betuchte Leute mieten sich auf einem speziell darauf eingerichteten Kreuzfahrtschiff ein. Das ist sinnvoll, weil ja die Erdoberfläche zu drei Vierteln aus Wasser besteht. Snobs fliegen mit einem Überschall-Verkehrsflugzeug dem Schatten des Mondes auf der Erde hinterher. Sie wollen die Mondbewegung *und* die Erddrehung ausgleichen, die für die Kürze der Finsternisse verantwortlich sind. An einem Ort beträgt ihre typische Dauer nur 2 bis 5 Minuten.

Warum sich solche wahnwitzigen Geldausgaben lohnen, versteht man, wenn man die Schilderung einer Sonnenfinsternis liest, deren Verfasser der Österreicher Adalbert Stifter ist. Sie gilt als besonders eindrucksvoll. Man bekommt beim Lesen eine richtige Gänsehaut. Ich bringe hier, leicht bearbeitet, nur den Höhepunkt der mehrseitigen Schilderung:

»So schmal wie die Schneide eines Messers in das Dunkel geritzt, stand nun die glühende Sichel da, jeden Augenblick zum Erlöschen. Nicht anders als der letzte Funke eines Dochtes schmolz eben auch der letzte Sonnenfunke weg. Deckend stand nun Scheibe auf Scheibe. Farben, die nie ein Auge gesehen, schweiften durch den Himmel. Ein wundervoller, schöner Kreis von Schimmer bot sich dem Auge; in Strahlen auseinanderbrechend, als gösse die hinter dem Mond stehende Sonne ihre Lichtflut auf die

Mondkugel nieder, so dass es rings auseinanderspritzte – das Holdeste, was ich je an Lichtwirkung sah! Weit hinten lag schief eine spitze Lichtpyramide, gräßlich gelb und unnatürlich blau gesäumt – eine namenlose tragische Musik von Farben, die durch den ganzen Himmel ging. Nie schien ein Licht so wenig irdisch und so furchtbar. Wir waren erdrückt von dieser Kraft und diesem Glanz – unsere Gestalten hafteten darinnen wie schwarze, hohle Gespenster, die keine Tiefe haben. Die Stadt war ein fahler Schatten, nur der Horizont blieb aufgehellt. Die Luft wurde empfindlich kalt. Die Tiere entsetzten sich. Was ist das schrecklichste Gewitter? Es ist lärmender Trödel gegen diese todesstille Majestät. «

Leider berichtet Adalbert Stifter nicht, ob er während der Totalität Sterne sehen konnte, was immer besonders beeindruckend ist. Er erwähnt auch nicht den relativ hellen Planeten Mars, der knapp oberhalb der soeben aufgegangenen und wenig später verfinsterten Morgensonne stand. War der zu dicht an der Sonne und wurde er trotz der Dunkelheit von ihr überstrahlt? Vermutlich waren die Wolken der Morgenkühle schuld. Anzuzweifeln ist, dass die Tiere sich entsetzten und die Luft „empfindlich kalt" wurde. Es war ja noch gar nicht richtig hell und warm geworden. Doch solche Beobachtungen werden bei höherem Sonnenstand durchaus gemacht, und ein wenig Übertreibung dient dem guten Zweck und darf als dichterische Freiheit durchgehen.

In Wien gibt es an einem Haus eine Gedenktafel, die Vorübergehende an Stifters mehrseitige Schilderung erinnert: „Von hier aus beobachtete Adalbert Stifter am 8. Juli 1842 die einzige im Wien der Neuzeit eingetretene totale Sonnenfinsternis."

Wer eine stimmungsvolle Schilderung einer Mondfinsternis sucht, sei auf Peter Rosegger, den österreichischen „Waldbauernbuben" verwiesen. Er muss wohl gleich zwei davon zu einer verarbeitet haben, weil die angegebenen Zeiten nicht stimmen können.

Auf diese Weise lassen sich durch Himmelsereignisse übrigens auch geschichtliche Daten überprüfen. Das kann für Historiker wichtig sein. Jesus' Tod am 3. 4. 33 u. Z. zum Beispiel soll von einer Sonnenfinsternis begleitet worden sein. Es gab zwischen 27 und 39 u. Z. in Palästina aber nur eine (fast) totale Sonnenfinsternis, das war am 24. 11. 29 u. Z.

Nicht immer wird es bei einer totalen Sonnenfinsternis so dunkel, dass für Minuten Planeten und helle Sterne neben der „schwarzen" Sonne auftauchen. Wenn der dabei vor der Sonne stehende Mond auf seiner elliptischen Bahn um die Erde in relativ weiter Entfernung zur Erde steht, reicht seine (scheinbare) Größe nicht aus, um seine Schattenspitze auf die Erde zu werfen. Sie endet vor seinem Auftreffen. Das hat zur Folge, dass um die von der Mondscheibe verdunkelten Sonne ein heller Ring von ihr bleibt. Man spricht in diesem Fall von einer ringförmig-totalen Sonnenfinsternis. Auch ganz hübsch! Aber eben nicht das volle Programm.

Nebenbei wird uns jetzt klar, wie viel Zufall im Spiel ist, *überhaupt* Sonnenfinsternisse beobachten zu können. Würde der Mond nur ein Prozent weiter von der Erde entfernt seine Bahn um die Erde ziehen, könnten wir nie eine totale Sonnenfinsternis beobachten. Er würde die Sonne nicht voll abdecken können. Auch fehlte in diesem Fall der Allgemeinen Relativitätstheorie von Einstein ein wichtiger Beweis, und die äußere Hülle der Sonne, die Chromosphäre mit ihren gewaltigen Materieauswürfen, wäre erst sehr viel später entdeckt worden.

Man sollte bei einer Sonnenfinsternis und auch sonst natürlich nie mit einem Feldstecher oder Fernrohr in die Sonne schauen. Man wäre sofort blind. Würde man es während der Totalität – für wenige Sekunden! – tun, erlebt man allerdings ein geradezu grandioses Schauspiel: Die schwarze Sonne umrahmt von einem wunderschönen, hell glühend roten Kranz von jenen Gasflammen, die wir Protuberanzen nennen. Kein Foto kann diesen Eindruck so phantastisch wiedergeben.

Die *maximale Anzahl* in einem Jahr beträgt 7 Finsternisse. Mindestens aber sind es zwei. Diese beiden sind dann immer Sonnenfinsternisse.

Die *maximale Dauer* einer Sonnenfinsternis beträgt 7 Minuten und 28 Sekunden. So eine wird erst am 5. 7. 2168 wiederkehren. Sie ist am besten in Südindien zu beobachten.

Es bleibt noch eine Frage. Warum gibt es eigentlich nicht bei jedem Umlauf des Mondes um die Erde eine Mond- und eine Sonnenfinsternis? Nun, das wäre der Fall, wenn die Mondbahn genau in der Ekliptik, der Bahn der Erde um die Sonne läge. Sie tut es nicht: Leider ist die Mondbahn um 5 ° gegen die Erdbahn geneigt. Aber was wäre eine Sonnenfinsternis, wenn sie jeden Monat stattfände? Eine Belästigung.

Zu Gast bei den Trabanten

Jeder weiß wohl, dass nicht nur die Erde einen Begleiter hat. Es gibt rund 90 größere Monde im Planetensystem – von wenigen Kilometern bis zu tausenden Kilometern Durchmesser. Ihre Oberflächen sind von einer beeindruckenden Vielfalt. Einige Trabanten ähneln unserem kraterübersäten Mond, andere umgeben sich mit einem dicken Eispanzer. Auf einem von ihnen – das ist einzigartig unter allen Monden – toben sich sogar Vulkane aus.

Ein kurzer Blick zu unserem Nachbarn

Unser Nachbar, der Erdmond, ist in seinen Großformationen schon fürs bloße Auge interessant. Da gibt es dunkle und helle Gebiete. Die dunklen hielt man vor der Erfindung des Fernrohrs um 1610 für Wasser, weshalb sie heute noch „Mondmeere" (Mare, Mehrzahl Mária) genannt werden. Sie bekamen schwungvolle Namen, zum Beispiel Meer der Klarheit, Meer der Sehnsucht, Meer der Erkenntnis, Meer der Ruhe. Natürlich alles in Latein, der Sprache der Gebildeten, was ja viel bedeutender klingt: Mare Serenitatis, Mare Imbrium und so weiter. Die hellen Regionen erwiesen sich im Fernrohr als Gebirgszüge. Darum gibt es die Mond„alpen", die Mond„apenninen", die Mond„karpaten" und den Mond„kaukasus". Würdigere Höhen wie der Himalaya fehlen, weil zur Zeit der Benennung die Wissenschaft europazentriert war. Ein Ärgernis, denn immerhin sind die höchsten Mondgebirge 6 000 bis 8 000 Meter über den Ebenen.

So merkwürdig es klingt – die Beobachtung des Mondes ist bei Halbmond am sinnvollsten. Dann wirft die seitlich stehende Sonne an den Bergen wunderschöne Schatten. Die Krater zeigen sich dann wie ein von der Seite angestrahltes Relief in eindrucksvoller Pracht. Beim Vollmondblick, wenn die Sonne von „hinten", also „senkrecht", auf die Oberfläche scheint, sehen wir in grelles, schattenloses Licht ohne Kontraste.

Schauen Sie mit einem Fernglas mit zehnfacher Vergrößerung zum Mond, erkennen Sie natürlich nur die größten Krater. Sie sind meist nach berühmten Naturwissenschaftlern benannt, der größte nach dem Sternphysiker Hertzsprung (auf der Mondrückseite; Durchmesser 591 km). Wie wir schon wissen, ist der Mond der „Astronomenfriedhof". Sollten Sie als Astronom berühmt werden, sind nur noch sehr kleine Krater im Angebot, aber was hat man denn von einem Loch auf dem Mond, wenn man unter der Erde ist.

Gedankenflug zum Mond

Der Mond ist für Menschen ein unwirtlicher Ort. Als Mondfahrer müssten wir uns gut ausrüsten lassen:

Es gibt keine Atmosphäre und kein flüssiges Wasser. Beides müssen wir mitnehmen. Wegen der fehlenden Atmosphäre sind auch die Temperaturunterschiede gewaltig. Am Tag liegen sie bei plus 130 °C. In der Mondnacht fallen sie auf minus 160 °C. Daher landeten die Apollo-Astronauten (1969 bis 1972) immer bei Halbmond. Denn an der Grenze seines Schattenbereichs, im Schräglicht der Sonne, waren die Temperaturen einigermaßen erträglich.

Natürlich ist das Fehlen einer streuenden Atmosphäre auf dem Mond auch Schuld am extrem grellen Sonnenlicht. Wir beobachten dies bereits bei Interkontinentalflügen in 12 000 Metern Höhe. Die Sonne ist bereits in dieser dünnen Luft unerträglich, eine Sonnenbrille empfehlenswert.

Sollten Sie an dem in einigen Jahrzehnten zu erwartenden Mondtourismus teilnehmen wollen und können, sollten Sie beachten, dass hinter Felsen absolute Dunkelheit herrscht. Sie könnten leicht hinfallen und in Ihrem plumpen Raumanzug nur schwer auf die Beine kommen. Es gibt kein Streulicht! Immer die Taschenlampe am Helm einschalten! Man weiß ja auch nicht, ob man einem schreckhaften Mitreisenden anrempelt, der gerade im Schatten des Felsens die tausenden (nicht funkelnden!) Sterne am schwarzen Mond-Himmel bewundert.

Am gewöhnungsbedürftigsten würde wohl unser geringes Gewicht sein. Dieses entsteht durch die Gravitation, die Anziehungskraft eines Himmelskörpers. Sie hängt von seiner Masse (in kg angegeben) ab. Die Gravitation ist eine Eigenart aller Körper, genauso wie ihre Ausdehnung oder ihre Bewegung. Auf dem kleineren Mond beträgt diese Anziehungskraft nur $1/6$ von der auf der Erde. Sie bringen als Mondbesucher $1/6$ (17 %) Ihres Gewichts auf die Badezimmerwaage des Mondhotels. Das schmeichelt, hat aber beim Laufen Konsequenzen! Schlusssprünge von einem Meter sind eher zu empfehlen als beherztes Ausschreiten. Man muss erst lernen, die Balance zu halten.

Vielleicht wird Ihnen bei Ihrer ersten Mondreise der sehr nahe Horizont bedrohlich erscheinen. Er ist ringsum nur 2 bis 3 km entfernt. Dort ist der Mond für Ihre Blicke zu Ende. Das dürfte Sie ziemlich irritieren. Auf der Erde ist unser Horizont in Augenhöhe doppelt so weit entfernt.

Überm Horizont steht entweder die blendende Sonne (der Helm hat automatisch abdunkelndes Sonnenglas), oder Sie sehen den nachtschwarzen Himmel mit seinen Sternen. Und im rechten Winkel zur Sonne... ! – die wunderschöne blauweiße Heimat, unsere frei im All schwebende Erde. Spätestens jetzt bekommen Sie Heimweh. Nichts ist weit und breit so anziehend und beeindruckend wie unsere Erde, wenn sie am Horizont des wasser- und lebenslosen Mondes aufgeht.

Wenn neben Ihnen ein Stein in den dicken Mondstaub-Boden plumpst, war das ein übler Scherz Ihres halbwüchsigen Söhnchens – oder aber ein gefährlicher Meteorit. Das sind Steinchen, die zwischen den Planeten herumsausen und sich bei uns am Nachthimmel als Sternschnuppen bemerkbar machen. Die fehlende Luft auf dem Mond lässt sie ohne Verglühen und mit etlichen Kilometern pro Sekunde lautlos auf seine Oberfläche patschen und Staub aufwirbeln. Es ist aber nicht bekannt, dass bisherige Mondfahrer einen Einschlag beobachtet haben. Zum Glück sind nur noch kleinere Exemplare unterwegs. Die großen Steine sind vor Jahrmilliarden bereits verbraucht worden. Sie schlugen die riesigen Krater, von denen manche Dutzende Kilometer im Durchmesser haben. Die Krater sind heute noch vorhanden, weil weder Wasser noch Wind sie ausgelöscht haben.

Falls bei Ihren Mondausflügen einmal Ihr Funkgerät ausfällt, sitzen Sie in der Klemme. Selbst wenn Sie für eine Sekunde den Helm abnehmen könnten, um laut um Hilfe zu schreien, es würde Sie niemand hören. Dazu bedarf es einer Atmosphäre, die der Mond durch seine geringe Gravitation nicht halten konnte, wenn er sie denn überhaupt jemals hatte. Ist glücklicherweise ein Mond-Tourist in der Nähe und Sie wollen ihn nach dem Weg zu Ihrem Grandhotel im Krater Kopernikus fragen, sind Sie fein raus. Drücken Sie Helm an Helm und brüllen Sie, dann sollten Sie einander hören können.

Einige Stellen auf dem Mond werden den zukünftigen Ausflüglern mit Maschendrahtzäunen versperrt sein. Das sind die einzigen Parzellen, die noch nicht von Touristen zertrampelt, umgegraben oder befahren worden sind. Andächtig werden hier die Besuchergruppen vor den Spuren der allerersten Astronauten, Neil Armstrong und Edwin Aldrin, stehen, deren Schuhprofile museal geschützt sind.

Sehr viel Spaß werden den Urlauberhorden die Elektrocar-Mondrennen durch die hunderte Kilometer weiten Mária, den erwähnten Mond„meeren", bereiten. Sie sind entstanden nach gewaltigen Meteoriten-Einschlägen. Aus dem aufgebrochenen Innern trat vor aberhunderten Millionen Jahren, als es noch große Meteoriten gab, flüssiges Magma zutage und füllte die Täler aus. Dadurch finden Sie auf einem Mondatlas etliche „abgesoffene" Krater. Ein besonders eindrucksvoller ist die Regenbogenbucht (Sinus Iridum) im Regenmeer. Der Durchmesser beträgt 260 km. Weil Sie aber wegen der Mondkrümmung nicht weit sehen können, werden Sie ihre stattliche Größe nur im Anflug bewundern können.

Wie entstand unser Mond?

Auf der von Kratern zernarbten Rückseite des Mondes, die bislang nur Raumsonden-Kameras und wenige Astronauten gesehen haben, finden wir lediglich zwei mickrige Mond-„Meere“, dafür aber eine große Zahl riesiger Krater, Ringgebirge und flacher Wallebenen. Vielleicht haben die Gezeitenkräfte der Erde die uns sichtbare Seite des Mondes schon bei seiner Entstehung verdünnt und so die Maria gebildet. Das „Gesicht“ unseres Mondes – ein Werk der Erde?

Aber nicht nur das Mondgesicht könnte ein Werk der Erde sein. Vieles deutet darauf hin, dass der Mond sogar durch unsere Erde entstanden ist! Zu Beginn der Forschung zur Entstehung des Mondes wurden vier Hypothesen diskutiert.

Ist der Mond gemeinsam mit der Erde gebildet worden? Dagegen spricht seine Größe und die Tatsache, dass der Mond eine geringere Dichte und eine andere Zusammensetzung hat als die Erde.

Ist der Mond von der Erde eingefangen worden? Das ist himmelsmechanisch nicht darstellbar, denn die Mondbahn ist so gut wie kreisrund.

Aber vielleicht ist er infolge hoher Rotation der Ur-Erde durch Abschnürung aus dem Erdmantel herausgelöst worden? Auch diese Hypothese ist problematisch, denn die dazu nötige Geschwindigkeit ist sehr unwahrscheinlich.

Bleibt also nur das ‚Katastrophen‘-Szenario: Ein marsgroßer planetarischer Körper näherte sich vor 4,4 Milliarden Jahren der Erde, schlug ein, zerplatzte und löste Material aus ihrer leichtflüssigen Schale. Dieses geriet in die Erdumlaufbahn und verdichtete sich nach und nach zum Mond. Seit Ende der neunziger Jahre des 20. Jahrhunderts ist diese Hypothese gut gesichert.

Beeinflusst der Mond unseren Alltag?

Immer wieder hört man von Einflüssen des Mondes auf das irdische Geschehen. Er soll für zwei Dutzend Erscheinungen verantwortlich sein.

Am hartnäckigsten hält sich die Ansicht, die Mondphasen, insbesondere der Vollmond, würden das Wettergeschehen bestimmen. Das hieße, dass sich für die *ganze Erde* bei Vollmond das Wetter änderte, denn die Mondphasen sind ja für alle Orte dieselben. Auch ist nicht erklärbar, wie der kalte Mond unsere dünne, nur 20 Kilometer dicke Atmosphäre aus 400 000 Kilometer Entfernung in Bewegung bringen und die Sonne dabei übertrumpfen sollte.

Besonders absurd sind die folgenden „Weisheiten“:

Holz bekommt keine Würmer und platzt nicht, wenn man es zu bestimmten Mondphasen schlägt. Dabei ist doch der Mond, wenn auch nur zum Teil beleuchtet, immer mit seiner vollen Größe am Himmel! Weiter: Das Wachstum von Gemüse würde von der Mondphase bestimmt. Oder: Wenn man bei Vollmond durch ein Sieb schaut, gehen Gerstenkörner am Auge weg. Bei Vollmond würden Mondsüchtige besinnungslos und daher angstfrei durchs Haus wandern, ohne sich später daran erinnern zu können. Auch soll er Verbrecher vermehrt zu Untaten beflügeln. Alles Aberglaube.

Untersuchen wir eine sofort nachprüfbare Spekulation: Bei Vollmond gibt es mehr Geburten als zu anderen Phasen. Wirklich? Hebammen schwören drauf.

Ich habe hundert wahllos aus dem Lexikon abgeschriebene Geburtsdaten geprüft, und zwar ältere, um den Verdacht der heute möglichen künstlich eingeleiteten Geburt auszuschließen. Ein absolut zweifelsfreies Computerprogramm (THE SKY) wurde zur Ermittlung der dazu gehörigen Mondphase hinzugezogen. Um nicht kleinlich zu sein, wurde nicht nur der Tag des Vollmondes genommen (denn nur an *einem* Tag im Monat ist wirklich Vollmond), sondern auch der Tag vor und der Tag nach der Geburt als „Vollmond" anerkannt. Resultat: Eine Häufung von Geburten um den Vollmond herum zeigt sich nicht, was zu erwarten war.

Abb. 68: Gibt es bei Vollmond Geburtenhäufung?

Der Mondumlauf dauert rund 28 Tage. An nur genau 1 Tag (!) ist Vollmond.

Aber wir sind mal sehr großzügig. Wir beziehen einen Tag vor und einen Tag nach Vollmond ein.
Wir gehen also von *3 Tagen* "Vollmond" aus, weil den meisten der Mond in diesen 3 Tagen "voll" erscheint.

Untersucht wurden nun die Geburtsdaten von **100 Personen** aus einem alten Lexikon von 1895.
Das Ergebnis:

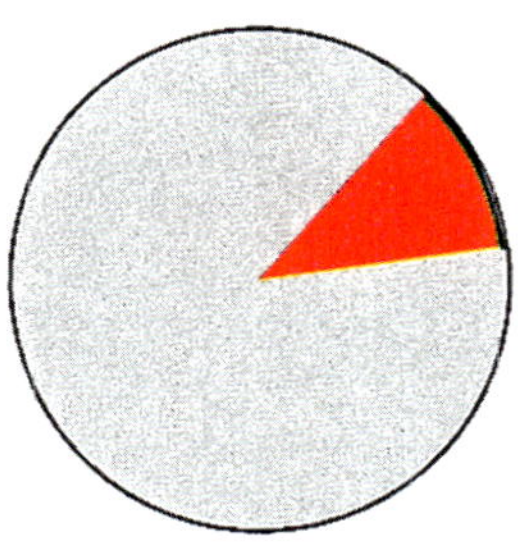

Durchschnittlich gibt es in den 3 Tagen "Vollmond" 11 Geburten

Durchschnittlich gibt es alle 3 Tage, bei "Nicht-Vollmond", 10,7 (also auch 11) Geburten

Es gibt also entgegen aller "Erfahrung" bei Vollmond *keine* Geburtenhäufung. Diese Annahme ist eine Täuschung.

Wie wurde gerechnet?

89 Geburten bei Nicht-Vollmond, also an 25 Tagen.

$$\frac{89 \text{ Geburten}}{25 \text{ Tage}} \times 3 \text{ Tage} = 10{,}7 \text{ Geburten}$$

Gläubige solcher und anderer Spekulationen beziehen sich auf „uralte" Erfahrungen. Es sind dieselben, die sich sträuben würden, einen Gynäkologen an sich bzw. die Partnerin heranzulassen, der Geburtshilfe nach *uralten* Erfahrungen betreibt.

Wer ins Fernsehen kommen kann, der tut es, auch wenn unter dem Deckmantel der Wissenschaft der größte Schwachsinn verbreitet wird. Es wird gut bezahlt, es fördert das Geschäft und es schmeichelt der Eitelkeit. Und wer schaut auch so genau hin? Fernsehen soll Spaß machen. „Die Menschheit will lieber unterhalten statt unterwiesen sein", bemerkte resignierend schon vor 200 Jahren Freiherr von Knigge. In der als seriös bekannten Sendung WISO am 30. 4. 1990 kommt ein Friseur zu Wort:

„Wenn man die Haare 3 Tage vor Vollmond bis 3 Tage nach Neumond schneidet, wachsen sie besser."

(Sehn)sucht nach Kausalität. Wenn du das tust, hast du diese Vorteile. Simpelste Analogie: Der Mond „wächst", also hat alles Wachsen, ob Gemüse oder Haare, mit ihm zu tun.

Vielen entgeht bis heute, dass der Mond zwar von verschiedenen Seiten, aber immer zu *50 %* durch die Sonne *beleuchtet* wird. Von dieser beleuchteten Hälfte wird von uns ein wechselnder Teil gesehen. Der Mond nimmt weder ab noch zu. Er hält sein Gewicht... Er steht über unserem Horizont (auch am Tage) immer in voller Größe am Himmel. Warum sollte sein mehr oder weniger starkes, reflektiertes *Licht* die Haare wachsen lassen?

Nun rechnen wir mal nach. 3 Tage vor Vollmond bis 3 Tage nach Neumond soll man die Haare schneiden. Vergessen wir nicht: Zwischen Vollmond und Neumond liegt der lange Abschnitt des abnehmenden Halbmondes! Unser Friseur hat gut zu tun, denn das sind 21 Tage, die Sonntage mitgerechnet. Hatten auch Sie nur 6 „geweihte" Tage herausgehört? Sollten sie auch.

Und dann wurde es nach so viel Astronomie in der Sendung auch noch bio-physikalisch:

„Die Energie zieht sich zurück im Haar. Das Haar kann nicht ausbluten. Es wird griffiger."

Friseure waren einst berechtigt, nebenbei als Chirurgen und Heilgehilfen tätig zu sein. Uralte Erfahrungen?

Interessant zu wissen, dass im Mittelalter Ärzte als Pflichtfach Astrologie studierten. So war man nie für die verantwortlich, die man versehentlich unter die Erde brachte. Das waren die Sterne.

Während einer Sendung in Radio NDR am 1. 6. 1997 warnt eine Astrologin:

„Lassen Sie Ihre Haare nicht bei L ö w e – Vollmond schneiden!"

Kein Verdienstausfall bei unserem Friseur. Löwe-Vollmond (Vollmond im Löwen) ist nur höchstens zweimal im Jahr für einen Tag, womöglich noch ein Feiertag. Die Astrologin hat noch einen weiteren Tipp, mit dem wir es dann auch gut sein lassen wollen:

„Wenn man bei abnehmenden Mond die Fenster putzt, gibt es keine Schlieren."

Sie sprach's mit vollem Ernst. – Lassen wir uns vielleicht ganz gern betrügen? Oder ist die Astrologie der Ersatzfüllstoff für naturwissenschaftliche Bildungslücken?

Die einzige Auswirkung des Mondes auf unseren Alltag ist der Wechsel von Ebbe und Flut, an dem aber auch die Sonne mitwirkt.

Und die Schlafstörungen bei Vollmond? In einem völlig abgedunkelten Raum hat man sie nicht öfter als zu anderen Mondphasen.

Die ganze Mondsippe auf einen Blick

Verlassen wir unseren guten alten Mond, der für so vieles verantwortlich gemacht wird, für das er nichts kann. Er ist unser kosmischer Nachbar, aber astronomisch weder sonderlich interessant noch von herausragender Stellung im Weltall. Reisen wir zu den weitaus interessanteren Monden!

Vor allem die Augen von Kamera-Raumsonden haben die Anzahl heute bekannter Monde, oft mehr zufällig erspäht als gesucht, stark erhöht. 1970 kannten wir 30 Monde, heute wissen wir von über 100 Monden und Möndchen. Größere Monde (über 2000 km Durchmesser) gibt es nur sieben, einer davon ist unser. 19 Monde sind kugelförmig, die anderen haben eine unregelmäßige Form, etwa wie, nun..., wie Kartoffeln. Besonderen Anteil an der Entdeckung und Erforschung der Kleinmonde hatten die Voyager-Sonden aber auch das Hubble Space Telescop.

Die Größe der Planetenbegleiter, ihr Durchmesser, überstreicht gewaltige Dimensionen. Die größten messen rund 5000 km. Das liegt über den Durchmessern der Planeten Merkur

Abb. 69: Die neun Planeten und ihre größeren Monde

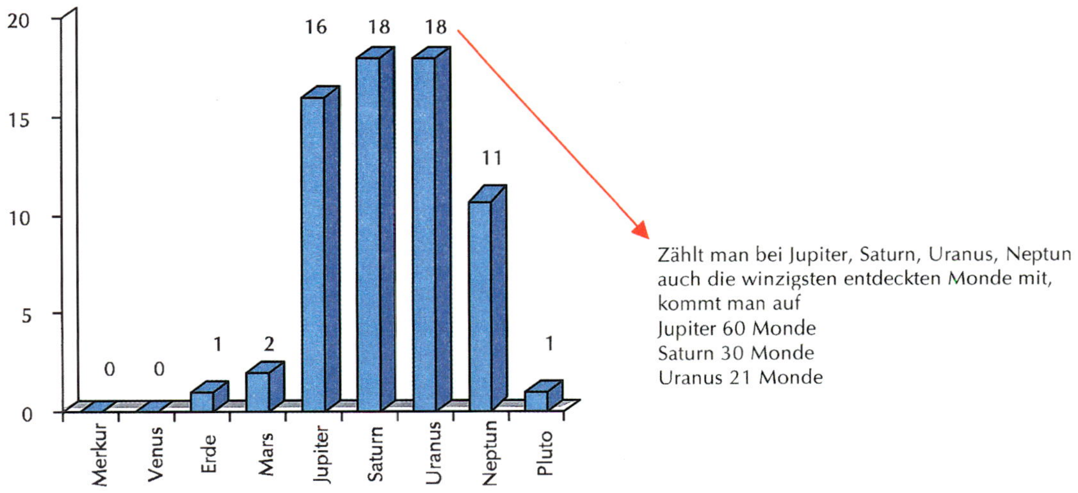

und Pluto. Dennoch berücksichtigen die Astrologen, wie wir bereits wissen, diese Monde, wie zum Beispiel den riesigen Saturnmond Titan oder den noch größeren Jupitermond Ganymed, bei Erstellung ihrer Horoskope nicht. Warum nicht? Vielleicht, weil sie nur mit dem Fernglas zu sehen sind? Nein, das trifft auch auf die von ihnen berücksichtigten Planeten Uranus, Neptun und Pluto zu.

Die kleinsten Monde haben nur wenige Kilometer Durchmesser. Sie sind dann nicht kugelförmig; so zum Beispiel die beiden Begleiter des Mars. Vermutlich sind sie wie andere Kleinmonde vom Planeten eingefangene Körper. Sie haben wie unser Mond eine gebundene Rotation. 10 % aller Monde laufen „verkehrt", von oben gesehen also rechts herum. Im allgemeinen herrscht durch einen launischen Zufall bei der Rotation der Urwolke, aus dem unser Sonnensystem entstand, nämlich Linksverkehr. Natürlich gelten bei den Mondbahnen – wie bei den Planeten – die Keplerschen Gesetze.

Die meisten der Monde sind wie unser Mond von Kratern zernarbt. Aber es gibt bemerkenswerte Ausnahmen: Titan hat eine dichte Atmosphäre, die den Blick auf die Oberfläche versperrt.

Satelliten der äußeren Planeten bestehen aus Stein und Eis oder haben sogar, wie der Jupitermond Europa, eine geschlossene Eisdecke, unter der wahrscheinlich ein Ozean auf seine Entdeckung wartet. Raumfahrt-Pläne gibt es bereits dazu.

Eine Überraschung bietet auch der Jupitermond Io. Er ist der einzige Himmelskörper außer unserer Erde, der Vulkane speien lässt, so dass sich seine Oberfläche durch fließende Lava von Foto zu Foto andersgestaltig zeigt. Man nennt ihn wegen seines fleckigen Aussehens den „Pizza-Mond". Ursache seines Vulkanismus ist die Nähe zu Jupiter. Nicht viel weiter von ihm entfernt als unserer Mond von der Erde, umrundet Io den Jupiter wegen dessen starker Anziehungskraft in nur zwei Tagen. Dabei wird das Innere dieses Jupitermondes mächtig durchgewalkt und aufgeheizt. Seine Oberfläche bricht immer wieder auf. Lava quillt hervor und erzeugt Fließmuster.

Merkur und Venus haben keinen Mond, beginnen wir also bei unserem Nachbarn Mars. Die Namen seiner beiden Monde, Phobos und Deimos, passen zu ihm: Angst und Schrecken, die Begleiter des Krieges. Sie ziehen in der Sagenwelt den Wagen des Kriegsgottes Mars. Die Umläufe von Phobos und Deimos betragen nur ⅓ und 1¼ (Erd-)Tage. Ihre Durchmesser sind winzig, etwa ein Dutzend Kilometer. In einer Tageswanderung könnte man die Marsmonde bequem umrunden.

Jupiter, unser massereichster und größter Planet, wird von über 60 Monden umkreist. Ihre Anzahl erhöht sich ständig, weil man immer wieder mal neue auf alten Fotos entdeckt. Sie sind ausgesprochen winzig, – zwei, drei Kilometer im Durchmesser.

Jupiters 4 größte Monde waren die ersten, die man fand. Eine Sensation! Um 1610 mit den ersten Fernrohren entdeckt, bewiesen sie, dass Jupiter und alle Planeten frei im Raum schweben. Wären die Planeten, nach einer damals verbreiteten Annahme, auf unsichtbare, drehende Kristallsphären geheftet, würden die Monde diese ständig durchstoßen müssen. Das geht nun beim besten Willen nicht. Schon mit einem guten Feldstecher ab achtfacher Vergrößerung lassen sich die 4 Jupitermonde ausmachen. Dazu bedarf es ein bisschen Geduld. Oft sieht man nicht gleich alle vier, weil der eine oder andere vorm Jupiter steht oder sich hinter ihm versteckt. Es dauert aber nur wenige Stunden, bis er wieder auftaucht. Ein bezauberndes Spiel, das von jedermann zu beobachten ist.

Saturn besitzt ungefähr 30 Monde. Sehr kleine bekam man nur einmal zu Gesicht. Von der Erde aus lassen sich 10 ausmachen, die anderen wurden zwischen 1979 und 1981 von Raumsonden entdeckt. Ein extrem weit außen laufender Mond, Phoebe, ist vermutlich ein eingefangener Kleinplanet. Er läuft als einziger der Saturnmondfamilie von oben gesehen rechts herum und braucht dazu eineinhalb Jahre.

Die beiden Möndchen Janus und Epimetheus gehören zu Saturns engsten Nachbarn. Überholt der äußere den inneren, wird der äußere durch die Anziehungskraft des inneren langsamer und fällt auf dessen Bahn herunter. Der innere Mond wird im Gegenzug auf die Bahn des äußeren gehoben. Das wechselt bei jeder Begegnung. Jeder der beiden Monde ist Mitbenutzer der Umlaufbahn des anderen.

Saturns größter Mond, Titan (5150 km Durchmesser), wird seit 1997 von der Raumsonde „CASSINI" angeflogen. Ihre Ankunft nach der 3,5 Milliarden Kilometer langen Reise wird für 2004 erwartet. Titan ist, einmalig bei Monden, wegen seiner Lufthülle interessant, allerdings fehlt der Sauerstoff: 85 % sind Stickstoff, 12 % Argon, 3 % Methan.

CASSINI wird bei ihrer Mission wohl auch das Geheimnis des Saturnrings lüften. (Eigentlich sind es, wie bereits erwähnt, hunderttausend Ringe, ein Bild wie der Schnitt durch einen Baumkuchen.) Es ist sehr wahrscheinlich, dass er aus unzähligen, maximal 10 Meter großen Brocken besteht. Vermutlich kam dem Saturn hin und wieder einer seiner (eingefangenen) Monde zu nahe und wurde zerrissen. Oder er nahm wie ein Staubsauger felsige Brocken auf, die bei Kollisionen aus seinen Monden geschlagen wurden. Sie sammelten sich um den Saturn, haben sich gegenseitig zermalmt und zermahlen und sind auf Saturn gestürzt. Weitere solcher Zwischenfälle haben die Ringe immer wieder aufgefüllt. Auch Kometen, das sind Fels-Eis-Brocken aus der Tiefe des Sonnensystems, könnten Ringmaterial geliefert haben. Da es immer weniger „Zulieferer" gibt, nunmehr alle Reste weitgehend aufgesaugt sind, beträgt die Lebensdauer des Saturnringes längstens noch 100 Millionen Jahre.

Zwar haben alle großen Planeten, Jupiter, Saturn, Uranus und Neptun Ringsysteme, aber das von Saturn ist das gewaltigste. Nicht seine *Masse* ist beeindruckend, denn die ist nur so groß wie 27 % der Masse unseres Mondes. Nein, die *Ausgedehntheit* des Ringes ist so unglaublich gigantisch. Dächten wir uns im Mittelpunkt des Saturn unsere Erde, würde unser Mond an seinem äußeren Rand laufen!

Nur deshalb ist der Ring schon ab 25facher Vergrößerung zu sehen. Dabei ist er mit einer Stärke von nur etwa 200 Metern hauchdünn! Wenn er uns alle paar Jahre seine „messerscharfe" Kante zeigt, ist er unseren Blicken für Monate entschwunden. Wäre vergleichsweise der Saturnring so dünn wie eine CD, müsste diese einen Durchmesser von 6 Kilometern haben...

Von den Monden des Uranus waren uns bis 1986 nur 5 bekannt. Heute wissen wir durch die Raumfahrt von 18 Monden, von denen Miranda wohl der bemerkenswerteste ist. Mirandas Oberfläche ist so wild zerfurcht, als hätte sich ihr Inneres bei einem Zusammenprall nach außen gekehrt.

Neptun besitzt mindestens 8 Satelliten. Sechs davon hat im August 1989 die Raumsonde VOYAGER 2 entdeckt.

Neptuns Mond Triton hat ungewöhnliche Eigenschaften. So schießen zum Beispiel Geysire aus gefrorenem Stickstoffschnee aus seiner Oberfläche. Eine dünne Atmosphäre umschließt diese ferne, eisige Weltenkugel, was ihn zusammen mit dem Saturnmond Titan so einzigartig unter allen Monden macht. Triton ist übrigens wegen seiner das Sonnenlicht stark reflektierenden Oberfläche der kälteste Ort im Planetensystem – minus 236 °C! Die tiefstmögliche Temperatur überhaupt ist minus 273,15 °C.

Die Kreisscheiben von Pluto und seinem Mond Charon würden zusammen nur die USA bedecken. Beide bilden wie unser System Erde-Mond einen „Doppelplaneten". Das Verhältnis ihrer Durchmesser ist erstaunlich, es beträgt 2 zu 1. Charon ist also halb so groß wie Pluto. Wie auch bei Pluto wissen wir noch nichts von der Beschaffenheit der Oberfläche Charons.

Wir verabschieden uns von den Monden des Planetensystems.

Nun bereisen wir die kleinsten Körper unseres Sonnensystems. Es sind besonders interessante Himmelskörper unserer kosmischen Heimat.

Name	Entdecker	Jahr der Entdeckung	Abstand in km	Umlaufzeit in Tagen	Radius in km	Dichte in g/cm³	Besonderheiten
Mond der Erde, gesamt 1							
Mond			384,4	27322	1,738	3.34	
Monde des Mars, gesamt 2							
Phobos	A.Hall	1877	9,38	0.319	14×10	2.0	
Deimos	A.Hall	1877	23,46	1263	8×6	1.7	
Monde des Jupiter, gesamt 60							
Metis	S.Synnott	1979	127,96	0.295	20	?	
Adrastea	D.Jewitt, E.Danielson	1979	128,98	0.298	12×8	?	
Amalthea	E.Barnard	1892	181,3	0.498	135×75	?	
Thebe	S.Synnott	1979	221,9	0.675	50	?	
Io	Galileo	1610	421,6	1769	1,815	3.57	
Europa	Galileo	1610	670,9	3551	1,569	2.97	
Ganymed	Galileo	1610	1,070,000	7155	2,631	1.94	
Callisto	Galileo	1610	1,883,000	16689	2,4	1.86	
Leda	C.Kowal	1974	11,094,000	23872	8	?	
Himalia	C.Perrine	1904	11,480,000	25057	90	?	
Lysithea	S.Nicholson	1938	11,720,000	25922	20	?	
Elara	C.Perrine	1905	11,737,000	25965	40	?	
Ananke	S.Nicholson	1951	21,200,000	631	15	?	gegenläufig
Carme	S.Nicholson	1938	22,600,000	692	22	?	gegenläufig
Pasiphae	P.Melotte	1908	23,500,000	735	35	?	gegenläufig
Sinope	S.Nicholson	1914	23.700,000	758	20	?	gegenläufig
Monde des Saturn, gesamt 30							
Pan	M.Showalter	1990	133,57	0.576	10	?	
Atlas	R.Terrile	1980	137,64	0.602	20×15	?	
Prometheus	S.Collins u.a.	1980	139,35	0.613	70×40	?	
Pandora	S.Collins u.a.	1980	141,7	0.629	55×35	?	
Epimetheus	R.Walker u.a.	1966	151,422	0.694	70×50	?	
Janus	A.Dollfus	1966	151,472	0.695	110×80	?	
Mimas	W.Herschel	1789	185,52	0.942	195	1.17	
Enceladus	W.Herschel	1789	238,02	1370	250	1.24	
Tethys	G.Cassini	1684	294,66	1888	525	1.26	
Telesto	B.Smith u.a	1980	294,66	1888	12	?	
Calypso	D.Pascu u.a.	1980	294,66	1888	15×10	?	
Dione	G.Cassini	1684	377,4	2737	560	1.44	
Helene	P.Laques, J.Lecacheux	1980	377,4	2737	18×15	?	
Rhea	G.Cassini	1672	527,04	4518	765	1.33	
Titan	C.Huygens	1655	1,221,850	15945	2,575	1.88	
Hyperion	W.Bond	1848	1,481,000	21277	175×100	?	
Iapetus	G.Cassini	1671	3,561,300	79331	720	1.21	
Phoebe	W.Pickering	1898	12,952,000	55048	110	?	gegenläufig
Monde des Uranus, gesamt 21							
Cordelia	Voyager 2	1986	49,75	0.335	15	?	
Ophelia	Voyager 2	1986	53,76	0.376	15	?	
Bianca	Voyager 2	1986	59,16	0.435	20	?	
Cressida	Voyager 2	1986	61,77	0.464	35	?	
Desdemona	Voyager 2	1986	62,66	0.474	30	?	
Juliet	Voyager 2	1986	64,36	0.493	40	?	
Portia	Voyager 2	1986	66,1	0.513	55	?	
Rosalind	Voyager 2	1986	69,93	0.558	30	?	
Belinda	Voyager 2	1986	75,26	0.624	35	?	
Puck	Voyager 2	1985	86,01	0.762	75	?	
Miranda	G.Kuiper	1948	129,78	1414	235	1.35	
Ariel	W.Lassell	1851	191,24	2520	580	1.66	
Umbriel	W.Lassell	1851	265,97	4144	585	1.51	
Titania	W.Herschel	1787	435,84	8706	790	1.68	
Oberon	W.Herschel	1787	582,6	13463	760	1.58	
Caliban	Gladman u.a.	1997	7,169,000	579	40		
Sycorax	Gladman u.a.	1997	12,214,000	1,289	80		
unbenannt		1999		0.638	20		
Monde des Neptun, gesamt 11							
Naiade	Voyager 2	1989	48	0.296	25	?	
Thalassa	Voyager 2	1989	50	0.312	40	?	
Despina	Voyager 2	1989	52,5	0.333	90	?	
Galatea	Voyager 2	1989	62	0.429	75	?	
bLarissa	Voyager 2	1989	73,6	0.554	95	?	
Proteus	Voyager 2	1989	117,6	1121	200	?	
Triton	W.Lassell	1846	354,8	5877	1350	2.07	gegenläufig
Nereide	G.Kuiper	1949	5,513,400	36016	170	?	
Mond des Pluto gesamt 1							
Charon	J.Christy	1978	19,64	6387	595	2.0	

Englische Schreibweise: Die Kommas *trennen* die Dreiergruppen der Zahlen und Punkte sind als Komma zu lesen.

Abb. 70: Tabelle der Monde

Abstecher zu den Winzlingen

Schon der Raum, in dem unser Mond seine Bahn zieht, ist unvorstellbar groß. Über eine Sekunde braucht das vom Mond reflektierte Licht der Sonne, bis es unser Auge erreicht. Dabei ist Licht mit 300 000 km/s das schnellste, was wir kennen! Von unserem Nachbarn Mars braucht Licht zur Erde mindestens 3 Minuten. Die Reisezeit der Raumsonden zu ihm beträgt dagegen mehrere Monate. Jahrzehnte würden sie jedoch bis zum Rand der Planetenbahnen, zum Planeten Pluto, fliegen. Dabei legen Raumsonden viele Kilometer in einer Sekunde zurück. Das vom Pluto reflektierte Licht ist zwar sehr viel schneller, aber immer noch 5 Stunden zu uns unterwegs.

Ja, das Planetensystem ist weitläufig!

Nicht zu vergessen, dass wir *senkrecht* zu der Ebene, die die Planeten einnehmen, keinen einzigen größeren Planeten antreffen, weder „darunter" noch „darüber".

Insgesamt macht die Masse aller neun Planeten weniger als 0,1 % der Masse der Sonne aus. Davon wiederum beträgt die der Erde nur einen Bruchteil. Wenn wir nun diese neun Planeten – Merkur, Venus, Erde, Mars, Jupiter, Saturn, Uranus, Neptun, Pluto – aufsammeln könnten wie auf einem Tennisplatz verstreute Bälle, um sie dann in der Sonne zu lagern, wo sie äußerst bequem Platz und viel Bewegungsraum hätten: Es gäbe dann erst in 40 Billionen Kilometern Entfernung den allernächsten, nennenswerten Himmelskörper, einen Stern! Mit Raumschiffen wäre diese unsere Nachbarsonne nur in Jahrzehntausenden erreichbar, von der Rückreise ganz zu schweigen.

Im Weltall, in unserem Planetensystem, herrscht gähnende Leere.

Kleinplaneten – die bucklige Verwandtschaft

Aber... der Raum zwischen den Planeten ist eben nicht völlig leer. Da sind, wie wir schon wissen, zum einen Kleinplaneten, auf 500 000 Stück geschätzt. Sie werden auch Planetoiden oder Asteroiden genannt.

Auch füllt beim Bau des Sonnensystems übrig gebliebenes Material die abgründigen Planetenräume: Gas und winzige Staubteilchen, beides in dünnster Verteilung.

„Vom Kleinsten gibt's am meisten", scheint ein Prinzip unserer Welt zu sein, auch der lebenden. Nicht in der Gesamtmasse, aber in der Zahl ihrer Individuen. Denken wir nur an den Krill im Meer, jene unerschöpfliche Nahrung der Wale, denken wir an die Mückenschwärme in der Sommerluft.

Oder denken wir an die hundert Milliarden Bakterien in einer Handvoll Erdboden: Sie sind darin so zahlreich wie die Sterne in unserem Milchstraßensystem.

Für die Astronomen sind die Kleinkörper vor allem von Interesse, weil sie seit Entstehung der Planeten so gut wie unbeeinflusst ihre Bahn ziehen können, – unverfälscht von Vulkanismus, Wind und Wasser. Die Zusammensetzung einiger Kleinplaneten kennt man bereits, aber sie ist erwartungsgemäß – wie es Schutt so an sich hat – sehr, sehr unterschiedlich. Die einen haben einen hohen Anteil von Kohlenstoff und sind rabenschwarz, andere haben hellere Gesteinsanteile. Metalle kommen vor. Zum Beispiel besteht der Planetoid „Eros" unter anderem aus Eisen, Nickel, Silizium und Sauerstoff. Der Planetoid wurde von der Sonde NEAR angeflogen. Eros wurde zunächst aus 6 km Höhe und später, beim sanften Absturz am 12. Februar 2001, aus wenigen Metern Höhe fotografiert. Er zeigte eine Oberfläche mit vielen Buckeln, und die Feinstrukturen, kleine Krater, ähneln denen unseres Mondes.

Kometen – Vagabunden des Himmels

Der bekannteste und spektakulärste „Bauschutt" zwischen den Planeten sind die Kometen, denn ihr Erscheinungsbild ist mit bloßem Auge zu sehen. Sie tauchen völlig unvermittelt auf. Mancher erinnert sich bestimmt an den hellen Schweif des Kometen HALE-BOPP, der Anfang 1997 wochenlang eindrucksvoll am Nachthimmel stand.

Ein Jahr zuvor streifte unseren erdnahen Raum, relativ unspektakulär, der Komet HYAKUTAKE. Komische Namen? Nun, Kometen tragen die ihrer Entdecker.

Als verwaschener Nebelfleck und durch relativ schnelle Ortsveränderung grenzen Kometen sich bereits in großer Entfernung, etwa auf Jupiterhöhe, von den Sternen ab. Das macht sie für Amateure mit lichtstarken Ferngläsern zu einem begehrten Jagdobjekt. Die weitere Verfolgung übernehmen dann große Fernrohre.

Kometen wandern auf langgezogenen Ellipsen um die Sonne, weil sie meist aus dem Raum weit hinter dem Pluto kommen, wo es unzählige dieser kilometergroßen Brocken gibt. Das Revier der Kometen reicht bis zur Mitte des Weges zu unserem Nachbarstern, der 4,3 Lichtjahre entfernt ist. Entstanden zwischen unseren Großplaneten, wurden Milliarden von ihnen bald darauf durch deren Schwerkraftwirkungen nach außen geschleudert. Dort bilden sie seitdem einen „Mückenschwarm" mit hunderten Milliarden Kometen, die nach ihrem Entdecker benannte *Oortsche Wolke.*

600 Kometen sind registriert. Jährlich kommen etwa sechs hinzu. Nachdem manche dieser Eisbälle durch gelegentlich vorbeiziehende Sterne ihrem „Parkplatz" entrissen wurden und

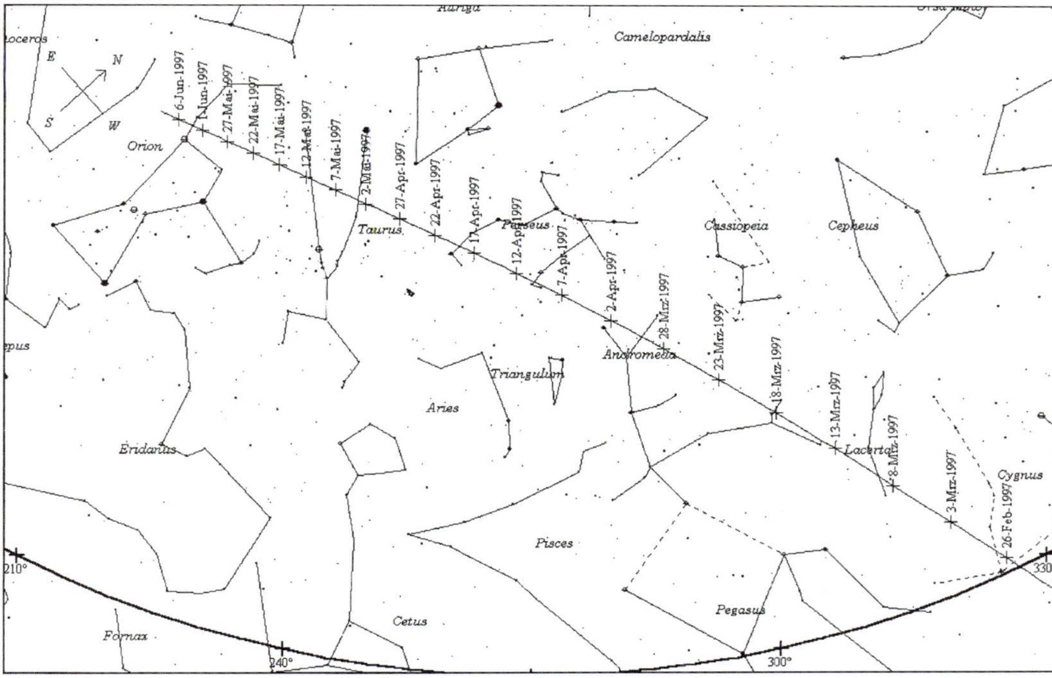

Abb. 71: Bahn des Kometen Hale-Bopp (erstellt mit SkyMap Pro)

mit wachsendem Tempo auf die Sonne „zufallen“, entwickeln sie nach und nach den markanten hellen Schweif. Er gab ihnen den Namen: Komet bedeutet wörtlich übersetzt „Haargestirn“ (*kome*, griech. Haar).

In vorwissenschaftlicher Zeit versetzten Kometen die Menschen in Angst und Schrecken, weil ihr plötzliches Auftauchen, scheinbar aus dem Nichts, am sonst so gleichbleibenden Himmel, unbegreiflich blieb. Man hielt sie für gefährliche Ausdünstungen der Erdatmosphäre. Daher konnte der Stern von Bethlehem, wenn es ihn denn gab, kein Komet sein. Erst der Maler Giotto (1266–1337) führte ihn auf den Krippenbildern als Komet ein. Weil attraktiver als ein Stern, finden wir Kometen heute oft über der Weihnachtskrippe oder als Fensterbild.

Im Mittelalter, wo die kirchlichen Institutionen alle Erklärungen über die Welt zu übernehmen hatten, missbrauchte man Kometen als Disziplinierungsmittel für das Volk. Das belegen „Kometenflugblätter“.

Da heißt es in einem Kometenflugblatt zum Beispiel:

»...Wir haben die Gewissheit, dass der unlängst erschienene Haarstern infolge der Sünden der Menschheit ein unfehlbares Zeichen sei für den Zorn Gottes. Der Komet kündigt schwere Strafen an, welche im Fall mangelnder Einsicht und Reue über die bisher sichere Welt herabkommen. Er ist eine Lehre sowohl für die Gottlosen als auch für die frommen Gotteskinder.«

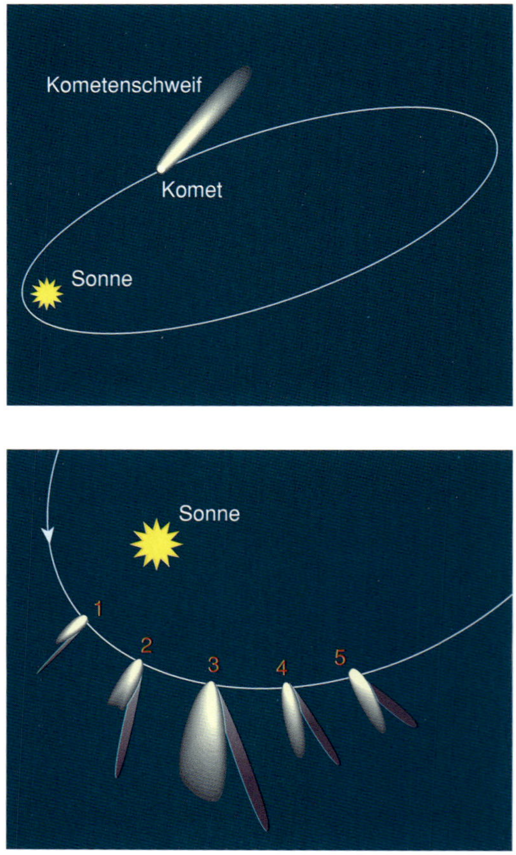

Abb. 72: Schweif-Entwicklung eines Kometen

In einem Lübecker Kirchenlied von 1681 heißt es zum selben Kometen in Strophe 3 und 4:

> »*Er führt mit sich im unglücksvollen Schweiffe*
> *Viel Leoparden, Löwen, Bären, Greiffe.*
> *Das ist viel hundert tausend Krieges-Leute*
> *Zu Mord und Streite.*
>
> *Wie wird doch seines langen Schweiffes Ruthe*
> *Sich netzen in der Menschenkinder Blute,*
> *Wie wird er durch bezeigte Wehr und Waffen*
> *Die Sünder straffen!*«

Man solle sich also auf Strafen und Krieg einstellen, wenn man gesündigt habe. Und wer hatte das nicht.

1682 erschien wieder einmal der Halleysche Komet. Der Astronom Edmund Halley (1656 – 1742) wies rechnerisch nach, dass es sich um eine ganz natürliche Erscheinung handle. Der „Schweifstern" sei die Wiederkehr des Kometen der Jahre 1531 und 1607. Im Jahre 1759, als Halley schon tot war, erschien

Glosse: Der Halleysche Komet

Befehl des Oberst an den Major
Morgen Abend um zwanzig Uhr ist der Halleysche Komet zu sehen. Dieses Ereignis tritt nur alle 75 Jahre ein. Veranlassen Sie, daß sich die Leute in Drillichanzügen auf dem Kasernenhof einfinden. Ich werde ihnen dieses seltene Ereignis erklären. Wenn es regnet, sollen sich die Männer im Kasernenkino einfinden. Ich lasse dann einen Film über den Kometen zeigen.

Der Befehl geht weiter an den Rittmeister...
Auf Befehl des Herrn Oberst wird morgen um zwanzig Uhr der Halleysche Komet bei uns erscheinen. Lassen Sie die Leute bei Regen in Drillichanzügen antreten und marschieren Sie zum Kasernenkino, wo diese seltene Erscheinung stattfinden wird. Tritt übrigens nur alle 75 Jahre ein.

Rittmeister an Leutnant
Auf Befehl des Herrn Oberst ist morgen um zwanzig Uhr auf dem Kasernenhof Dienst im Drillichanzug. Anschließend wird der berühmte Halleysche Komet im Kasernenkino erscheinen. Falls es regnet, wird der Herr Oberst einen anderen Befehl ausgeben, was selten ist und nur alle 75 Jahre eintritt.

Leutnant an den Feldwebel
Morgen um zwanzig Uhr wird der Herr Oberst im Kasernenkino den Halleyschen Kometen abfahren lassen. Dieses Ereignis tritt alle 75 Jahre ein, also selten! Falls es regnet, wird der Herr Oberst dem Kometen den Befehl erteilen, auf dem Kasernenhof zu erscheinen.

Feldwebel an den Unteroffizier
Falls es morgen um zwanzig Uhr regnen sollte, wird der 75 Jahre alte General Halley zusammen mit dem Herrn Oberst einen Kometen durchs Kasernenkino fahren lassen. Wenn es nicht regnet, was selten ist, alle auf dem Kasernerhof antreten.

Unteroffizier an Mannschaft
Stillgestanden!!!
Zuhör'n ihr Schafsköppe:
Morgen regnet es um zwanzig Uhr.
Der 75jährige General, äh... Hellklee wird in Anwesenheit des Herrn Oberst im Kino irgendwas..., äh..., fahrenlassen.
Bitte mir respektvolles Benehmen aus, verstanden?!
Weggetreten!!!

Abb. 73: Glosse: Der Halleysche Komet

der Komet einmal mehr – genau wie von ihm vorausgesagt. Dem Kometen-Aberglauben tat dies bis heute keinen Abbruch.

Vielleicht haben die Herausgeber der Gräuelmärchen über Kometen damals schon das Rezept erfolgreicher Redaktionen entdeckt: Am besten verkauft sich die Angst.

Als Komet Halley 1910 wieder zu Besuch kam, sollen sich Menschen das Leben genommen haben, weil im Gasschweif des Kometen Gift (winzige, harmlose Spuren Blausäure) nachgewiesen wurde. Er streifte die Erde. Gasmasken waren der Renner. Passiert ist niemandem etwas. Der Schweif ist stets aus so dünnem Gas, dass selbst schwache Sterne hindurchblinken. Er ist fast ein Vakuum, also ohne Einfluss auf die Erde. Doch am 25. Oktober 1984 alarmierte die viel gelesene BILD-Zeitung auf der ersten Seite ihre Leser in Riesenlettern:

»*Der Halleysche Komet kommt !*«

Es folgten furchterregende Voraussagen. Man warnte und drohte:

> **» *Eine neue Sintflut kommt! Die Erdkruste wird sich spalten, Los Angeles und San Francisco langsam verschlingen.* «**

Aus dem Fernsehen bekannte Astrologen wurden zitiert, aber auch ein erfundener ‚Sowjet-Forscher Alexej Wernukoff' (solche galten im Gegensatz zu den ‚Sowjets' als glaubwürdig und sie waren obendrein jeder Überprüfung entzogen) ‚flehte':

> **» *Baut Überlebensstationen an Nord- und Südpol!* «**

Immerhin folgte eine knappe, richtige Darstellung der den Astronomen längst vertrauten und wirklich nicht gefährlichen Himmelserscheinung.

Aber dann, zu großer Überraschung, – das Happyend! Es würde wohl *doch* alles *gut* gehen, meinte BILD.

Man durfte aufatmen...

Beim flüchtigen Lesen der brüllenden Headline der Schock. Panikmache. Am Ende die beruhigende Aufklärung. Was von beidem blieb wohl hängen? Das Negative.

Die Wahrheit über den Kometen? Halley war bei seiner geringsten Distanz zur Erde sichere 162 Mondentfernungen weit weg! Die Astronomen und sachkundigen Hobby-Sterngucker waren voller Wiedersehensfreude.

Obwohl ein Komet nur 10 bis 40 km im Durchmesser aufweist, kann der Schweif mehr als die Länge der Entfernung Erde – Sonne haben – 150 Millionen Kilometer! Wäre 1997 der Komet Hale-Bopp uns ein bisschen näher gekommen, etwa so nah wie Hyakutake 1996, hätte sein Schweif den gesamten Himmel überspannt. Wir hätten ihn am Tage beobachten können. Nachts hätten Gegenstände in seinem Licht Schatten geworfen. Es ist verständlich, dass Kometenentdeckungen stets große öffentliche Aufmerksamkeit erfahren.

Wie kommt es nun zu diesem spektakulären Schweif? Woraus besteht er? – Wenn wir einen Komet vor uns hätten, immerhin hunderte Millionen Tonnen schwer, würde uns auffallen, dass er zwar dunkel wie ein Stein aussieht, aber im Verhältnis zu ihm sehr viel leichter ist. Sein Material ist extrem locker gepackt. Ein Kubikzentimeter wiegt nur 0,2 Gramm, so viel wie Kork. Der Zahlenwert 0,2 g/cm3 ist die sogenannte Dichte. Sie ist eine charakteristische physikalische Größe für jeden Körper.

20 % eines Kometen besteht aus einem leichten Mineralienkern. Außen besteht er aus Eis und gefrorenen Gasen, vermischt mit schwarzem Staub. Wenn so ein Eisklumpen der Sonne sich nähert, beginnt er natürlich aufzutauen. Dabei werden das Eis, aber auch in der Weltraumkälte eingefrorene Gase aufgetaut. Hauptsächlich sind das Ammoniak, Methan und Kohlenmono-

Hier ruhet die irdische Hülle von Caroline Herschel,
geb. zu Hannover, den 16. März 1750,
gestorben den 9. Januar 1848.
Der Blick der Verklärten
war hienieden dem gestirnten Himmel zugewandt,
die eigenen Cometen – Entdeckungen und
die Theilnahme an den unsterblichen Arbeiten
ihres Bruders Wilhelm Herschel
zeugen davon bis in die späte Nachwelt.
Die Königliche Irländische Akademie zu Dublin und
die Königliche Astronomische Gesellschaft in London
zählten sie zu ihren Mitgliedern.
In dem Alter von 97 Jahren, 9 Monaten, 24 Tagen
entschlief sie mit heiterer Ruhe und bei völliger Geisteskraft,
ihrem zu einem besseren Leben vorausgegangenen Vater,
Isaac Herschel, folgend, der ein Lebensalter von
60 Jahren, 2 Monaten und 17 Tagen
erreichte und seit dem 25. März 1767
hieneben begraben liegt.

Abb. 74: Die Grabplatte einer Kometenjägerin (Marienkirchfriedhof Hannover)

xid. Diese eingesperrten Gase sorgen dafür, dass der Staub in Fontänen, sogenannten Jets, explosionsartig davonfliegt. Hale-Bopp, ein besonders großer Komet, warf bis zu 1000 Tonnen Staub pro Sekunde ins Planetensystem.

Um den Kometenkern (Halleyscher Komet 15 × 8 × 8 Kilometer, Hale-Bopp um 40 km Durchmesser) bildet sich eine Gashülle, die sogenannte Koma. In ihr wurden Methan, Kohlenstoffverbindungen, Stickstoff, Zyanverbindungen und andere Gase nachgewiesen.

Hale-Bopp produzierte neben dem Staub bis zu 130 Tonnen Wasserdampf pro Sekunde! Die vom Teilchenstrom der Sonne elektrisch aufgeladene Koma wird zum Leuchten angeregt. Auch der Schweif leuchtet weniger durch Reflexion des Sonnenlichtes als durch atomare Vorgänge. Er ist von der Sonne weg gerichtet, ähnlich dem „Schweif" einer fortgeschleuderten, brennenden Wunderkerze. Dabei verliert der Komet Material. Pro Sekunde sind es mehrere Tonnen Masse!

Doch obwohl er bei jeder neuerlichen Annäherung an die Sonne eine etwa sechs Meter dicke Schicht verliert, muss ein Komet wie der Halleysche bei jedem Umlauf nur 1/1600 seiner Gesamtmasse hergeben. Halley kann auf seiner langen Ellipse ein paar dutzende Male die Sonne umrunden. Erst dann hat er sich für immer aufgelöst.

Überraschenderweise sind in Kometen organische Verbindungen nachgewiesen worden. Es wurde überlegt, ob die Entwicklung des Lebens auf der Erde durch einstürzende Kometen ausgelöst worden sein könnte. Um diese und andere Fragen zur Chemie der Kometen zu klären, soll im Juli 2005 die Raumsonde „DEEP IMPACT" in den Kometen „Tempel 1" einen 20 km tiefen Krater sprengen und das aus dem Innern ausgeworfene Material analysieren. Der Start der Sonde erfolgt im

Januar 2004. Weitere Ausflüge zu anderen Kometen ergänzen das Programm. Dabei geht es jedoch nicht in erster Linie um die Suche nach Lebenskeimen. Kometen bestehen aus dem *Urstoff*, aus dem sich vor 4 Milliarden Jahren das Planetensystem bildete. Die Untersuchung von Mondgestein dagegen blieb eine Enttäuschung.

Es ist nur 3 Milliarden Jahre alt.

Die Teilchen der Kometenschweife hinterlassen ihre Visitenkarte. Sie verkrümeln sich entlang ihrer Bahn im Raum und markieren, vorerst für uns unsichtbar, den Flug des Kometen. Auf Auswirkungen dieser Krümel, sie sind höchstens stecknadelkopfgroß, kommen wir noch zurück – mit einer hübschen Überraschung.

Einige Kometen geraten der Sonne so nahe, dass sie auf Nimmerwiedersehen in sie hineinstürzen. Das macht unserem riesigen Tagesgestirn natürlich nichts aus. Auch der Gasriese Jupiter hat schon häufig Einschläge von Kometen ertragen müssen. Gut beobachtet werden konnte mit Teleskopen und einer Raumsonde der gewaltige Einsturz des Kometen (bzw. seiner Teile) *Shoemaker-Levy IX*. Viele Umdrehungen lang blieben in der Atmosphäre des Jupiter die dabei erzeugten dunklen Flecken sichtbar.

Könnte so ein kilometergroßer Vagabund der viel kleineren Erde gefährlich werden? Ganz sicher.

Der aus historischen Gründen berühmte Halleysche Komet, wenn auch nicht gerade einer der hellsten seiner Sippschaft, ist zur Zeit unterwegs in die Tiefen der Planetenräume. Knapp hinter der Neptunbahn wird er, den Keplerschen Gesetzen gehorchend, seine geringste Geschwindigkeit haben – 0,9 km pro Sekunde. Dann „fällt" er, angetrieben von der Gravitation, wieder auf die Sonne zu. Im Sommer 2061 wird er sie mit 55 km pro Sekunde (zum Vergleich: Erdumlauftempo ca. 30 km/s) in wenigen Tagen umrunden. Halley erhält unter den Kometen einen Ehrenplatz, denn durch die Beobachtung mit mehreren Raumsonden im Jahre 1986 haben wir viel unseres Wissens über Kometen gerade durch ihn gewinnen können. Die jungen Leser werden seine pünktliche Wiederkehr erleben.

Grüßen Sie schön!

Noch immer ist nicht geklärt, wie die kosmischen Eisbälle, die Kometen, entstanden sind. Sie werden eines Tages einen wichtigen Beitrag zur Urgeschichte des Sonnensystems leisten.

Was geschah zum Zeitpunkt der Entstehung des Planetensystems? Waren die Chancen für die Entstehung von Planeten eher gering? Oder ist das Ausformen von Planeten im Weltall ein beinahe „alltäglicher" Vorgang? Bislang konnten bei anderen Sternen nur jupitergroße Planeten ermittelt werden. Auf denen ist höheres, gar menschliches Leben vollkommen unwahrscheinlich. Sind wir allein im All, weil erdartige Planeten unter sehr selten gegebenen Anfangsbedingungen entstehen? Solche spannenden Fragen könnte ein Stück Urstoff von den Kleinkörpern zwischen den Planeten beantworten helfen. Vorläufig müssen wir uns mit einem unscharfen Foto des Kometen *Borelly* begnügen. Es entstand bei dem nahen Vorbeiflug der Raumsonde DEEP SPACE im September 2001. Ein länglicher Körper zeigte sich dem Kameraauge, glatter als die Planetoiden, aber ihnen äußerlich ähnlich. Auf der Oberfläche zeichneten sich dunkle und helle Gebiete ab. Die geheimnisumwitterten, wahrlich Geschichte machenden Kometen sind damit teilweise enträtselt. Die Zeitungen berichteten davon.

Die Mehrheit nahm kaum Notiz.

Meteoroide – der kostbare Abfall

Mehrmals trifft unsere Erde bei ihrer Reise um die Sonne auf Material, das ein sich auflösender Komet verstreut hat. Treffen Körnchen davon in die Erdatmosphäre, gibt es helle Leuchterscheinungen: Ein kurzer, heller Ritz in der Schwärze des Himmels.

„Da! – Eine Sternschnuppe! Man kann sich was wünschen!"

Für den populären Begriff „Sternschnuppe" (Schnuppe nannte man die vom Lampendocht abspringenden Funken) verwenden Astronomen *„das Meteor"* (dt.: „Himmelserscheinung").

Die Erscheinung findet in einer Höhe statt, in der das Wetter gemacht wird, deren Wissenschaft die Meteorologie ist – so dachte man, als der Name ‚Meteor' erfunden wurde. Aber die Meteore beginnen schon in dünnster Luft, durchschnittlich 100 km über der Erde, zu leuchten, weit über der Wetterküche, wie man heute weiß.

Selten sind Sternschnuppen durchaus nicht. Man schätzt die Anzahl der Meteore pro Tag auf 100 Millionen.

Meteore können angsterregend hell sein und eine lange, von Horizont zu Horizont ziehende Spur aufweisen. Die Leuchtspur kann minutenlang erhalten bleiben. Ich selbst habe in Namibia bei einem scheinbar tennisballgroßen Meteor (der verursachende Körper war ganz sicher sehr viel kleiner) immerhin ein 9 Sekunden langes Nachleuchten erlebt.

Das Licht der Meteore entsteht *nicht* durch Reibung an der Lufthülle der Erde, sondern durch atomare Vorgänge. Ein winziges Korn von der Größe eines Stecknadelkopfes erzeugt bereits ein beachtliches Leuchten, das mit Verglühen allein nicht erklärt werden kann.

Abb. 75: Vermutliche Folgen von Meteoriten-Einschlägen

Vermutliche Folgen von Meteoriten-Einschlägen	
Durchmesser	*vermutliche Folgen*
75 Meter	Krater mit 1,5 km Durchmesser.
1700 m	Fläche von der Größe Frankreichs zerstört. Globale Klimaveränderung.
> 3000 m	Milliarden toter Menschen.
7000 m	Krater mit 125 km Durchmesser. Fläche von der Größe Europas zerstört.
> 10 000 m	globales Massensterben aller Arten.
> 20 000 m	Vernichtung allen höheren Lebens.

Faustgroße Körper aber teilen die Luft wie ein Blitz, und es donnert manchmal sogar. Scheinbar fußballgroße Meteore nennt man Feuerkugel oder Bolid. 1986 konnte ein die Erdatmosphäre streifender Bolid am helllichten Tage über den Grand Teton, einem wunderschönen Bergzug in Utah/USA, zufällig gefilmt werden.

Außer durch Kometenreste werden die Meteore durch Material erzeugt, das bei Zusammenstößen von Planetoiden entstanden ist. Der Sammelname für so einen Körper ist *der bzw. das*

Abb. 76: Meteoroid > Meteor > Meteorit

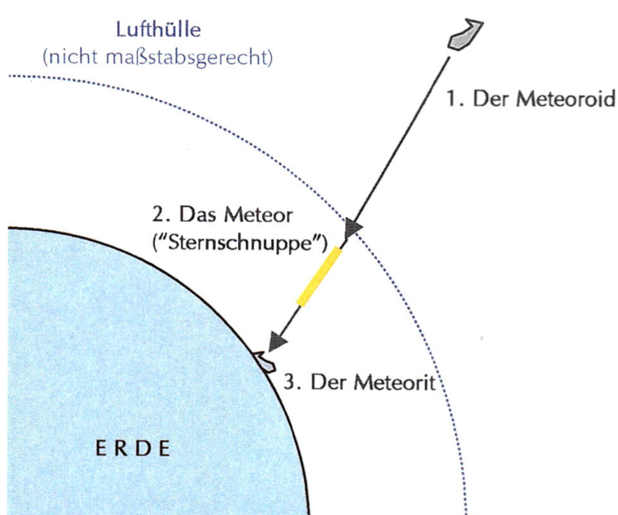

„Meteoroid". Wenn ein Teil des durch Luftreibung aufgeschmolzenen und verglühten Meteoroids den Weg bis zur Erdoberfläche schafft, nennen wir ihn der Unterscheidung halber *„Meteorit"*.

Könnte jemand von solchen kosmischen Wurfgeschossen erschlagen werden? – Das ist sehr, sehr unwahrscheinlich. Überliefert sind fünf Opfer, eins davon ein Hund: 1511 soll ein Meteorit einen Pater in Cranona erwischt haben, 1650 einen Mönch in Mailand und 1674 zwei schwedische Matrosen. 1954 erlitt eine Frau in Alabama zum Glück nur einen Streifschuss. Es gab Verbrennungen an ihrer Hüfte. Der Meteorit hatte zuvor ihr Radio demoliert.

Ein Japaner hat 1995 tagelang das Loch im Kofferraum seines Autos nicht bemerkt und dann darin einen Meteoriten gefunden. Einem anderen Auto hat ein 12,2 kg schwerer Meteorit das Heck stark zerbeult.

1988 krachte ein apfelgroßer Meteorit in Trebbin (Ostdeutschland) in ein Gewächshaus. Ein anderes Mal kringelte der Rauch mehrerer Meteoriten aus dem Asphalt einer Straße.

Ein 1,5 Kilogramm schwerer, ballgroßer Brocken traf 1982 das Dach eines Hauses im USA-Staat Connecticut, durchschlug den Dachboden und landete mit reichlich Bauschutt im Wohnzimmer. Das war der vierte in diesem Staate in 175 Jahren. Schon 1971 war ein knapp 500 g schwerer Meteorit ins eineinhalb Kilometer entfernte Haus der Nachbarn gekracht.

1995 explodierte in Perth (Australien) ein Meteorit um zwei Uhr morgens mit einem so lauten Knall, dass Bewohner in panischer Angst aus den Betten sprangen. Man hörte die Detonation 300 Kilometer weit. Dazu wurde es kurze Zeit taghell.

In Chicago wurde nicht von Gangstern scharf geschossen, als ein zerplatzter Meteorid von mutmaßlich 1 t ursprünglicher Gesamtmasse in 6 Häuser und 3 Autos schrotete. Beinahe wäre ein Mensch getroffen worden. Das passierte am 26. März 2003.

Man schätzt, dass pro Tag 4 größere Meteoriten auf die Erde fallen. Sie können dabei bis zu 3 Meter in den Boden eindringen, aber auch – je nach Masse und Geschwindigkeit – nur eine Handbreit.

Meteorite bestehen aus Eisen, aus Stein oder aus einer Mischung von beidem. Man kann Teile von ihnen kaufen. Ein walnussgroßes Stück des seltenen Meteoriteneisen kostet bereits 75,- €. Meist sind die Bröckchen angeschliffen, geätzt und an dieser Stelle lackiert. So können Sie sich von der Echtheit überzeugen: Meteoriteneisen weist natürliche Musterungen auf, die nach seinem Entdecker benannten *„Widmanstättenschen Figuren"*.

Auch naturkundliche Museen haben Meteoritensammlungen. Kleinere Meteorite liegen in Berlin und Hannover, größere in London, metergroße Brocken in New York und Mexiko-City.

Ein Meteorit, zur Zeit im New Yorker Hayden-Planetarium, diente vor langer Zeit den Inuit (Eskimos) als Stahlspender für Werkzeuge. Die Inuit hätten ihr Heiligtum gern wieder, aber...

Die Krater auf Erdmond, Merkur, Mars und auf Planetoiden sind durch Meteoriten entstanden. Wo sind sie auf der Erde? Durch Erosion von Wasser und Wind sind sie meist lange eingeebnet. Dennoch sind über 100 Fundstellen bekannt.

Der besterhaltene Meteoriten-Krater der Erde liegt zwischen Flagstaff und Winslow im wüstenhaften Arizona. Vor 49 000 Jahren ging dort ein 30 bis 50 Meter großer Meteorit mit 60 000 km/h nieder. Seine Masse wird auf 300 000 Tonnen geschätzt.

Das Museum am rund 1200 Meter großen und 170 Meter tiefen Krater gibt Auskunft über das vorgeschichtliche Ereignis. Für wenige Dollar kann man einen der unzähligen Eisen-Meteoritensplitter kaufen, die hier gefunden wurden. Vom großen Ursprungskörper ist nicht viel bekannt. Womöglich liegt er noch unentdeckt unter dem Kraterwall, weil er schräg eingeschlagen war.

Das beeindruckende Loch ist übrigens nicht durch den Meteoriten selbst entstanden, sondern durch seine Explosion kurz vor dem Aufprall. Verursacher ist dabei die vor dem Meteorit sich immer stärker verdichtende Luft. Besonders interessant ist das am Rand der riesigen Schüssel aufgeworfene und zusammengepresste Gestein. Man glaubt noch heute die gewaltigen Kräfte zu spüren, die hier gewirkt haben müssen.

Infolge der Explosion eines Meteorits umgeformtes Gestein kann man auch in Deutschland bestaunen. Gemeint ist das Nördlinger Ries in Süddeutschland. 150 Kubikkilometer Erdboden wurden bei diesem katastrophalen Ereignis ausgeworfen und bildeten durch Komprimierung eine völlig neue Gesteinsart, den Suevit.

In Nördlingen dokumentiert ein großartiges Museum ausführlich das Wissen über den ursprünglich fast 1000 Meter tiefen Einschlag.

Der vor etwa 15 Millionen Jahren entstandene, 25 Kilometer messende Meteoritenkrater zeigt heute nur noch einen flachen, kaum merklichen Wall. Die durch die Druckwelle des 1 Kilometer großen Meteoriten entstandenen seltsam hellen Gesteinswände aus Suevit lassen sich aber noch hier und da finden.

Für Mitteleuropas Tier und Pflanzenwelt muss der Einschlag die Apokalypse gewesen sein. Die Aufprallenergie entsprach der von 250 000 Hiroshima-Bomben! In über 100 Kilometern Umkreis muss alles Leben vernichtet worden sein. Es entstand ein Gewässer fast so groß wie der Bodensee. Es ist jedoch seit langem ausgetrocknet.

Im Jahre 1908 fiel weitab jeder dichten Besiedlung, aber im planetarischen Maßstab hautnah, in Sibirien ein etwa 100 Meter großer Meteorit nieder. (Oder war's vielleicht ein Komet? Man streitet sich noch.) Bekannt wurde die Bombe aus dem All als das *Tunguska-Meteor*, benannt nach einem in der Nähe befindlichen Fluss, der „Steinigen Tunguska".

Dies war die hellste in geschichtlicher Zeit beobachtete Feuerkugel. Ein unvorstellbar greller Blitz, einen Atombombenblitz übertreffend, blendete die Augen der wenigen Beobachter. Ein 1200 km großes Waldgebiet wurde flachgelegt, massenweise Bäume entästet. Eine fünffache Erdbebenwelle und zwei Luftdruckwellen liefen um die ganze Erde. Die in 8 bis 10 Kilometern Höhe erfolgte Explosion hätte eine ganze Stadt ausradieren können. Vom verursachenden Körper gefunden hat man so gut wie nichts. Das führte zu Spekulationen: Raumschiff? Schwarzes Loch?

Meteorite finden sich häufig an Orten, wo sie leicht auffallen. So ist es kein Wunder, dass in den Wüsten Mexikos, Namibias und Australiens mannshohe Meteorite oder ganze Schwärme kistengroßer Eisenbrocken gefunden wurden.

In der Fußgängerzone von Windhuk (Namibia) sind über ein Dutzend Meteorite in einem Brunnen verbaut worden, wohl einzigartig in der Welt. Verschieden hoch angeordnet, glaubt man sich in einem fallenden Meteoritenschwarm.

Der größte aller jemals gefundenen Meteorite liegt ebenfalls in Namibia – auf der Hoba-Farm. Dieser $3 \times 3 \times 1$ Meter große Eisenbrocken sieht aus wie ein überdimensionales Rindersteak. Sieht man genauer hin, finden sich blanke, nicht rostende Narben (Nickelanteile), weil sich rowdyhafte Touristen davon Stücke abgesäbelt haben.

Könnten die auffallend kreisförmig angeordneten Berge am Horizont vom Meteoriten stammen? – Dafür war er mit seinen panzerschweren 60 Tonnen nun doch viel zu klein.

Im Jahr findet man ungefähr 20 bis 30 Meteorite, meist uralte Stücke. Die meisten davon sind aus Eisen mit ein bisschen Nickel darin. Eisen verwittert nicht so schnell wie Stein. Sicher gibt es mehr Stein- als Eisen-Meteoriten, aber sie fallen nicht so auf wie solche aus Eisen.

Gar nichts bemerken wir vom beständig fallenden *Meteoritenstaub*, aber er hat den Hauptanteil am natürlichen Weltraummüll. Täglich, so wird von Spezialisten geschätzt, fallen davon 2 700 000 Kilogramm zur Erde. Jahr für Jahr wächst die Erdmasse also um 1 Milliarde Kilogramm. Das sind auf einen Quadratmeter umgerechnet jedoch nicht einmal 1 Gramm.

Die seltensten Stein-Meteoriten finden sich auf den zum Meer wandernden Gletschern der Antarktis, die sie nach langer Reise durchs Eis freigeben. Sie stammen manchmal direkt vom Mond oder vom Mars! Es sind Auswürfe von dortigen Kratern, die entstanden, als Meteorite vor Millionen Jahren deren Oberfläche trafen. Das herauskatapultierte Material geriet in eine Umlaufbahn um die Sonne. Irgendwann einmal kreuzten einige Stücke davon die Erdbahn und fielen in die heutige Antarktis, die vor der Kontinentalspaltung in Äquatornähe lag. Ob seltsame Formen in einem der Mars-Meteoriten Lebensspuren sind, konnte noch nicht eindeutig entschieden werden.

Der berühmteste Meteorit aller Zeiten fiel vor rund 65 Millionen Jahren. Sein Einschlag hatte die Energie von 50 Millionen Wasserstoffbomben! Man glaubt, seinen Krater am Rand der

Halbinsel Yucatan (Mexiko) gefunden zu haben. Nach dem in der Nähe befindlichen Ort nennt man ihn Chicxulub-Krater. Dessen Durchmesser beträgt an die 200 km, erzeugt von einem vielleicht 10 km großen Stein-Meteorit. Gefunden hat man ihn noch nicht. Er hätte die Größenordnung des Marsmondes Deimos haben müssen, könnte also auch ein Planetoid gewesen sein. Es ist nicht ganz leicht, näheres zu erfahren, weil der größte Teil des Kraters im Meeresboden liegt.

Dass der Meteorit mit einem Schlag die Saurier ausgerottet habe, ist eine oft gehörte, doch zu starke Vereinfachung. Hätte sie *alle* der Einschlag *sofort* dahingerafft, müssten ja sämtliche Saurierknochen in derselben erdgeschichtlichen Formation lagern, was nicht der Fall ist. Das Sauriersterben hatte bereits *vor* der kosmischen Katastrophe begonnen. Der vermutete Meteorit beschleunigte es allerdings maßgeblich: Durch ihn entstanden mächtige Vulkane. Giftiges Methan trat aus. Schwefelsäure erfüllte die Atmosphäre. Viele Tierarten gingen ein, wodurch die Nahrungskette unterbrochen wurde. Zeitnah mit den Sauriern starben nach und nach 60 bis 90 % aller Arten aus. Doch bis zum absoluten Ende der Dino-Ära vergingen noch einige Millionen Jahre.

Saurier gibt es heute noch, die Krokodile. Und auch ein paar Kleinsäuger blieben nach der Katastrophe übrig. Aus ihnen sind letztlich Menschen hervorgegangen. Haben wir einem Meteoriten unsere Existenz zu verdanken?

Weil vielleicht schon andere Lebewesen, vielleicht die Insekten, auf ihre Chance lauern, möchten die Menschen ihre Herrschaft über die Erde nicht gern abgeben. Deshalb wird seit einigen Jahren intensiv der Himmel nach kreuzenden Meteoroiden abgesucht. Wegen ihrer relativ geringen Größe sind sie leider erst wenige Tage vor ihrer Annäherung an die Erde auszumachen. Zwischen Mond und Erde sauste schon mal ein Brocken hindurch, der unserer Zivilisation hätte durchaus gefährlich werden können.

Statistisch gesehen wäre wieder mal ein Meteorit fällig. Werden wir ihn vor seinem Aufprall mit einer Rakete zertrümmern können? Vermutlich hieße das, aus einer Kanonenkugel Schrot zu machen. Um aber den Meteoroid von seiner Bahn abzulenken, wäre wahrscheinlich die verfügbare Zeit zu knapp. Wir können vorläufig nur eines tun: In unseren letzten Minuten staunen, was unser Weltall an beeindruckenden Effekten alles zu bieten hat. Gewiss, ein schwacher Trost.

Es ist immerhin wahrscheinlicher, dass eine Meteoriten-Katastrophe die gute, alte Erde überrascht, als die von manchen befürchtete Kolonisierung durch raffgierige Außerirdische. Tatsächlich?? Tatsächlich. Warum, das erfahren wir noch.

Staub, Gas, Felder – das Unsichtbare

Bleibt uns noch ein Moment Zeit für das Unsichtbare zwischen den Planeten. Der Raum zwischen ihnen ist angefüllt mit Staub und Gas in hauchdünner Verteilung. Im Ausschnitt von der Größe eines Würfelzuckerstückchens findet man davon nur wenige Teilchen. Das ist praktisch ein ideales Vakuum, so wie man es in Laboratorien für experimentelle Zwecke gut gebrauchen könnte. Zum Vergleich: In einem würfelzuckergroßen Stückchen Luft, wie wir sie atmen, finden sich einige Trillionen Teilchen!

Weiterhin enthält der interplanetare Raum Materie, die nur mit speziellen Messgeräten nachgewiesen werden kann – Strahlungen und Felder. Das sind besondere Zustände des Raumes mit charakteristischen, z. B. magnetischen Eigenschaften. Und da ist die Teilchenstrahlung der Sonne. Sie erzeugt die Polarlichter, indem sie die Hochatmosphäre dort, wo das Erdmagnetfeld sehr schwach ist, an den Polen, zum Leuchten anregt.

Des weiteren erfüllt den Raum die sogenannte kosmischen Strahlung, deren Geheimnis noch nicht ganz gelüftet ist.

Der Raum ist also nirgendwo völlig leer.

Letztlich begleiten Gravitationsfelder unser Planetensystem, von denen das der Sonne das stärkste ist. Es hält unsere Erde, die Planeten und sämtliche Millionen Kleinkörper auf ihren Bahnen. Und das seit über 4 Milliarden Jahren...

2. Teil:
Die Reise zum Anfang des Weltalls

Ein Umweg zur Sonne

Nachdem wir unser kosmisches Dorf, das Planetensystem, ausreichend erkundet haben, brechen wir nun zur Reise in die Sternenräume auf. Vorher müssen wir jedoch einen Abstecher zu unserer Sonne machen. Das Wissen über sie nehmen wir mit ins Gepäck. Es könnte uns noch hilfreich sein, wenn wir die Geschwister der Sonne, die Sterne, besuchen.

Die Sonne, unser Stern

Die Erde ist für uns Menschen das Größte, was wir uns gerade noch vorstellen können. Kein Wunder, wenn sie im Altertum für die zentrale Kugel des Universums gehalten wurde. Die Sonne stellte man sich vor 2300 Jahren so groß vor wie Peloponnes, die größte der griechischen Inseln. Die hat einen Durchmesser von 150 Kilometern.

Der wahre Durchmesser der Sonne beträgt aber sage und schreibe einemillionvierhunderttausend Kilometer!

Vergleichen wir die Sonnenkugel mit der Erdkugel. Stellen wir uns einen gewöhnlichen Erdglobus vor. Wer einen zu Hause hat, sollte ihn mal zur Hand nehmen. Ausnahmsweise soll er einmal die Sonne verkörpern. Wie groß müsste nun im passenden Verhältnis zu ihr die Kugel sein, die die Erde darstellen soll? Halten Sie einen bunten Stecknadelkopf neben den Globus und Sie haben das erstaunliche, wahre Größenverhältnis.

Wir sehen, die Erde ist im kosmischen Maßstab ein Winzling. Von der Sonne aus erschiene sie nur so groß wie ein Centstück – betrachtet aus zwei Kilometern Entfernung.

Die Sonne, also nicht die Erde, ist somit das zentrale Hauptgestirn unserer kosmischen Heimat. Die Planeten hingegen wirken der Sonne gegenüber wie geringfügige Verschmutzungen, aufs Ganze gesehen ohne Bedeutung. Wir erwähnen das, weil angeblich immer noch ein beträchtlicher Teil der Bevölkerung das Gegenteil glaubt und die Erde für das Zentrum des Planetensystems hält.

Auch wenn im Kinderlied von „*Sonne*, Mond und Sterne" die Rede ist, gehört unsere Sonne zur Kategorie der Sterne. Ja, die Sonne ist der uns nächste Stern, *unser* Stern. Man könnte auch umgekehrt sagen, alle Sterne sind ferne Sonnen – heiße, leuchtende Gaskugeln.

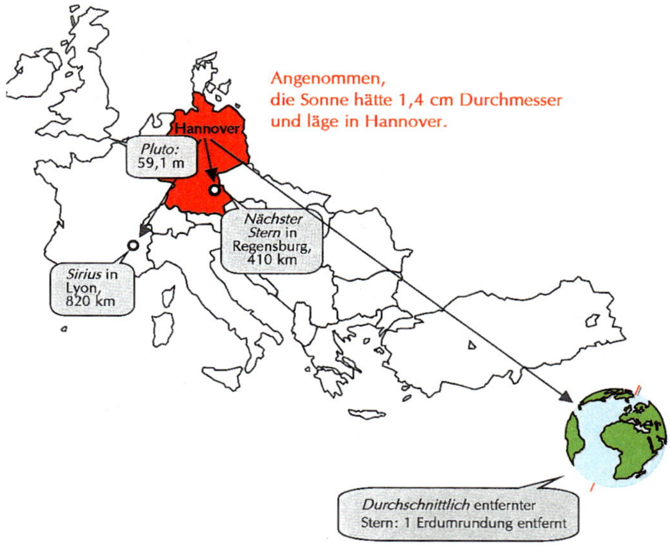

Abb. 77: Entfernungsverhältnisse

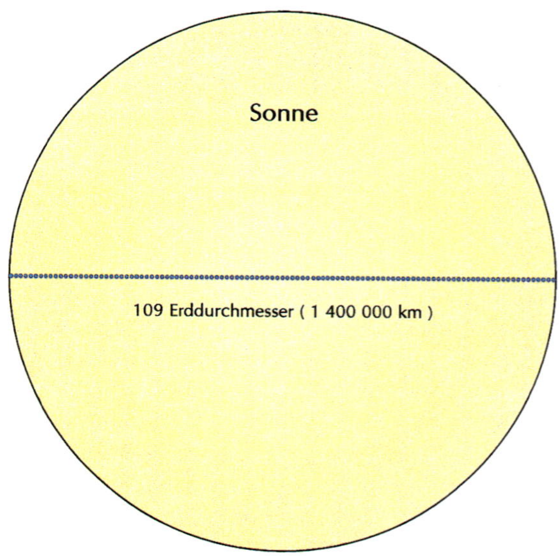

Abb. 78: Größenverhältnisse

Unsere Sonne ist, was Helligkeit, Temperatur und Größe betrifft, ein sehr unauffälliger Durchschnittsstern, geradezu eine trübe Funzel. Vom fernsten unserer Planeten aus betrachtet, dem Pluto, würde uns zwar die Sonne noch als sehr heller Stern erscheinen. Könnten wir die Sonne aber ins Band der Milchstraße versetzen, würde sie für unsere Augen im Sterngewimmel völlig untergehen. Schon von einem unserer nächsten hellen Sterne aus würden wir sie mit bloßem Auge nicht mehr ausmachen können. Unser Stern, genannt „Sonne“, ist nur für das Leben auf der Erde, für uns Menschen, etwas Besonderes, weil wir ihr auf Gedeih und Verderb ausgeliefert sind. Erkannt hat man das bereits in den frühesten Menschheits-Kulturen. Überall begegnet uns beispielsweise an den Bauten des alten Ägypten das Symbol der Sonne.

Wir finden Sonnensymbole auch in Mexiko, auf der Halbinsel Yucatan. In Labna, einer ausgegrabenen Mayastadt, ist sie zusammen mit der strahlenden Venus und dem Halbmond an einem „Palast" genannten Gebäude verewigt. In den Ruinen von Xochicalco, wo wahrscheinlich einst Astronomen-Kongresse stattfanden, wird die Sonne von einem Krokodil verschlungen – vielleicht ein Symbol für die Sonnenfinsternisse. Als Gottheit der Azteken wurden der Sonne, um sie bei Laune zu halten, unzählige Menschenopfer gebracht. Man vertrat die Meinung, nur Blut könne sie mit neuer Energie versorgen und ihre Fortdauer garantieren.

Auch das Hakenkreuz, die altindische Swastika, ist ein Sonnensymbol. Und drei in Fels gravierte Spiralen in dem berühmten steinzeitlichen Ganggrab von Newgrange in Irland werden ebenso wie unzählige andere Spiralmuster in Nordeuropa als Sonnenzeichen gedeutet. Falls die Spirale durchweg ein Symbol der Sonne ist, finden wir es auf dem ganzen Erdball – bis nach Neuseeland beim Volk der Maori.

Astronomen studieren an unserer Sonne, nüchtern wie sie als Kenner ihrer wahren Natur heute sind, beispielhaft die Oberfläche eines Sterns unter Sternen, die wegen ihrer riesigen Entfernung selbst im mächtigsten Fernrohr leider nur als dimensionslose Punkte erscheinen. Nur unsere Sonne zeigt sich als Scheibe.

Es lohnt sich also, von der Sonne einen genauen „Steckbrief" anzulegen. Nicht für den Fall, dass sie uns einmal entwischen sollte – das haben wir nicht zu befürchten.

Ein Steckbrief der Sonne

Würden Sie bei seitlich ausgestreckten Armen die Sonne in der einen Hand halten, die Erde in der anderen, stünde der allernächste Stern in 270 km Entfernung!

In Wirklichkeit lägen zwischen Ihren beiden Händen 149 600 000 Kilometer. Selbst das schnelle Licht mit seiner Ausbreitungsgeschwindigkeit von 300 000 Kilometern pro Sekunde braucht etwas über 8 Minuten, um von der Sonne zur Erde zu gelangen – eine gewaltige Strecke.

Wäre die Sonne ein Spiegel, in dem wir uns sehen könnten, würden wir ein interessantes Gedankenexperiment durchführen können. Wir heben den linken Arm. Und unser Spiegelbild? Nach einer guten Viertelstunde (2 × 8 Minuten) würde es den rechten heben. So lange braucht das ausgesandte und reflektierte Licht zu unserem Auge.

Unglaublich? – Es gibt eine Analogie: Beobachten Sie einen Holzhacker aus ein paar hundert Metern Entfernung. Wenn der die Axt hebt, hören Sie den Knall des *zuvor* ausgeführten Schlags, denn der Schall ist eine Milliarde mal langsamer als das Licht, das vom Holzhacker ausgeht. Ja, mit der „Gleichzeitigkeit" hat es so seine Tücken!

Das bedeutet nun aber, dass wir die Sonne nie dort sehen, wo sie steht, sondern wo sie vor 8 Minuten gestanden hat. Beim nächsten schönen Sonnenuntergang sollten wir einmal daran denken.

Mit den Sternen ist es noch verrückter. Ihr Licht braucht Jahre, bis es unser Auge erreicht. Ein Neugeborenes würde 9 Jahre alt sein, wenn es sein erstes Winken im Spiegel des Nachbarsterns sähe. Und sollte einst dieser allernächste Stern verlöschen, bemerken wir das erst in rund 4 Jahren!

So kam es zu der Entfernungseinheit *Lichtjahr*. Das ist die riesige *Strecke*, die Licht in einem Jahr zurücklegt. Das Lichtjahr ist also keine Zeiteinheit, sondern eine Länge! Vergleichbar ist das mit der Entfernungseinheit „Flugstunden": Wenn man die Sonne mit konstant 1000 km/h durchfliegen könnte, benötigte man dafür 1400 Flugstunden. Wegen der Anschaulichkeit gibt man gern die *Laufzeit* statt der Strecke an. Denken Sie mal an Schilder auf Wanderwegen: „Waldschenke 1 Stunde" oder „Mäuseturm 8 Minuten". Auch das Lichtjahr ist so eine seltsame *Entfernungs*-Einheit.

Schon bei der ersten Zahl, dem Alter der Sonne, kommen wir ins Staunen. Warum liefert die Sonne, offenbar ohne Nachschubprobleme, seit über 4 Milliarden Jahren Licht und Wärme? Müsste ihr Gas nicht längst verbrannt sein, wie das bei Gas – auch in solch gewaltiger Menge! – zu erwarten wäre?

Die Erklärung gelang im ersten Drittel des vorigen Jahrhunderts, als man ein völlig neues Kapitel der Physik, die Atomphysik, aufzuschlagen vermochte.

Die Sonne kann auf eine Weise Energie „erzeugen", die uns auf der Erde noch verwehrt ist. Frei im Raum schwebend, ohne ein „Gefäß" tobt in ihrem Innern ein 15 Millionen Grad heißer Atomofen. Durch den ungeheuren Druck der Gase in der Sonne, hervorgerufen durch die eigene Masse und die folgliche Gravitation, können dort Gasteilchen miteinander verschmelzen, die normalerweise wegen ihrer gleichartigen elektrischen Ladung auf Abstand bleiben. Es sind Wasserstoffatome ohne Elektronen, reine Atomkerne also, genannt Protonen. Bei ihrer Verschmelzung entstehen schwerere, andersartige Atome, Heliumatome. Aus 597 Millionen Tonnen Wasserstoff bilden sich durch diese sogenannte Kernverschmelzung (Fusion) pro Sekunde 593 Tonnen Helium. Helium ist sozusagen die Asche im Sonnenofen. Sie lagert sich, weil schwerer als die Wasserstoff-Protonen, im Zentrum ab.

Hier ist er nun, mein für Sie eigens zusammengestellter

Steckbrief der Sonne

Hauptbestandteile der Sonne:
75 % Wasserstoff und 23 % Helium

Form der Sonne:
fast eine ideale Kugel, weil sie sehr langsam rotiert

Alter der Sonne:
fast 5 Milliarden Jahre

Durchmesser der Sonne:
1,4 Millionen km, d. h. 109 Erddurchmesser

Gewicht (richtiger Masse) ***der Sonne:***
700faches Gewicht (richtiger Masse) *aller Planeten.*
Die Sonne ist 333 000 mal schwerer als die Erde.

Anziehungskraft der Sonne:
Ein Mensch würde auf der Sonne so viel wiegen wie auf der Erde ein großer PKW, 2 Tonnen. Würde man aus 1 m Höhe auf die als feste Kugel gedachte Sonne fallen können, käme man mit 84 km/h an! (Erde: nur 16 km/h)

mittlere Dichte der Sonne:
1,4 g/cm^3, nur wenig schwerer als Wasser

Dichte der Sonne im Kern:
140 g/cm^3

Druck im Kern:
auf 1 cm^2 lastet die Masse von 2 Milliarden Kilogramm (das ist ein Druck von 20 Billiarden Pascal)

Temperatur der Sonne:
an der Oberfläche 6000 °C (wie das Erdinnere),
im Kern ungefähr 15 Mill. °C

Rotationsdauer der Sonne:
durchschnittlich 27 Tage; 2 Tage am Äquator schneller,
an den Polen 2 Tage langsamer

Scheinbarer Durchmesser am Himmel:
½ Grad, genau wie der unseres Mondes

Was wird aus der Differenz von 4 Millionen Tonnen? – *Energie!* Energie ist eine andere Daseinsweise der Masse. Aus Masse, die wir in Kilogramm oder Tonnen angeben, wird Wärme und Licht. Von jedem Gramm Wasserstoff werden 7 Milligramm zu Energie. Das ergibt 200 000 Kilowatt.

Schon die Kernspaltung liefert uns mit wenig Masse viel Energie. Die Sonne aber liefert kostenlos in 1 Millionstel Sekunde so viel Energie, wie die Menschheit in einem Jahr an Strom gewinnt. Sie ist ein Ofen mit rund 400 Trilliarden Kilowatt. Das Bügeleisen im Haushalt hat bestenfalls 2 Kilowatt, 2000 Watt. Schon 1 cm^2 der Sonnenoberfläche liefern jedoch 6000 Watt. Das ist ungeheuerlich.

Wenn wir einst bei gebändigter, unvorstellbar großer Hitze in Kernfusions-Reaktoren leichte Atomkerne, so wie es die Sonne tut, zu schwereren verschmelzen können, sind wir alle Energiesorgen los. Wasserstoff gibt es in den Weltmeeren genug.

Trotz ihres Masseverlustes von 4 Millionen Tonnen pro Sekunde hat die Sonne während ihres Milliarden Jahre langen Lebens nur 0,1 % ihrer Masse verloren. Jahr für Jahr sind das 125 Billionen Tonnen, das entspricht einer Steinkugel von 40 Kilometern Durchmesser. Die Sonne wird noch weitere Milliarden Jahre, wenn auch nicht für immer, über genügend Wasserstoff verfügen. Unsere Überlebensprobleme sind daher andere, jedenfalls nicht die zu knappe Energie der Sonne.

In unserem Steckbrief bleibt unter „Hauptbestandteile" (Wasserstoff und Helium) ein Defizit von 2 %. Dieses füllen die chemischen Elemente Kohlenstoff, Stickstoff, Sauerstoff, Natrium, Magnesium, Aluminium, Silizium, Calcium, Chrom, Eisen, Nickel u. a. aus. Woher man das weiß, besprechen wir ein bisschen später.

Warum explodiert eigentlich die Sonne trotz ihrer ungeheuren Energieproduktion nicht? Diese Frage ist erstaunlich einfach zu beantworten. Nichts anderes als ihre eigene Schwerkraft hindert sie daran. Strahlungsdruck und Schwerkraft halten sich genau das Gleichgewicht! Dies verhindert das Explodieren. Denken wir uns die Sache umgekehrt: Würde die Gaskugel Sonne ihre Energieproduktion plötzlich einstellen, würde sie infolge ihrer Eigengravitation zu einer zentimetergroßen Kugel zusammenschnurren. Ihr Gravitationsfeld bliebe natürlich bestehen, denn die Masse änderte sich ja nicht.

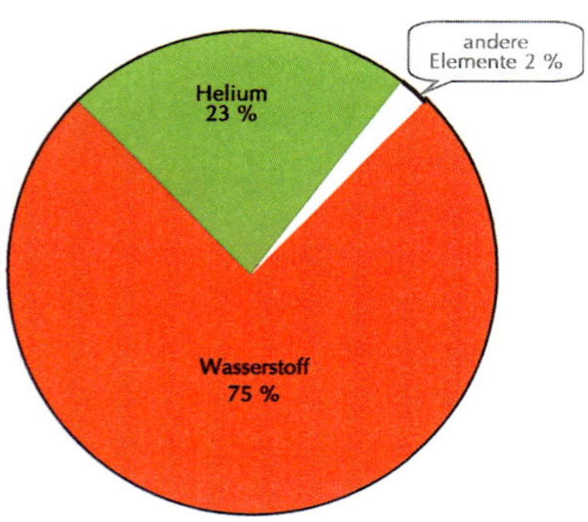

Abb. 79: Die Zusammensetzung der Sonne

Die Sonne ist für unsere Erde das Gravitationszentrum. Wenn nun ein böser Magier die Sonne wegzaubern könnte, würde unsere Erde um den *Jupiter* kreisen. Jupiter bestreitet 70 Prozent der Masse aller Planeten. Er würde als unser schwerster Planet für die Sonne einspringen. Und wie wir schon wissen, könnte er von seiner Zusammensetzung her durchaus eine Sonne sein. Doch bringt er nur ein Tausendstel der Sonnenmasse auf die Waage. Daher hat Jupiter in seinem Innern zu wenig Druck und Hitze, um uns heimzuleuchten. Wir müssten nach magischem Verschwinden der Sonne um einen lichtlosen Himmelskörper kreisen und im Dunkeln tappen.

Die Sonne aus der Nähe betrachtet

Unser Auge gaukelt uns vor, die Sonne hätte eine feste Oberfläche. Das liegt daran, dass ihr Licht in einer (auf ihren mächtigen

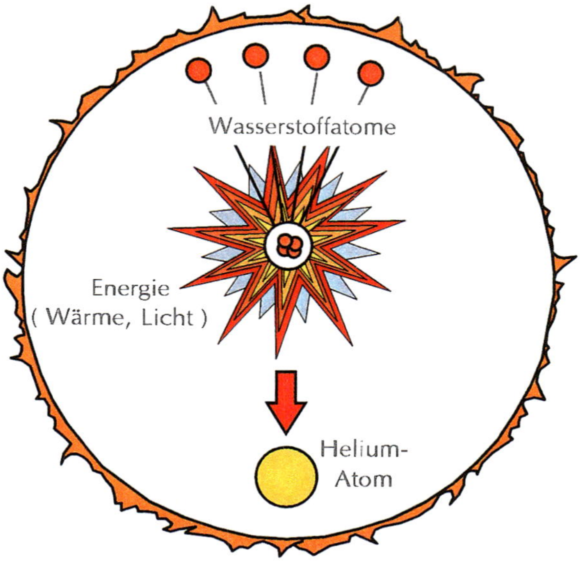

Abb. 80: Die Umwandlung von Wasserstoff zu Energie durch Kernverschmelzung

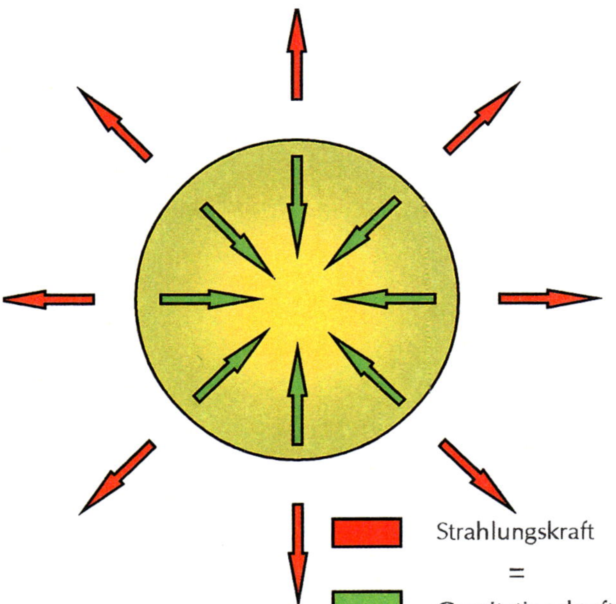

Abb. 81: Warum kann die Sonne nicht explodieren?

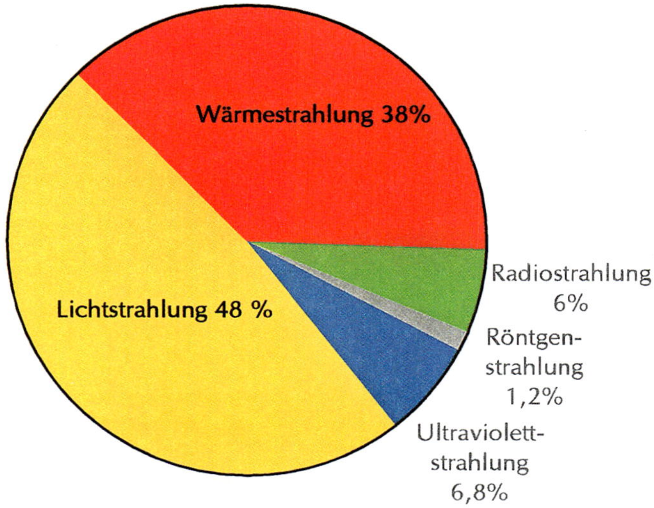

Abb. 82: Die Strahlungsarten der Sonne

Durchmesser bezogen) sehr dünnen Schicht von 500 km Dicke erzeugt wird. Was sind diese 500 Kilometer hauchdünner Schale gegen 1,4 Millionen Kilometer Sonnendurchmesser? Weit weniger als ein Tausendstel! 500 Kilometer Lichtsaum erscheinen infolge der großen Entfernung zur Sonne als scharf begrenzter Rand. Die darüber und darunter liegenden dunkleren Gasschichten werden überstrahlt. Dieser „hauchdünne" Lichtsaum heißt Photosphäre.

In großen Höhen über der Erde, dort wo die Luftunruhe nicht stört, zeigt sich die Photosphäre mit einer körnigen Struktur, die ein wenig an Waschbetonplatten erinnert. Diese gesprenkelten „Körner" rufen aufsteigende heiße Gasblasen hervor, deren Lebensdauer durch schnelle Abkühlung nur wenige Minuten beträgt. Ein einziges dieser Gebilde – der Astronom nennt sie Granulen – hat etwa die Größe der Fläche Deutschlands!

Bei den Darstellungen der Sonne auf den schon erwähnten altägyptischen Reliefs fällt auf, dass die Sonne, Symbol des obersten Gottes Re, oft halbkugelförmig dargestellt wird. Die Ägypter waren gute Beobachter! Der im Vergleich zur Sonnenscheibe dunkle Rand vermittelt auch uns den Eindruck einer Kugel, wenn dünne Wolken ihr grelles Licht abschwächen. Diese sogenannte Randverdunklung entsteht dadurch, dass die äußeren Schichten kühler sind als die inneren und die Helligkeit dadurch nach außen abfällt. Wir sehen am Rand der Sonne kühlere Schichten als in der Mitte der Scheibe.

Das Auffälligste an der Photosphäre, der Lichthülle, sind ihre dunklen Flecken. Sie können sich diese auf ganz einfache Weise ins Zimmer holen. Richten Sie einen Feldstecher mit dem großen vorderen Teil, dem Objektiv, zur Sonne. Halten Sie einen weißen Zeichenkarton von der Größe eines DIN-A-4-Blattes dicht hinter den Einblick, das Okular. Nach einigen erfolglosen Zielversuchen haben Sie plötzlich die helle Scheibe der Sonne auf das Blatt projiziert. Sie wird um so größer, je weiter weg Sie das Blatt halten. Stellen Sie scharf. Sie sollten dann ein paar schwarze Pünktchen sehen. Das sind sie – die berühmten Sonnenflecken! Sie haben bestimmt Erfolg, denn nur selten ist die Sonne fleckenfrei.

Besonders kontrastreich ist das Sonnenbild, wenn Sie das Objektiv durch einen Fenstervorhang stecken, weil es dann im Zimmer fast so dunkel ist wie bei einem Diavortrag.

Noch ein wichtiger Tipp: Die Projektionsmethode ist gefahrlos, aber schauen Sie *niemals direkt durchs Glas* zur Sonne! Der Feldstecher wirkt wie ein Brennglas.

Am besten funktioniert die Sonnenprojektion natürlich mit einem Linsenfernrohr. Viele von ihnen verfügen sogar über einen mitgelieferten Sonnenprojektionsschirm. Dazu muss das Rohr natürlich auf einem Stativ befestigt sein; Sie haben schon bemerkt, wie das Sonnenbild selbst bei der geringen Feldstechervergrößerung zittert. Beginnen Sie mit kleinen Vergrößerungen, also mit Okularen, die eine hohe Zahl (das ist die Brennweite, z. B. 20 mm) tragen. Dann fällt das Zielen leichter.

Bei dieser Gelegenheit stellen Sie nebenbei fest, wie schnell sich die Erde dreht! Schon nach wenigen Minuten müssen Sie das Fernrohr der Sonne nachführen. Die Sonne ist scheinbar aus Ihrem Blickfeld gewandert.

Wie kommt es nun zu den Sonnenflecken? Sie sind Störgebiete der Photosphäre. Durch magnetische Vorgänge – die Sonne besteht aus elektrisch geladenen Teilchen, die nie ohne Magnetfelder auftreten – wird dort, wo Sonnenflecken sind, der Austritt des Lichts behindert.

Be-hindert, nicht ver-hindert. Die Flecken sind nicht völlig schwarz! Das scheint nur wegen des Kontrasts zur ungestörten Oberfläche so. Ein durchschnittlich großer Sonnenfleck, sagen wir 2 Erddurchmesser groß, hat immer noch die zehnfache Helligkeit des Vollmondes. Er ist 4000 bis 5000 °C heiß, das sind um 1000 bis 2000 Grad weniger als seine fleckenfreie Umgebung. Das genügt, um die Flecken schwarz (mit einem grauen Rand) wahrzunehmen.

Alle 11 Jahre (etwa wieder um das Jahr 2010), tauchen auffällig viele Sonnenflecken auf. (Es kann auch nach 8 oder erst 13 Jahren passieren.) Dann kann man sie sogar mit ein bisschen Glück auf der untergehenden, dunkelroten Sonne mit bloßem Auge erkennen. Meist handelt es sich um ganze Gruppen von Flecken, die zu einem einzigen zu verschmelzen scheinen.

Wer schon einmal eine totale Sonnenfinsternis beobachten konnte, sah im Fernglas den vor der Sonne stehenden Mond von einem hellroten Farbring umgeben. Normalerweise wird diese Schicht, *Chromosphäre* (Farbhülle) genannt, durch die darunter liegende, gleißende Photosphäre überstrahlt.

Der Ring der Chromosphäre ist nicht glatt. Er scheint ausgefranst. Was wir hier und dort beobachten, sind glühend rote Flammenzungen. Als riesige Gaswolken schießen sie aus der Chromosphäre hervor, werden durch die Gravitation zu-

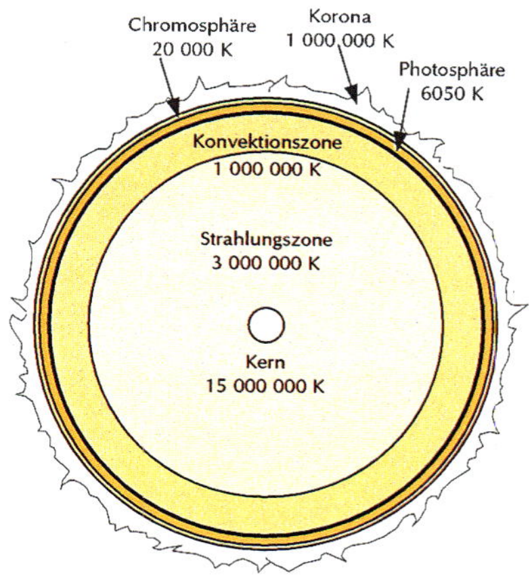

Abb. 83: Der Aufbau der Sonne

rückgesaugt oder in einem mächtigen Bogen zurückgekrümmt. Man nennt diese Ausbrüche der Sonne *Protuberanzen.*

So ein Feuerbogen hat etwa die Höhe des vierfachen Erddurchmessers und ist typischerweise 10 000 km dick. Im Extremfall erreichen Protuberanzen fast den Durchmesser der Sonne. Besonders große Protuberanzen können einige Monate im Magnetfeld der Sonne „eingefroren" sein. Dann überdauern sie ein paar Monate, also mehrere ihrer Umdrehungen. Die meisten Protuberanzen sieht man jedoch nach Stunden in sich zurückstürzen oder sich vom Sonnenrand lösen. Sie machen sich als unsichtbares, kühles Gas einfach von dannen.

Es täuscht also, wenn wir die Sonne mit bloßem Auge am Horizont oder hinter einer dünnen Wolke als ruhig leuchtende Lampe wahrnehmen. Sie ist ungeheuer aktiv.

Mit Spezialaufnahmeverfahren lässt sich die Chromosphäre der Sonne sichtbar machen. Wegen Ihrer starken Turbulenz zeigt sie sich als bürstenartiges Muster. Es sieht aus wie ein vom Sturm verwurschteltes Kornfeld aus der Luft.

Die Chromosphäre hat eine Dicke von 10 000 km. Ihre Temperatur nimmt erstaunlicherweise nach außen nicht ab, sondern zu. Sie steigt von 4500 °C auf eine Million Grad Celsius an! Das ist schon mehr als merkwürdig. Zwar gibt es dafür Erklärungsversuche, aber welcher davon richtig ist oder ob sogar ein ganz neuer her muss, wird sich noch zeigen. Der Sonnensatellit SOHO trägt dazu wesentlich bei. Druckwellen durch Gasexplosionen oder die Umwandlung magnetischer Energie in Wärmeenergie mögen die Ursache sein.

Nur bei totalen Sonnenfinsternissen oder mit speziellen Geräten am Fernrohr lässt sich die dritte und letzte Außenschicht der Sonne sehen – die *Korona.* Was für ein wundervoller Strahlenkranz umgibt die Sonne! Hauchdünne, radial verlaufende „Daunenfedern", in ein bezauberndes Licht getaucht, lassen Beobachtern von Sonnenfinsternissen den Atem stocken. Zu schade, dass wir die Korona, den schmückenden Abschluss der Sonne, nicht immer sehen können!

Als äußerer Abschluss der Sonnenatmosphäre ist die Korona extrem dünn. Sie behält dennoch die hohe Temperatur der darunter liegenden Chromosphäre von 1 Million °C bei.

Die Korona ist nachweisbar bis in Erdentfernung, 1 Astronomische Einheit weit. Zumindest die inneren Planeten „baden" in den hauchdünnen Ausläufern der Sonne.

Die Form der Korona ist nicht gleichbleibend. Sie wandelt sich mit dem elfjährigen Wechsel der Sonnenaktivität. Sie kann kreisrund oder auch schwalbenschwanzförmig sein. Das lässt sich bei einer totalen Sonnenfinsternis gut beobachten.

Manche Hobby-Astronomen geben sich ganz und gar der Sonnenastronomie hin. Besonders Ältere wissen es zu schätzen, sich nicht die Nächte um die Ohren schlagen zu müssen oder Probleme mit der winterlichen Kälte zu haben.

Sie kaufen sich für ihr Fernrohr ein sogenanntes H-Alpha-Filter. Es dämpft das Sonnenlicht und filtert es ins Rötliche. Kontrastreich lassen sich damit Protuberanzen und Strahlungsausbrüche (Eruptionen) beliebig lange und gefahrlos beobachten. Es gibt spezielle Sonnenbeobachtungs-Gruppen in den Vereinen der Sternfreunde. Das Internet oder das „Kosmos Himmelsjahr" (erscheint jährlich im September) verhelfen zu Kontakten zu Sonnenbeobachtern in ganz Deutschland.

Die Einflüsse der Sonne auf die Erde

Unsere Sonne sendet nicht nur Licht (48 % ihrer Gesamtstrahlung) und Wärme (38 %) aus. Andere Strahlungsarten, wie Radio-, Röntgen,- und Ultraviolettstrahlung kommen hinzu. Sie sind nur mit speziellen Messinstrumenten nachweisbar, weil wir für sie keine Sinnesorgane haben. Der Sammelbegriff für diese Wellen ist „elektromagnetische Strahlung".

Aber die Sonne sendet auch Strahlungs*teilchen* aus. Pro Sekunde kommen 3 bis 10 Teilchen mit einer Geschwindigkeit von 300 bis 800 km/s bei uns an. 95 % davon sind Protonen (Wasserstoffkerne), 4 % Heliumteilchen und 1 % Elektronen. Sie können von der Schwerkraft der Sonne nicht gehalten werden, weil die heiße Korona sie wild wirbeln lässt und dabei ins Weltall verliert.

Besonders rätselhaft ist eine Teilchenart, die man, weil elektrisch neutral, Neutrinos nennt. Das ganze Weltall ist mit Neutrinos überschwemmt. Sie sind fast masselos. Man hat ermittelt, dass sie nur 1/180000 der Masse des Elektrons haben, jenes Teilchens mit der geringsten Masse aller Teilchen. Neutrinos tragen dennoch wesentlich, vielleicht zu 20 %, zur Gesamtmasse des Alls bei.

Neutrinos entstehen als „Abfallprodukt" bei der Kernfusion tief im Innern der Sonne. Mit keinem anderen atomaren Teilchen in Wechselwirkung tretend, sausen sie mit der von den Naturgesetzen diktierten Höchstgeschwindigkeit (300 000 km/s) ins Weltall und durchdringen alles, was auf ihrem Weg liegt. Sie nutzen dabei, mit nichts wechselwirkend, als ‚Lückenspringer' die relativ großen Abstände zwischen Atomkern und Atomhülle.

Inzwischen ist es mit großem Aufwand gelungen, die Wirkung einiger Sonnen-Neutrinos zu beobachten. Mit riesigen Neutrino-Teleskopen, das sind mit spezieller Flüssigkeit gefüllte Tanks tief in der Erde, stoppt man Neutrinos auf höchst listige Weise. So gewinnt man indirekt Einblicke in die Prozesse des Sonnenfeuers.

Lange Zeit blieb die Frage ungeklärt, warum dabei erheblich weniger Neutrinos gezählt worden sind, als Vorausberechnungen erwartet hatten. Seit 2001 weiß man, dass man nur nach einer Art von Neutrinos gesucht hat, denen, die direkt in der Sonne entstehen. Sie können jedoch ihren „Charakter" auf dem Weg zu uns in zwei Varianten aufspalten. Dies erklärt das bisherige Defizit recht gut.

Auch Sterne senden Neutrinos aus. Die Erde und natürlich auch wir Menschen werden von den alles durchdringenden Neutrinos ständig durchsiebt. In einer Sekunde rasen durch unseren Daumennagel 66 Milliarden Neutrinos!

Welchen Einfluss hat die Sonne außer als Licht- und Wärmespenderin auf unsere Erde? Viel ist gemessen und verglichen und noch mehr spekuliert worden. So sollen die Aktivität der Sonne und der Sonnenwind verantwortlich sein für Gewitterhäufungen, Erdbebenzyklen, periodisch verstärkte Insektenvermehrung, Sterbefallkurven, erhöhte Verkehrsunfallzahlen, zeitweise Infarkt-Zunahme und den Ausbruch von scheußlichen Epidemien. Die Daten und die daraus abgeleiteten Erkenntnisse sind nicht gesichert. Zu viele andere mögliche Einflüsse auf diese Erscheinungen müssen berücksichtigt werden.

Gesichert hingegen ist, dass der Sonnenwind das an sich symmetrische Magnetfeld der Erde zu einem von der Sonne abgewandten Schweif verzieht. Gesichert sind magnetische Stürme, die den Funkverkehr behindern oder Stromausfälle verursachen. Ganze Landstriche sind schon im Dunkel versunken.

Gesichert ist auch, dass die Polarlichter am Nord- und Südpol ihre Ursache in den Strahlungsteilchen der Sonne haben. An den magnetischen Polen der Erde haben sie ungehindert Zutritt, weil dort, ähnlich wie die Meridiane, die Magnetfeldlinien der Erde zusammenlaufen und einen Trichter für Sonnenteilchen bilden. In Wechselwirkung mit unserer Erdatmosphäre entsteht rings um die magnetischen Pole das farbige Spiel der Polarlichter. Manchmal sind sie auch bei uns als rotes, kaltes Himmelsfeuer zu beobachten, wenn die Sonne wieder einmal besonders aktiv ist. Leider können sie aber genau so gut ausbleiben, wenn man sie auf einer Reise jenseits der Polarkreise zu sehen hofft. Ich selbst konnte sie weder auf der antarktischen Halbinsel noch im kanadischen Archipel, nahe des magnetischen Nordpols, zu Gesicht bekommen.

Ein Fingerabdruck der Sonne

Im Jahre 1987 brachte die Deutsche Bundespost eine seltsame 80-Pfennig-Briefmarke heraus. Auf einem Farbband, das von rot über gelb, grün, blau bis violett reicht, liegen parallele schwarze Linien. Darüber ein Autogramm in deutscher Fraktur, für uns Heutige schlecht zu lesen. Verschämt winzig steht am unteren Rand:

» ***Joseph von Fraunhofer, Optiker und Physiker, 1787–1826*** «

Offenbar eine freundliche Erinnerung an den 200. Geburtstag des Meisters.

Eingeweihte unter uns wissen, dass Joseph von Fraunhofer sehr gute Fernrohrobjektive baute. Deren Bauart tragen noch heute seinen Namen.

Doch was bedeutet auf der Briefmarke das Farbband, vor allem die darauf parallelen, schwarzen Linien?

Machen wir uns zunächst bewusst, dass wir von der Sonne und erst recht von all ihren Verwandten, den Sternen, nur *zwei* Informationen geliefert bekommen: Die *Stärke* der Strahlung und die *Art* der Strahlung. Wissenschaftlich ausgedrückt: Die Quantität und die Qualität der Strahlung, *Menge* und *Beschaffenheit*. Das ist alles, was der Wissenschaft Astronomie zur Verfügung steht. Wir staunen, was uns trotz dieser schlechten Ausgangslage das Weltall über sich und seine Geschichte verrät.

Als Optiker befasste sich Joseph von Fraunhofer natürlich sehr gründlich mit der *Beschaffenheit* des Lichts. Er nahm wie schon andere vor ihm von der Sonne einen „Fingerabdruck". Man schickt dazu durch ein dreikantiges Glasprisma ein schmales Bündel Sonnenlicht. Anscheinend ist es weiß. Es ist aber nur *scheinbar* weiß. Das weiße Licht fächert hinter dem Prisma in ein Band von wundervoll klaren Farben auf. Sie haben diese Regenbogenfarben schon mal bei Kronleuchtern in alten Schlössern gesehen.

Umgekehrt geht es übrigens auch: Die Farben lassen sich durch eine Linse wieder zu weiß vereinigen. Würde man dabei zuvor eine der Farben aus dem Sonnenlicht herausfiltern, wäre es nicht mehr weiß.

Heute nimmt man für die Analyse des Lichts statt Glasprismen gern blanke Platten mit feinen prismatischen Rillen. Sie haben die gleiche Wirkung wie die Rillen einer CD. Sie verursachen das bekannte farbige Schillern.

Optiker und Astronom Fraunhofer vermaß im stark vergrößerten Farbband der Sonne 576 schwarze Linien und hielt ihre Abstände voneinander in einer Liste fest. Das war 1814 und der Anfang *einer der wichtigsten Forschungsmethoden in der Astronomie.*

Das Geheimnis der hauchdünnen Fäden (man kennt durch noch stärkere Spreizung des Farbbandes heute 25 000!) konnten Joseph von Fraunhofer und die Forscher seiner Zeit nicht lüften. Johann Wolfgang von Goethe, sein Zeitgenosse, passten sie wohl überhaupt nicht ins Konzept seiner privaten Farbenlehre, auf die er stolzer war als auf seinen „Faust".

Erst viele Jahre später wurde geklärt, dass die ominösen Linien von den chemischen Bestandteilen der Sonne hervorgerufen werden. Jede Linie entspricht genau einem chemischen Element. Dort wo im Labor beim Verbrennen eines Stoffes hinter dem Prisma eine farbige Linie auftauchte, lag auf dem Sonnenfarbband eine schwarze. Kannte man zum Beispiel die genaue Lage der Farblinie von Natrium und konnte man im Farbband der Sonne, dem „*Spektrum*" , eine schwarze Linie an derselben Stelle finden (nicht ganz leicht, man misst in Nanometern, also milliardenstel Millimeter!), war bewiesen, dass in der Sonne Natrium existiert. Das war einfach genial! Und es funktionierte sogar bei den Sternen!!

Es gibt ein chemisches Element, das man auf diese Weise 1868 zuerst in der Sonne fand, wo es viel reichlicher vorkommt als auf der Erde. Es ist das leichtflüchtige Gas Helium, das leichteste Element nach dem Wasserstoff. Erst im Jahr 1895 entdeckte man es auf unserem Planeten, später auf anderen auch. Heute produziert man es künstlich und füllt damit Luftschiffe, weil es im Gegensatz zu Wasserstoff nicht brennt.

Die Entdecker dieser Methode, einen „Fingerabdruck" von Sonne und Sternen zu nehmen und damit deren Zusammensetzung zu erfahren, sind Gustav Kirchhoff (1824–1887) und Robert Bunsen (1811–1899. – Ja, er ist auch der Erfinder des Bunsenbrenners). Sie bauten ein geeignetes Spektroskop, mit dem sie 1861 erste chemische Analysen durchführten. Einfach erklärt: Sie verbrannten etwas, brachten es damit zum Leuchten, orteten

Abb. 84: Spektren und ihre Entstehungsursache

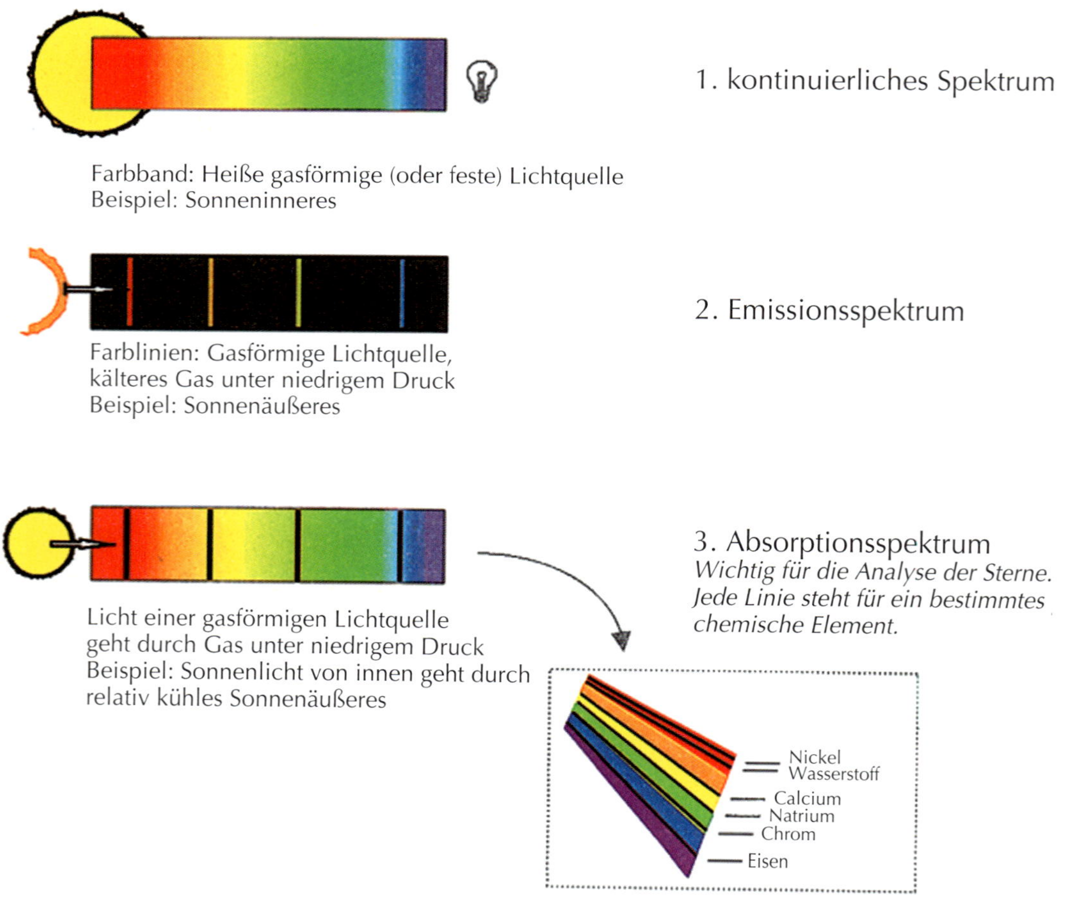

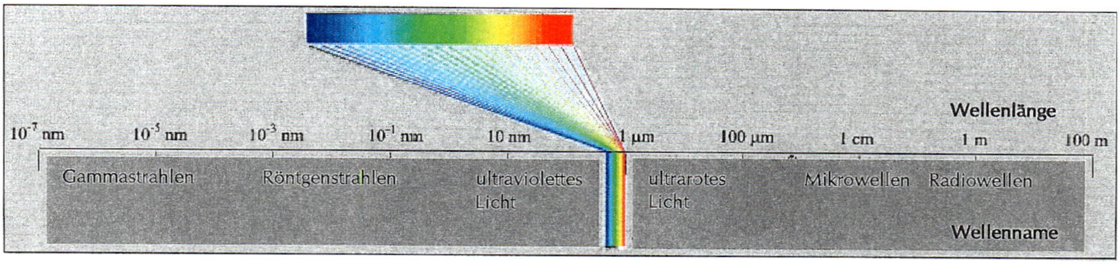

Abb. 85: Das Farbspektrum ist nur ein Teil der elektromagnetischen Wellen bzw. Strahlen

die Spektrallinie des Lichts und konnten sofort sagen, um welchen Stoff es sich handelt.

Ihr Verfahren spielt eine unglaublich wichtige Rolle bei der Entwicklung unseres Wissens über das Weltall. Man nennt dieses Verfahren *Spektralanalyse*. Damit war die Analyse der chemischen Beschaffenheit eines Sterns über endlose Lichtjahre hinweg möglich. Die *Sternspektren* sind wirklich der eigentliche Schlüssel zum Weltall, also das, was für die Polizei der Fingerabdruck ist.

Eine gute Nachricht, bevor es weitergeht: Sehr viele Sterne wurden mit der Spektralanalyse untersucht, und auf allen kamen dieselben Elemente vor wie auf unserer Erde oder in der Sonne. Was bedeutet das? Das Weltall ist von unvorstellbarer Größe, aber dennoch ist es chemisch einheitlich aufgebaut. Das ist ein wichtiger Hinweis dafür, dass unser Weltall aus einem einzigen Guss entstanden ist. Wir müssen später „nur noch" zu klären versuchen, wie das und warum das geschah.

Der Weg zu den Sternen

Über uns am irdischen Himmel ist viel Platz. Trotzdem kommt es hin und wieder vor, dass Flugzeuge einen Beinahe-Zusammenstoß melden. Warum stoßen eigentlich Sterne nie zusammen? Ganz einfach – sie haben noch viel mehr Platz als die Flugzeuge. Machen wir uns die Verhältnisse klar. Nehmen wir einmal an, Sterne wären nur so groß wie Erbsen. Dann wäre ihr durchschnittlicher Abstand 200 Kilometer. Auf Deutschland übertragen hieße das, eine Sternerbse wäre in Hamburg, die nächsten

Abb. 86: Warum stoßen Sterne nie zusammen?

Sternerbsen in Berlin, Kassel, Aachen, Hof, Karlsruhe und München. Viel mehr dieser Modellsterne bekämen wir in Deutschland nicht unter. Selbst wenn die Erbsen nun in Deutschland wild herumsausten, wäre die Gefahr, dass sie sich je begegneten, so gut wie ausgeschlossen.

Aus diesem Vergleich lässt sich auch ableiten, dass die Bestimmung der Entfernung der Sterne eine höchst schwierige Angelegenheit ist. Wie sollte man von Kassel aus die Entfernung einer Erbse in Berlin ermitteln? Das scheint fast unmöglich, und doch ist es bereits im 19. Jahrhundert gelungen, wenigstens die Entfernung zu den allernächsten Sternen zu ermitteln. Verstehen Sie: Es ging dabei um eine Entfernungsmessung von 100 Billionen Kilometern!

Das Messprinzip hatte man sich bereits im Altertum ausgedacht. Doch die Messinstrumente waren bis in das vorvorige Jahrhundert zu ungenau, um Erfolge zu verzeichnen.

Sternentfernungen durch Winkelmessungen

Stellen wir uns vor, wir sind Studenten und sollen heute die Höhe des Fernsehturms von Toronto messen. Er ist der wohl höchste Fernsehturm der Welt.

In Windeseile erreichen wir die Aussichtsplattform. Wir finden dort erfreulicherweise eine als Touristenattraktion gedachte dicke Bodenglasplatte. Sobald wir von ihr die „todesmutigen" Besucher verscheucht haben, nehmen wir mit Hilfe eines Laser-Reflektors eine Höhenmessung vor. Nicht schlecht! Aber das war nicht die Aufgabe. Wir sollten ja die Höhe bis zur äußersten Spitze messen! Doch wie hinauf?

Sparen wir uns das Eintrittsgeld und unterlassen tollkühne Experimente! Es geht ganz ohne hohen Aufwand: Wir messen von zwei Standorten, die mit dem Fuß des Fernsehturms eine Linie bilden, die Winkel zwischen der ebenen Straße und der Turmspitze. Danach messen wir noch die Entfernung der beiden Standorte, das könnten beispielsweise zu beiden Seiten 100 Meter, also eine durch den Turm halbierte Strecke von 200 Meter sein.

Mit Hilfe der Geometrie ist es nun ein leichtes, aus den gepeilten Winkeln zur Turmspitze und der Basislänge die Höhe des Turms zeichnerisch oder rechnerisch zu bestimmen. Die Genauigkeit des Ergebnisses hängt eigentlich nur von der Genauigkeit der schwierig zu messenden Winkel ab. Haben wir uns Mühe gegeben, erhalten wir in unserem Falle zwei Peilwinkel von je 79,75 °. Daraus errechnet sich über die Tangensfunktion am rechtwinkligen Dreieck (Turmhöhe = Tangens des Peilwinkels mal 100 Meter) eine Turmhöhe von 553 Meter. Stimmt.

Mit den Mitteln der Geometrie ging auch ein Astronom an die Arbeit, als man die Frage nach der *Größe der Erde* stellte. Sie meinen, das wäre nur durch ihre Umrundung möglich? – Keineswegs! – *Wenn* die Erde eine Kugel ist, so dachte unser

Astronom, gelingt es mir, ihren ungefähren Umfang zu bestimmen, sogar ohne mein Land verlassen zu müssen. Name und Meßmethode sind uns überliefert. Der Mann hieß Eratosthenes. Und er lebte vor rund 2200 Jahren in Ägypten! Eratosthenes hatte nur zwei Informationen: Erstens war ihm bekannt, dass sich zur Zeit der Sommer-Sonnenwende die Sonne in den Brunnen von Syene (heute Assuan) spiegelt, sie also senkrecht über der Erde stand. Zweitens kannte er die ungefähre Entfernung zwischen Syene und Alexandria, wo er zu Hause war. Es sind 800 km.

Eratosthenes benötigte zu der Berechnung des Erdumfangs aber noch eine dritte Größe. Die musste er messen. Er musste messen, unter welchem Winkel die Sonne zum selben Zeitpunkt, zu dem sie sich in Syene im Brunnen zeigte, auf Alexandria herabschien. Wegen der großen Entfernung zur Erde fallen ja die Sonnenstrahlen so gut wie parallel auf die gekrümmte Erdoberfläche! In Alexandria konnten sie nicht wie im südlichen Syene senkrecht einfallen. Sie mussten Schatten werfen.

Und tatsächlich, Eratosthenes maß an der kurzen aber sichtbaren Schattenlänge eines Obelisken in Alexandria eine Abweichung von der Senkrechten zu 7,2 Grad.

Der Rest war eine einfache Rechnung, eine Verhältnisgleichung: Der kleine Winkel von 7,2 Grad verhält sich zu dem Vollkreis der Erdoberfläche wie die kleine Strecke von 800 km zum (unbekannten) vollen *Erdumfang*. Das ergibt die Gleichung: *Erdumfang* = 360 Grad mal 800 Kilometer geteilt durch 7,2 Grad.

Der Umfang ist, wie wir heute genau wissen, 40 750 km. Rechnen Sie nach, es sind nach der Messung des antiken Astronomen 40 000 Kilometer. Da ist man platt. Bei der ungeheuren Größe der Erde eine erstaunliche Genauigkeit!

200 Jahre vor dem Beginn unserer Zeitrechnung wussten also durchaus einige Gelehrte von der Kugelgestalt der Erde und kannten ihre Äquatorlänge. Leider ging dieses Wissen wieder verloren. Leider, weil sich Kolumbus sonst den langen westlichen Weg nach Indien ganz sicher nicht zugemutet hätte und den Indianern damit unsägliches Leid erspart geblieben wäre.

Vielleicht wären dann die von den Mayas zu Papier gebrachten astronomischen Kenntnisse nicht von einem religiös-fanatischen Bischof, Diego de Landa, verbrannt, sondern von nachfolgenden, freundschaftlich orientierten Entdeckern einem Museum übergeben worden.

Wir sind nur scheinbar von der Frage abgewichen, wie die Entfernung zu den Sternen gemessen werden konnte. Am Beispiel der Leistung des Eratosthenes können wir uns schon denken, nach welchem Prinzip man dabei vorzugehen hat. Man braucht eine bekannte Basisstrecke („Syene-Alexandria") und zwei Winkelgrößen. Die Basisstrecke zum Anpeilen eines Sterns sollte natürlich möglichst groß gewählt werden. Aber selbst wenn man von zwei weit entfernten Orten der Erde, sagen wir Deutschland und Australien, einen nahen Stern anpeilen würde,

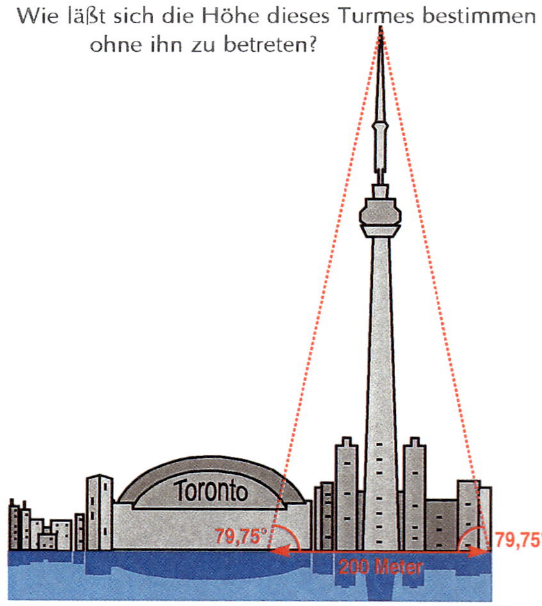

a

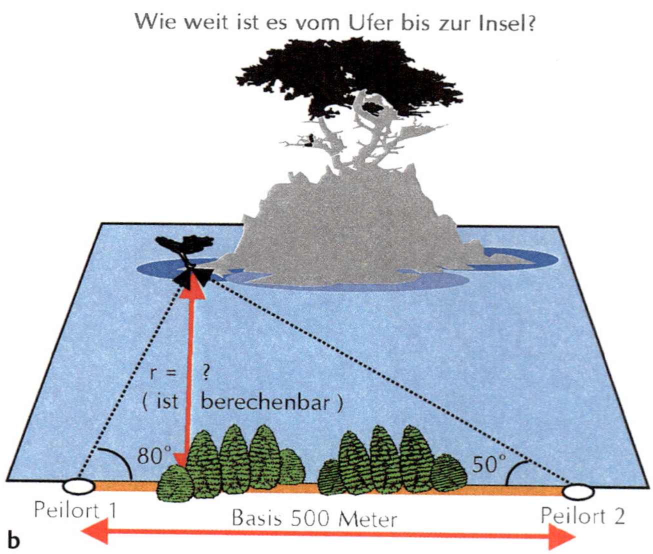

b

Abb. 87 a,b: Prinzip der Entfernungsbestimmung durch Winkelbestimmung

wäre seine scheinbare Verschiebung gegenüber den Sternen weit hinten im All einfach zu klein, um einen brauchbaren Messwert zu bekommen.

Wir müssen die größte Basis nehmen, die uns die Natur schenkte – den Durchmesser der Erdbahn.

Wenn wir einmal zum Frühlingsanfang und einmal zum Herbstanfang die Verschiebung (Parallaxe) eines ausgewählten nahen Sternes messen, könnte es klappen.

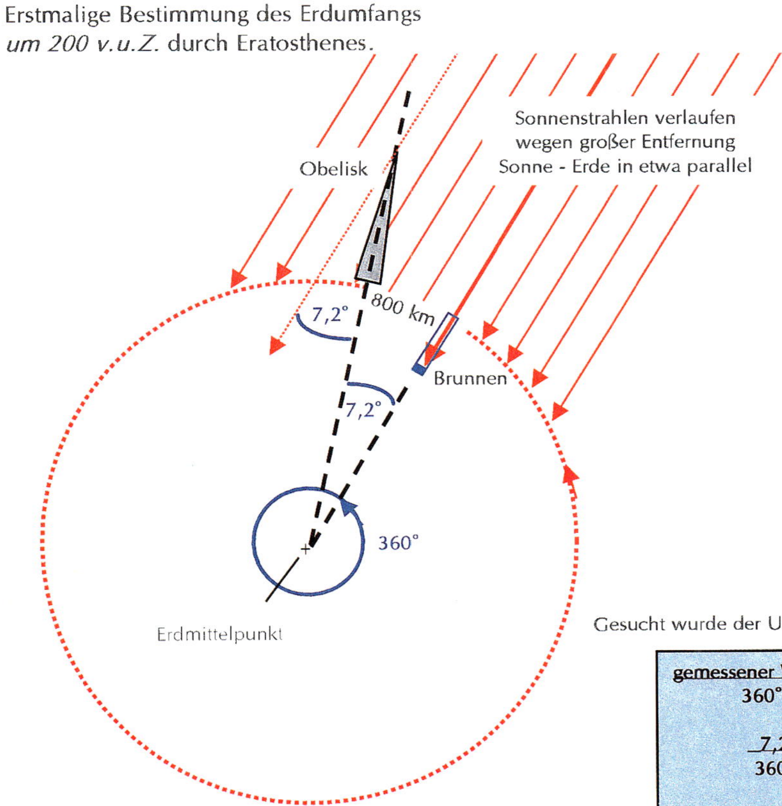

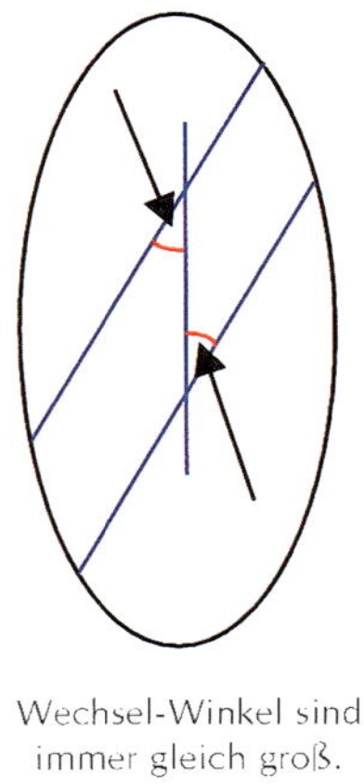

Gesucht wurde der Umfang der Erde:

$$\frac{\text{gemessener Winkel}}{360°} = \frac{800\text{ km}}{\text{Umfang der Erde}}$$

$$\frac{7{,}2°}{360°} = \frac{800\text{ km}}{\text{Umfang der Erde}}$$

$$\text{Umfang der Erde} = \frac{360° \times 800\text{ km}}{7{,}2°}$$

$$\text{Umfang der Erde} = 40\,000\text{ km}$$

Abb. 88: Bestimmung des Erdumfangs in der Antike

So etwa dachten bereits die Gelehrten des Altertums. Übrigens: Weil sie mit ihren viel zu groben Winkelmessern keine Parallaxe feststellen konnten, glaubten sie nicht an die Erdbewegung im Raum und stellten die *Erde* ins Zentrum des Sonnensystems. Dass selbst ganz nahe Sterne 80 Billionen Kilometer entfernt sind, konnten sie sich einfach nicht vorstellen. So glaubten sie, der Himmel mit den Sternen würde sich an einem Tag um die Erde herumschwingen. Erst 1400 Jahre später kamen Zweifel an dieser Annahme auf. Und erst 350 Jahre später gelang die Peilung.

Trotz der 300 Millionen Kilometer großen Basis (Erdstellung 1 – Sonne – Erdstellung 2) betrug der gemessene Winkel nur 0,2854 Bogensekunden!! Eine Bogensekunde ist der 3600ste Teil eines einzigen Winkelgrades! Die Ränder eines 1-Euro-Stücks würden wir mit zugekniffenem Auge erst aus fünf Kilometern Entfernung unter einer Bogensekunde sehen, so weit müssten wir es von uns entfernt halten! Halten Sie es auf Armlänge, kann jemand das Hin- und Her Ihres peilenden Auges noch wahrnehmen. Das sind ja auch ein paar Grad.

Aber eine Peilung von einer Bogensekunde, also einer Münze in fünf Kilometern... ! Abgesehen davon, dass Sie die Münze wohl gar nicht erst sehen würden, geschweige denn deren Ränder.

Je größer die Entfernung, desto kleiner ist die Parallaxe. Ab jetzt wollen wir darunter den Winkel verstehen, unter dem *vom Stern aus (!)* die halbe Basisstrecke, also Erdstellung 1 – Sonne zu sehen ist. Das machen die Astronomen nun mal so.

Noch einmal: Von einem unvorstellbar winzigen Winkel, der Bogensekunde, mussten knapp 1/3 gemessen werden, nur 0,2854". So schreibt man das. Zwei Striche, wie die Gänsefüßchen.

Das war im Jahre 1838. Und das war ein Meilenstein der Astronomie im wahrsten Sinne des Wortes. Wie viele unzählige Jahre waren alle Messungen fehlgeschlagen! Bis zu diesem ersten Meilenstein wusste wirklich *niemand*, wie weit es bis zu den Sternen ist. Nun wusste man es wenigstens von *einem* Stern: Stern 61 im Sternbild Schwan, ein schwacher, aber auffallend schneller Stern im Vergleich zu denen neben ihm. Das deutete auf relative Nähe und veranlasste seine Auswahl. Inzwischen weiß man, dass es noch nähere Sterne gibt als dieses Musterexemplar.

Aber wie wird aus dem Winkel eine Entfernung? Erinnern wir uns an den Satz: Je kleiner der gemessene Winkel, desto weiter weg ist der Stern. Die beiden stehen also im umgekehrten Verhältnis. Gut, dann können wir rechnen:

1 geteilt durch Parallaxe = Entfernung.

In welcher Einheit muss das Ergebnis angegeben werden? Kilometer sind es nicht. Wenn man eine 1 durch einen Winkel teilt, kommt 1/ ° oder 1/" heraus. Die Astronomen haben diese ungewohnte, neue Einheit „Parallaxensekunde" genannt, international. Die Abkürzung ist Parsec bzw. pc. Jetzt rechnen wir für Stern 61 im Schwan: 1 geteilt durch 0,2854" = 3,5 Parsec oder kürzer 3,5 pc. 1 pc ist dann ein Stern entfernt, der eine Parallaxe von 1" hat. Das sind rund 31 Billionen Kilometer oder umgerechnet 3,3 Lichtjahre.

So nah, 1" steht zwar kein Stern, aber man bekommt so eine relativ einfach zu merkende Definition für das Parsec, mit dem die Astronomen lieber umgehen als mit dem „Lichtjahr". Vermutlich bekommen Sie jetzt beim ersten Lesen einen kleinen Schreck. Notfalls gehen Sie einfach drüber weg!

Hier ist die Definition des Parsec:

! ***Wenn ein Beobachter so weit weg von der Linie Sonne-Erde wäre, dass er sie unter einem Winkel von nur 1 Bogensekunde „sehen" würde, wäre sein Beobachtungsort 1 Parallaxensekunde (1 Parsec, 1 pc) von ihr entfernt.***

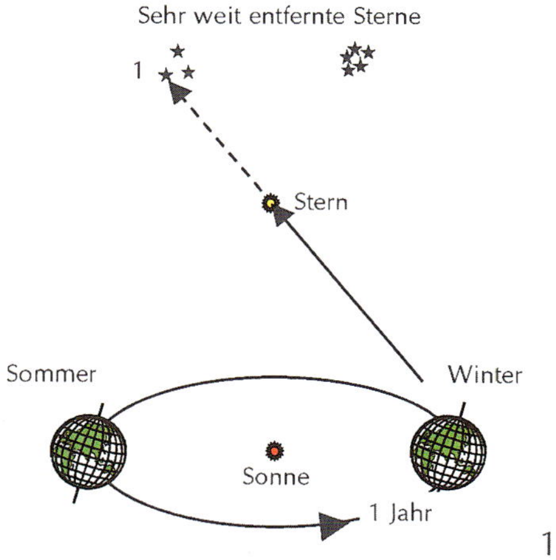

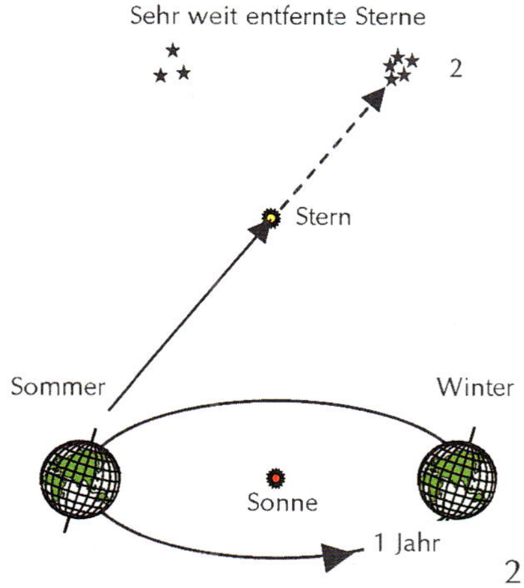

Zusammenführung der Abbildungen 1 und 2:

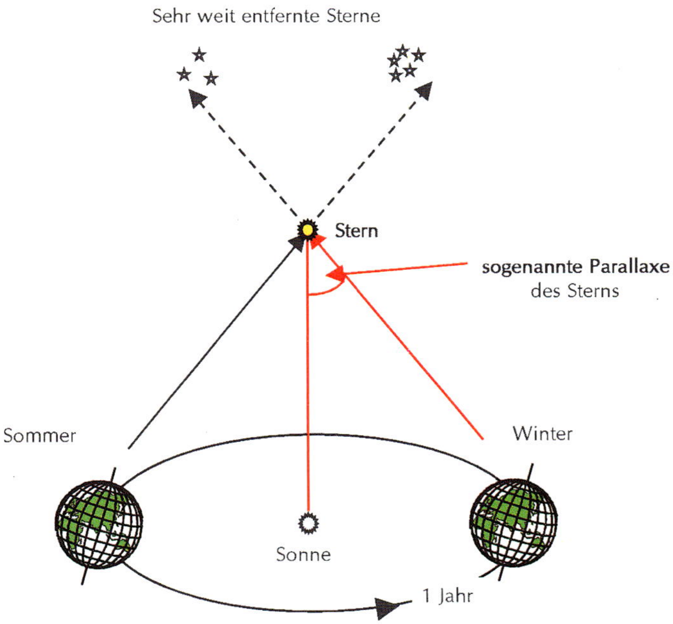

F. W. Bessel
1784-1846

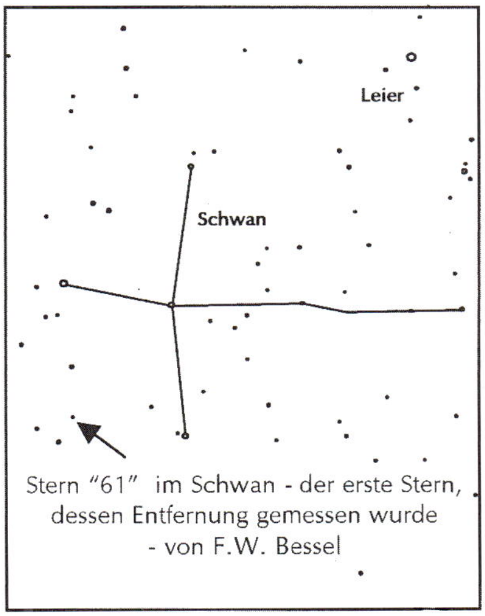

Abb. 89: Die Bestimmung der Entfernung eines Sterns durch Winkelmessung

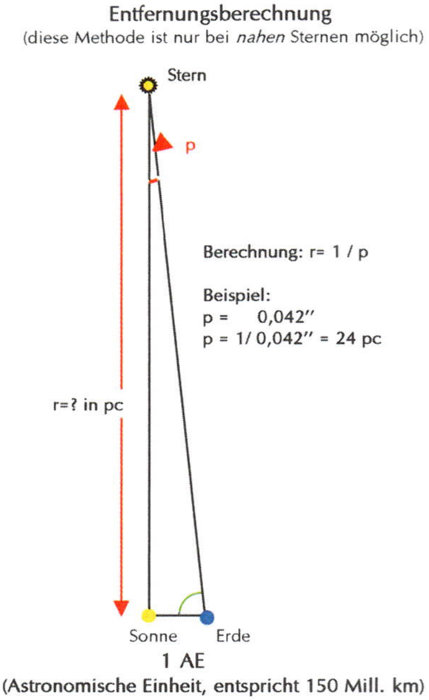

Abb. 90: Berechnung der Entfernung von (nicht zu weit entfernten) Sternen

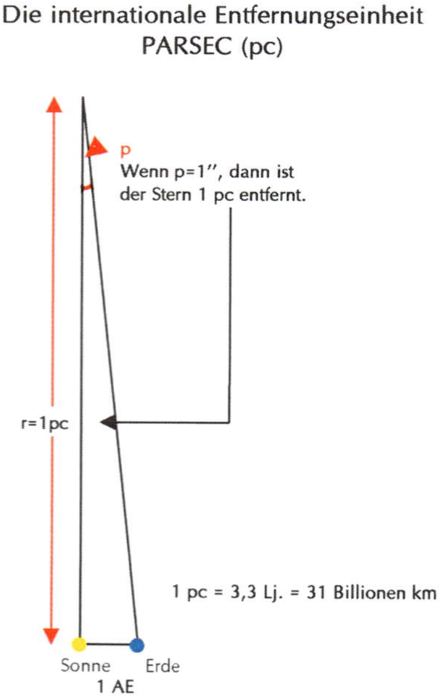

Abb. 91: Das *Parsec* (Parallaxensekunde) – ein astronomisches Längenmaß

Wir werden dennoch eher die Einheit Lichtjahr benutzen als die Einheit Parsec, vor allem, weil man sich so schön einfach merken kann, wie viel Kilometer 1 Lichtjahr (Lj. oder engl. ly) hat:

L	i	c	h	t	j	a	h	r	e	s	w	e	g
1	0	0	0	0	0	0	0	0	0	0	0	0	0

So geht's: Schreiben Sie auf ein Blatt Papier das komische Merkwort „Lichtjahresweg".

Das **L** bekommt die **1**, der Rest der Buchstaben die Nullen. So erhalten Sie aus einem Lichtjahr schnell 10 Billionen Kilometer, was natürlich aufgerundet ist:

9 460 500 000 000 km sind es genau.

Wem gelang es denn nun als erstem, im Jahre 1838 an 61 im Schwan (lat.: 61 Cygni) eine Sternparallaxe zu bestimmen? – Das war der in Minden/Westf. geborene Kaufmann und spätere Astronom Friedrich Wilhelm Bessel (1784–1846). Sein Arbeitsort war vor allem die Sternwarte von Königsberg, die Stadt des berühmten Philosophen Immanuel Kant. Auch Bessel hat sich zu seinem 200. Geburtstag im Jahre 1984 eine Briefmarke verdient, und die Post dachte daran. Immerhin hat er uns eine uralte und von jedem Kind immer wieder neu gestellte Frage beantwortet: Wie weit ist es bis zu den Sternen?

Heute werden Parallaxen von Satelliten sehr genau vermessen, weil sie außerhalb der verzerrenden Erdatmosphäre arbeiten können. Der erste von ihnen, HIPPARCOS, wurde am 9. 8. 1989 gestartet. Obwohl er nicht seine günstigste Umlaufbahn, einen Kreis, erreichte, konnte man durch nachträgliche Korrekturberechnungen Zehntausende von Sternentfernungen sehr genau bestimmen.

Bis zu einer Entfernung von 300 Lichtjahren klappt dieses Messverfahren ganz gut. Aber für weiter entfernte Sterne muss man eine andere Methode wählen. Bevor wir uns mit dieser befassen, sind hier noch vier Beispiele für vermessene Sterne.

Stern	Parallaxe	1/Parallaxe	Entfernung
61 Schwan	p=0,2854"	r=1/0,2854 =	3,5 pc = 11 Lj.
Toliman	p=0,7421"	r=1/0,7421 =	1,35pc = 4 Lj.
Alkor	p=0,0402"	r=1/0,0402 =	25 pc = 81 Lj.
Polarstern	p=0,0076"	r=1/0,007 =	132 pc = 430 Lj.

Anmerkungen:

Tolimans wissenschaftlicher Name ist „Alpha vom Centaur" (Genitiv, also α Centauri). Er steht am Südhimmel und ist unser Nachbarstern. Alkor ist der „Augenprüfer", das Reiterlein auf der Deichsel des Sternbilds Großen Wagen.

Noch einmal die Vorgehensweise:

1. Der unglaublich winzige Winkel, die „Parallaxe“ wird indirekt durch zwei Messungen bestimmt.
2. Sein Kehrwert (das Reziproke) wird berechnet.
3. Das Ergebnis ist die Entfernung in der Einheit Parsec (pc).
4. Multipliziert mit dem Umrechungsfaktor 3,26 ergibt sich, wem das lieber ist, die Entfernung in Lichtjahren (Lj.)

Wir haben dabei wegen der einfacher zu lesenden Zahlen großzügig gerundet. Sie können ja selbst einmal zum Rechner greifen und die genaueren Zahlen ermitteln. Bedenken Sie aber, dass wegen der Messfehler sowieso eine Entfernung auf 2 Stellen hinter dem Komma berechnet kaum sinnvoll ist. Parallaxen-Werte von vielen Sternen und sehr genaue dazu finden Sie im professionellen PC-Astronomie-Programm GUIDE. Vertrieb durch den astro-shop Hamburg, Eiffestr. 426.

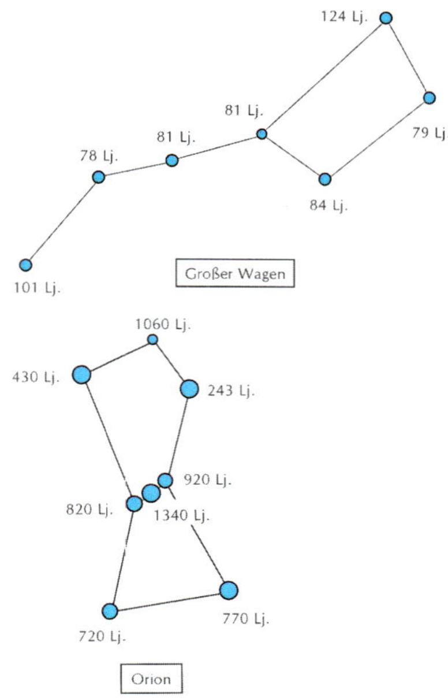

Abb. 92: Entfernungen einiger Sterne

Sternentfernungen durch Helligkeitsmessung

Sterne sehen durchaus nicht alle gleich aus. Was unterscheidet sie? Zuerst einmal ihre Helligkeit, die Lichtmenge, die sie ausstrahlen. Zum anderen haben sie eine unterschiedliche *Färbung*. Wir können also, wie schon einmal erwähnt, zum einen die Quantität des Lichtes und zum anderen seine Qualität bestimmen. Es ist erstaunlich: Aus nur diesen beiden Messwerten, aus keinen anderen, haben wir all unser Wissen über die Natur der Sterne.

Abb. 93: Eigenbewegung der Sterne (von der Erde aus gesehen)

Wegen ihrer riesigen Entfernung macht sich die Bewegung der Sterne im Raum erst nach Jahrzehntausenden bemerkbar.

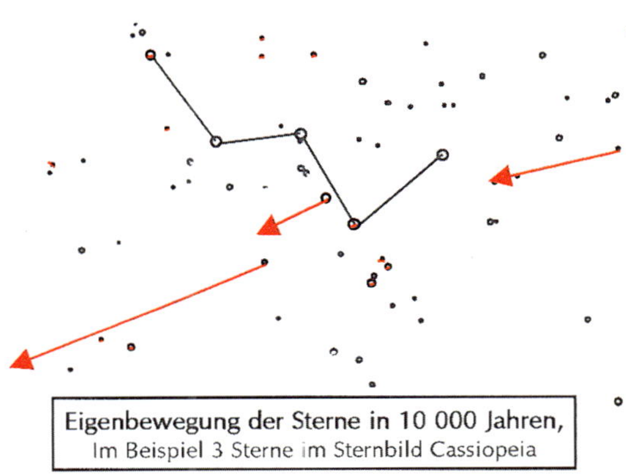

Wenden wir uns zunächst der Sternenhelligkeit zu. Warum sind Sterne unterschiedlich hell? Die Menschen des Altertums, die ja bereits aufmerksam den Himmel beobachteten und kartographierten, hätten diese Frage anders beantwortet als wir Heutigen. Denn sie glaubten, sie könnten ihren Augen trauen. Die Sterne scheinen auf einer Glocke zu sitzen, eben am „Himmel". Man musste, ausgehend vom Augenschein, schlussfolgern, dass alle Sterne gleich weit entfernt sind. Also hätte die Antwort geheißen „sie sind unterschiedlich hell, weil sie unterschiedlich viel Licht abgeben", so wie es auch, je nach Menge des Brennmaterials, unterschiedlich helle Lagerfeuer gibt.

Wenn aber die Sterne, entgegen des Augenscheins, *unterschiedlich* weit entfernt und alle gleich hell wären? Das wäre großartig! Dann würden die hellsten am nächsten stehen und man hätte schon im Altertum eine Liste der relativen (!) Sternentfernungen erstellen können.

Leider ist es nicht so einfach. Es trifft nämlich beides zu, wie wir heute wissen. Die Sterne sind unterschiedlich hell *und* sie sind unterschiedlich weit entfernt. Das macht die Bestimmung ihrer Entfernung zur Erde schwierig, es sei denn, sie stünden alle so nahe, dass die Entfernungsbestimmung durch Parallaxen-Messung möglich wäre. Doch das sind nur wenige. Wir möchten wissen, wie weit die entferntesten Sterne sind, um uns eine Vorstellung vom gesamten Weltraum zu machen.

Den Raum selbst können wir nun leider nicht wahrnehmen. Nur über die Sterne, die wie weit verteilte Leuchtbojen auf einem riesigen Ozean schwimmen, haben wir eine Chance, Näheres über die Größe des Weltalls zu erfahren.

Schon im Griechenland des Altertums, also vor über 2000 Jahren, wurde mit der Bestimmung der Helligkeit der Sterne begonnen. Natürlich hatte man als Messinstrument nur das Auge.

Der Astronom Hipparch (um 190 – 125 v. u. Z.) ordnete die Sterne nach Helligkeiten, indem er ihnen wie ein Lehrer Noten vergab: Den trübsten Funzeln, also den schwächsten Sternen, gab Hipparch die Note 6. Und, ganz klar, die hellsten Sterne bekamen eine Eins. Die Zwischenwerte 2 bis 5 wurden geschätzt.

Es gab bei Hipparch also Sterne der 1., 2., 3., 4., 5. und der 6. *Größenklasse (lat.: magnitudo).* Die Umschreibung „Note" ist für uns nur eine praktische Merkhilfe. So kann man nicht irren, wenn man liest, ein Stern habe die 4. Größe (-nklasse). Das ist ein Stern, den wir an unserem durch Straßenlampenlicht überstrahlten Himmel gerade noch sehen können. Die Folge der Größenklassen steigt also nicht von 1 nach 6 an, sondern fällt ab, genau wie die Schulnoten.

Der international gültige Fachbegriff „Größenklasse" ist eigentlich unglücklich gewählt. Die Größenklasse sagt nichts aus über den Durchmesser der Sterne! Und wie schon erläutert, sagt sie auch nichts über die echte Strahlungsleistung eines Sterns aus. Ein Stern 1. Größenklasse ist manchmal nur so hell, weil er uns nahe steht.

Die Helligkeit, die Hipparch ermittelte und notierte, nennt man die *scheinbare* Helligkeit, denn sie sagt nur, wie hell uns ein Stern *erscheint*, nicht wie hell er wirklich ist.

Der erste Blick durch ein Fernrohr oder ein Fernglas bewirkt bei vielen Menschen ein gewaltiges Staunen. Das Glas vergrößert die mit bloßem Auge sichtbaren Sterne zwar nicht, aber es sammelt Licht und lässt uns daher eine ungeheure Zahl von Sternen sehen, die uns zuvor verborgen blieben. Klar, dass die altertümliche Skala der scheinbaren Helligkeit mit immer besseren Fernrohren über die 6. Größenklasse hinaus immer mehr erweitert werden musste. Heute geht die Skala der *scheinbaren Helligkeit* bis zur 30. Größenklasse!

Das tröstet wenig über die Tatsache hinweg, dass man mit durchschnittlich gutem, bloßem Auge ziemlich wenig Sterne wahrnimmt:

Sterne...	***sind zu sehen...***	
1. Größe	in hellen Großstädten	nur 7!
2. Größe	in Kleinstädten	20
3. Größe	im Dorf	53
4. Größe	auf dem Feld	223
5. Größe	in völliger Dunkelheit	730
6. Größe	in trockener Wüste	2360

Um die Messung nicht der groben Schätzung durch die Augen überlassen zu müssen, sorgen seit Jahrzehnten lichtempfindliche Messgeräte für die genaue Einsortierung. Der Helligkeitsunterschied zwischen den Größenklassen wurde wie bei unseren Temperaturmessgeräten, den Thermometern, mathematisch ganz genau festgelegt. So haben ein heller und ein schwacher Stern mit der Differenz von 2,5 Größenklassen (kürzer: 2,5 mag; von magnitudo, magnum, Größe) ein Strahlungsintensitäts-Verhältnis von 10:1. Der helle Stern Wega im Sternbild Leier ist demnach 1 Million mal heller als schwache Sterne 23. Größenklasse, die man in guten Teleskopen noch eben registrieren kann.

Interessant zu wissen wäre natürlich die Helligkeit der Sterne, die sie hätten, *wenn* sie alle in gleicher Entfernung stünden. Man hätte dann einen objektiven Vergleich, ihre *absolute* Helligkeit. Die hellsten Sterne wären zugleich die strahlungsintensivsten. Eine solche einheitliche Vergleichsdistanz haben die Astronomen bereits festgelegt, und zwar zu ***10 Parsec***.

Das sind umgerechnet rund 33 Lichtjahre.

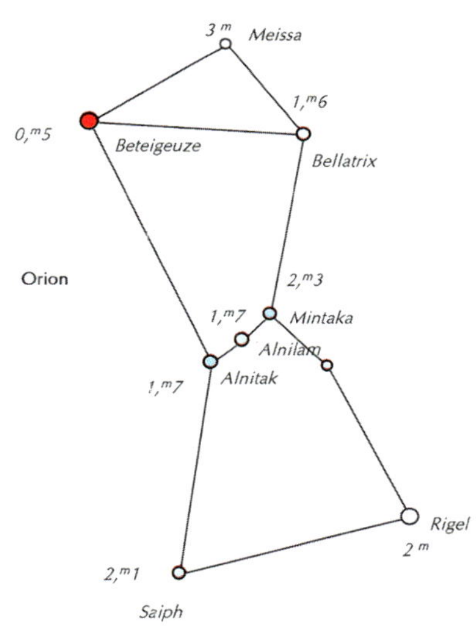

Abb. 94: scheinbare und absolute Helligkeit

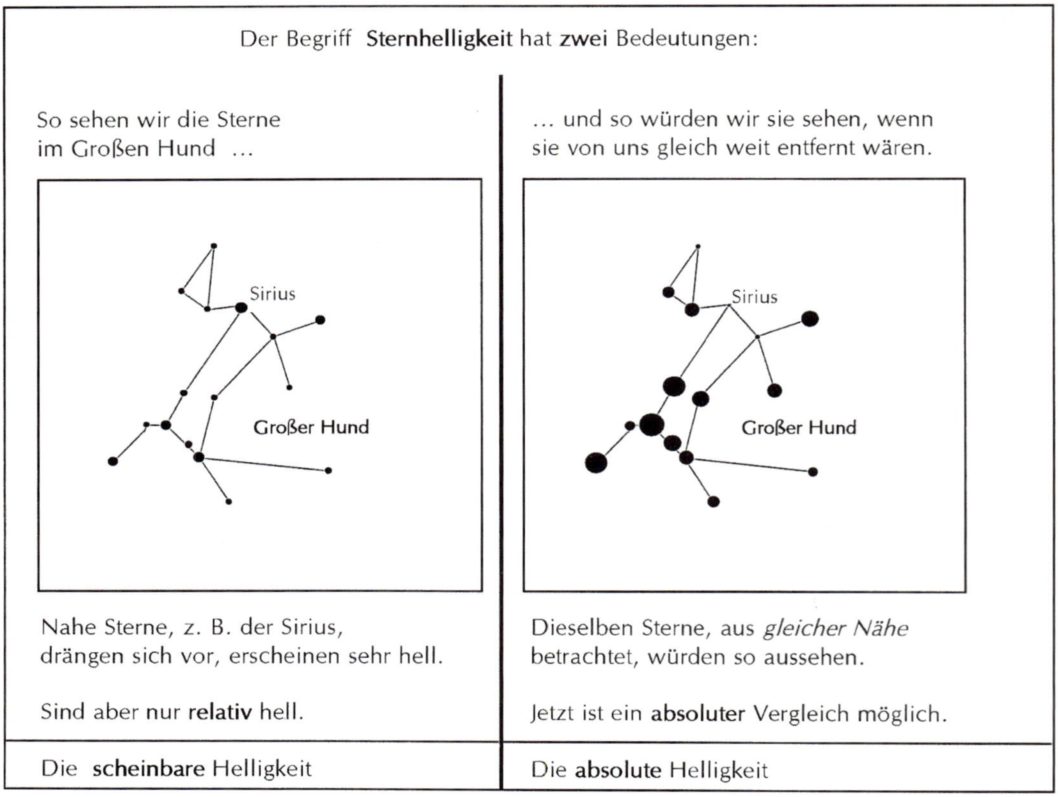

Abb. 95: Größenklassen von Sternen im Sternbild Orion (scheinbare Helligkeit)

Wenn es möglich wäre, alle Sterne auf diese Einheitsentfernung zu schieben, von uns fort bzw. zu uns heran, würden wir eine erstaunliche Feststellung machen. Die Helligkeiten der schwächsten und der stärksten Sterne stünden im Verhältnis wie eine 40-Watt-Lampe zu einer (gedachten) Riesenglühlampe mit dem Strombedarf von 3 Großkraftwerken!

Unser Stern, die Sonne, würde in dieser Einheitsentfernung von 10 Parsec nur noch so schwach strahlen wie Alkor, das Sternlein über dem mittleren Deichselstern des Großen Wagen. Sie hätte die Helligkeit 5. Größe. Mit bloßem Auge wäre die Sonne von der Erde in 10 Parsec Entfernung gerade noch gut zu sehen.

Die meisten Sterne aber sind weiter weg als 10 Parsec. Wir müssten sie zur Messung auf diese Einheitsentfernung heranholen. Und nur ein einziger Stern liegt genau in 10 Parsec Entfernung. Es ist Arktur im Bootes. Sie finden ihn, wenn Sie das Endstück der Deichsel des Großen Wagen vier Mal verlängern. Seine scheinbare Helligkeit ist genauso groß wie seine absolute.

Von etlichen Sternen konnte man die *absolute Helligkeit* ganz ohne „Verschiebung“ bestimmen (was leider nur rechnerisch möglich ist), also die Frage beantworten, welche Helligkeit sie

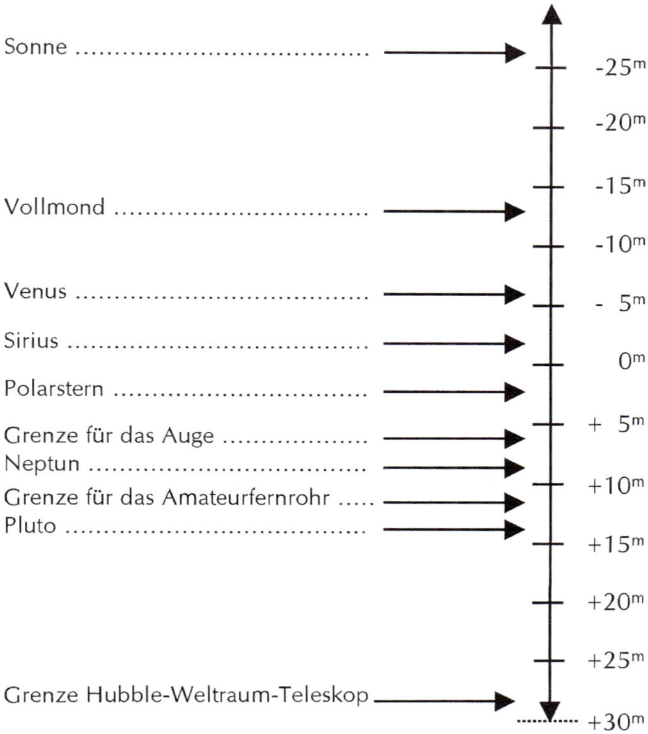

Abb. 96: Scheinbare Helligkeit einiger Gestirne

Abb. 97: Unser Winterhimmel Richtung Süden. Die Sterne bis zur 6. Größenklasse sind eingetragen

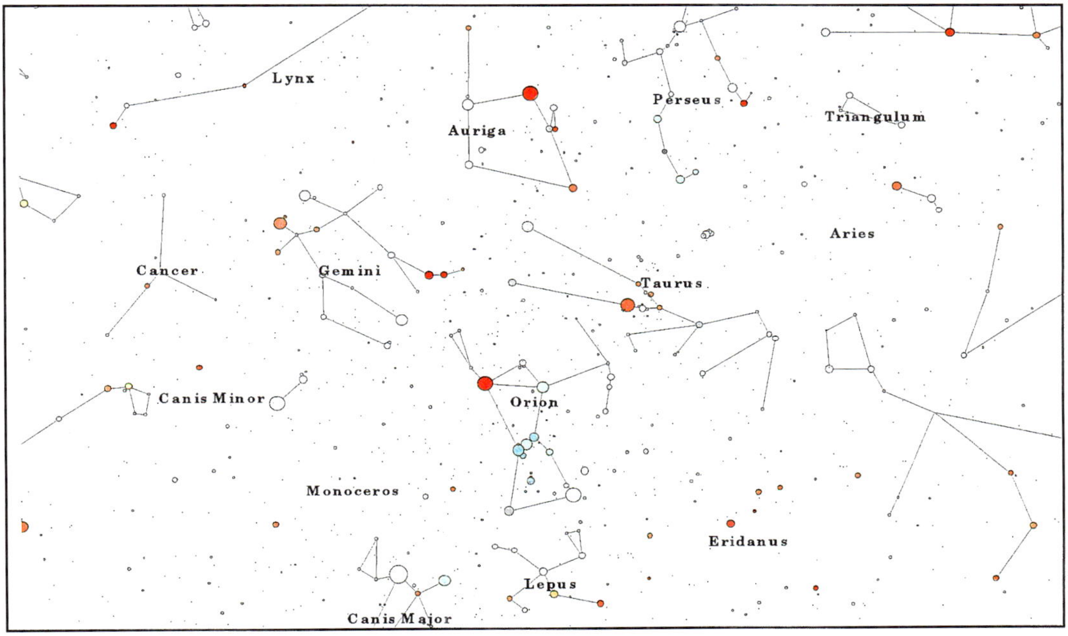

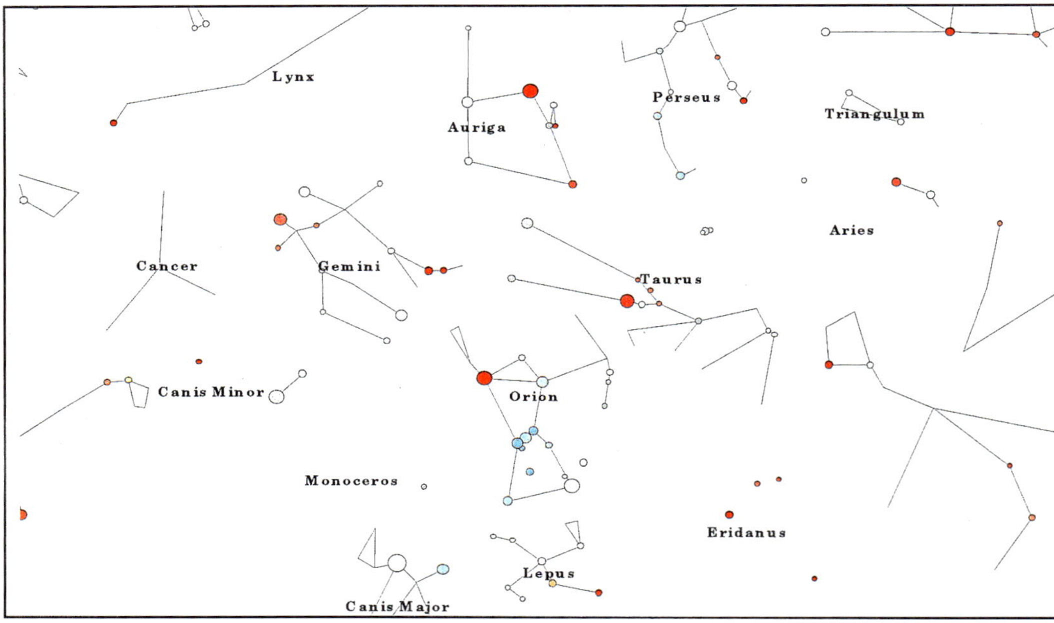

Abb. 98: Unser Winterhimmel Richtung Süden. Die Sterne bis Größenklasse $3.^m8$ sind eingetragen. Mehr sind wegen der Helligkeit des künstlichen Lichtes selten zu sehen.

in 10 Parsec Entfernung haben würden. Wie man dieses schwierige Kunststück vollbrachte, werden wir später klären, wenn wir über eine besondere Art Sterne reden.

Nach diesen Vorbemerkungen können wir endlich zum tieferen Sinn unserer Untersuchung zur Helligkeit der Sterne vordringen.

Aus der *scheinbaren* und der *absoluten* Helligkeit eines Sterns lässt sich nämlich sehr leicht seine Entfernung berechnen! Die folgende Formel ist für manche Leute sehr einfach zu verstehen, wer aber von der Logarithmen-Rechnung nur mal kurz gehört hat, wird sie leider bloß hinnehmen müssen. Es reicht, den Sinn der Formel zu verstehen. Ihre Anwendung können wir den Fachleuten überlassen.

Sie lautet in Worten

! ***Der Logarithmus der Entfernung des Sterns ist gleich scheinbare Helligkeit minus absolute Helligkeit dividiert durch 5 und dazu 5 addiert.***

Und in der Formelsprache:

$$\lg r = \frac{(m-M)}{5} + 5$$

r ist das Formelzeichen für die Sternentfernung
m ist das Formelzeichen für die scheinbare Helligkeit
M ist das Formelzeichen für die absolute Helligkeit

wissensch. Name	Name	Rektaszension 1h m s	Deklination 1° ' ''	scheinb. Helligk. in 1 m	Spektral-/ Leuchtkraft-klasse	Entfernung (Lichtjahre)
Alpha Canis Majoris	Sirius	06 45 09	-16 42 58	-1.5	A1 V	9
Alpha Carinae	Canopus	06 23 57	-52 41 44	-0.7	F0 I	313
Alpha Centauri1	Toliman	14 39 37	-60 50 02	-0.3	G2 V	4
Alpha Centauri2	Proxima	14 39 35	-60 50 13	1.3	K1 V	4
Alpha Bootis	Arktur	14 15 40	+19 10 57	0.0	K0 III	36
Alpha Lyrae	Wega	18 36 56	+38 47 01	0.0	A0 V	25
Alpha Aurigae	Capella	05 16 41	+45 59 53	0.1	G8 III	42
Beta Orionis	Rigel	05 14 32	-08 12 06	0.1	B8 I	770
Alpha Canis Minoris	Procyon	07 39 18	+05 13 30	0.4	F5 IV	11
Alpha Eridani	Achernar	01 37 43	-57 14 12	0.5	B5 IV	144
Alpha Orionis	Beteigeuze	05 55 10	+07 24 26	0.5	M2 I	427
Beta Centauri	Hadar	14 03 49	-60 22 22	0.6	B1 II	525
Alpha Aquilae	Atair	19 50 47	+08 52 06	0.8	A7 IV	17
Alpha Tauri	Aldebaran	04 35 55	+16 30 33	0.9	K5 III	65
1Alpha Crucis	Acrux	12 26 36	-63 05 56	0.9	B1 IV	321
2Alpha Crucis	Acrux	12 26 37	-63 05 58	0.9	B3	321
Alpha Scorpii	Antares	16 29 24	-26 25 55	1.0	M1 I	600
Alpha Virginis	Spica	13 25 12	-11 09 41	1.0	B1 V	262
Beta Geminorum	Pollux	07 45 19	+28 01 34	1.1	K0 III	34
Alpha Pisc.Austrini	Fomalhaut	22 57 39	-29 37 20	1.2	A3 V	25
Alpha Cygni	Deneb	20 41 26	+45 16 49	1.3	A2 I	3200
Beta Crucis	Mimosa	12 47 43	-59 41 19	1.3	B0 III	353
Alpha Leonis	Regulus	10 08 22	+11 58 02	1.4	B7 V	78
Epsilon Canis Maj.	Adhara	06 58 38	-28 58 20	1.5	B2 II	431
Alpha Geminorum	Castor	07 34 36	+31 53 18	1.6	A1 V	52
Gamma Crucis	Gacrux	12 31 10	-57 06 47	1.6	M3 III	88
Gamma Orionis	Bellatrix	05 25 08	+06 20 59	1.6	B2 III	243
Lambda Scorpii	Shaula	17 33 36	-37 06 14	1.6	B2 IV	700
Alpha Gruis	Alnair	22 08 14	-46 57 40	1.7	B5 V	101
Epsilon Orionis	Alnilam	05 36 13	-01 12 07	1.7	B0 I	1340
Beta Tauri	Elnath	05 26 18	+28 36 27	1.7	B7 III	131
Beta Carinae	Miaplacidus	09 13 12	-69 43 02	1.7	A0 III	111
Alpha Persei	Mirfak	03 24 19	+49 51 40	1.8	F5 I	592
Zeta Orionis	Alnitak	05 40 46	-01 56 34	1.8	O9 I	820
Gamma Velorum	-	08 09 32	-47 20 12	1.8	WC7	840
Alpha Ursae Maj.	Dubhe	11 03 44	+61 45 03	1.8	K0 III	124
Epsilon Ursae Maj.	Alioth	12 54 02	+55 57 35	1.8	A0p	81
Theta Scorpii	Sargas	17 37 19	-42 59 52	1.9	F0 I	272
Alpha Trianguli Australis		16 48 40	-69 01 39	1.9	K2 III	415
Beta Aurigae	Menkalinan	05 59 32	+44 56 51	1.9	A2 IV	82
Eta Ursae Majoris	Alkaid	13 47 32	+49 18 48	1.9	B3 V	101
Gamma Geminorum	Alhena	06 37 43	+16 23 57	1.9	A0 IV	105
Epsilon Sagitt.	Kaus Australis	18 24 10	-34 23 05	1.9	B9 IV	145
Delta Canis Majoris	Wesen	07 08 23	-26 23 36	1.9	F8 I	1790
Epsilon Carinae	Avior	08 22 31	-59 30 34	1.9	K0 II	632
Alpha Pavonis	Peacock	20 25 39	-56 44 06	1.9	B3 IV	183
1Gamma Leonis	Algieba	10 19 58	+19 50 30	1.9	K0 III	126
2Gamma Leonis	Algieba	10 19 58	+19 50 30	1.9	G5 III	126
Beta Canis Majoris	Mirzam	06 22 42	-17 57 22	2.0	B1 II	499
Alpha Hydrae	Alphard	09 27 35	-08 39 31	2.0	K3	177
Alpha Ursae Minoris	Polaris	02 31 50	+89 15 51	2.0	F8 I	431
Beta Ceti	Deneb Kaitos	00 43 35	-17 59 12	2.0	K0 III	96
Delta Velorum	-	08 44 42	-54 42 30	2.0	A0 V	80
Sigma Sagittarii	Nunki	18 55 16	-26 17 48	2.0	B3 IV	224
Alpha Arietis	Hamal	02 07 10	+23 27 45	2.0	K2 III	66

Werte aus REDSHIFT 3 / 1998; Entfernung nach Satellit 'Hipparcos' aus GUIDE 7.0 / 1998

Abb. 99: Alle Sterne mit einer scheinbaren Helligkeit von 2. Größe und heller

Die beiden Helligkeitswerte finden Sie in astronomischen Jahrbüchern oder in Computerprogrammen wie GUIDE. – Hat man die ermittelten Werte m und M in die Formel eingetragen und rechnet, erhält man zunächst den Logarithmus der Entfernung r und daraus endlich den Numerus, die Entfernung. Das kann fast jeder Taschenrechner für uns tun.

Die Einheit dieses errechneten Wertes ist Parsec (pc).

Multiplizieren wir mit 3,26, erhalten wir die Entfernung des Sterns in Lichtjahren.

Zum Schluss interessiert uns noch die Einheit der Helligkeit, denn jede physikalische Größe hat ja eine Einheit, ob nun °C, kg oder km.

Die Astronomie tanzt mit ihren Begriffen und Einheiten manchmal aus der Reihe: Die scheinbare Helligkeit hat die Einheit 1^m, und die absolute die Einheit 1^M . Beide werden hochgestellt geschrieben, um sie nicht mit den Einheiten Meter (m) oder Maxwell (M) zu verwechseln.

Wenn man durch genaue Messungen der Sternhelligkeit die Dezimalstellen hinter dem Komma bestimmen konnte, z. B. $2,^m3$ oder $7,^M4$, wird die Einheit über das *Komma* gesetzt.

Wir haben die Frage nach der Entfernung der Sterne gelöst. Das zunächst scheinbar Unmögliche ist, und zwar erst vor historisch kurzer Zeit, doch gelungen!

Halten wir noch mal fest: Für Sterne, die außerhalb der Reichweite der Parallaxen-Messungen liegen (mehr als 1000 Lj.), d. h. für den weitaus überwiegenden Teil, können wir – mit ein paar Abstrichen in der Genauigkeit – die Entfernung angeben, sobald uns *zwei Helligkeitswerte* vorliegen. Die Differenz beider Helligkeitswerte (und ein bisschen mathematisches Drumherum...) ergibt die Entfernung des Sterns. Das ist so gravierend, so

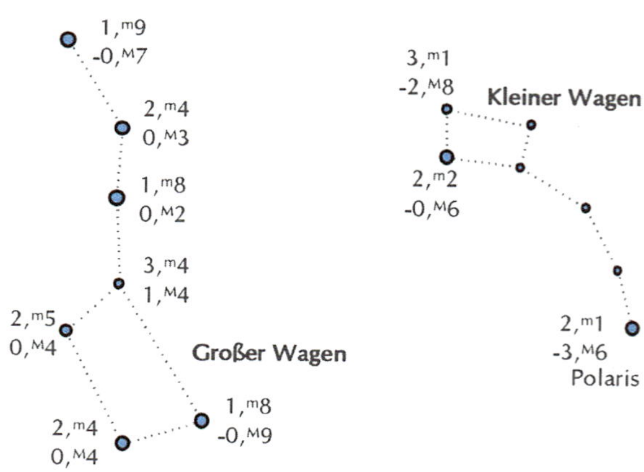

Stern	scheinbare Hell. in m	absolute Hell. in M	Entfernung r in pc und Lj.
Atair	+ 0,8	2	6 pc = 19 Lj.
Arktur	0	0	10 pc = 33 Lj.
Antares	- 1	-5	158 pc = 517 Lj.
Polaris	+ 2,1	-3,6	132 pc = 430 Lj.

Abb. 100: Aus scheinbarer Helligkeit und absoluter Helligkeit errechnet man die Entfernung

Diese *Differenz* zwischen 2 Größenklassen…	… bedeutet dieses Verhältnis an Helligkeit
0	**1 zu 1**
0,1	1,1 zu 1
0,2	1,2 zu 1
0,3	1,3 zu 1
0,4	1,4 zu 1
0,5	1,6 zu 1
0,6	1,7 zu 1
0,8	2,1 zu 1
1,0	2,5 zu 1
1,5	4,0 zu 1
2,0	6,3 zu 1
2,5	10 zu 1
3,0	16 zu 1
4,0	40 zu 1
5,0	100 zu 1
6,0	251 zu 1
7,5	1000 zu 1
10,0	10000 zu 1
15,0	1000000 zu 1

Abb. 101: Die Bedeutung der Größenklassendifferenz

außerordentlich genial, dass die Astronomen diesem Verfahren (m – M) den Titel *„der Entfernungsmodul"* verliehen.

So wie die Wissenschaftler des späten Mittelalters uns durch ihr zähes Ringen um die Wahrheit eine Vorstellung von den Planetenräumen schenkten, so haben uns die Astronomen des 19. und 20. Jahrhunderts eine Vorstellung von den Sternenräumen vermittelt.

Wie die Sterne im gesamten Weltall verteilt und angeordnet sind, wird Thema des letzten Teils unseres Buches sein. Immerhin können wir uns schon jetzt ein Bild vom Raum unserer kosmischen Nachbarschaft machen:

Wäre die Erde so groß wie ein Tischtennisball, hätte der Mond die Größe einer Erbse. Die Sonne hätte in diesem Maßstab einen Durchmesser von 2,80 m, also Badezimmergröße. Sie stünde von der Erde 300 Meter entfernt. Unser fernster Planet, der Pluto, würde diese Miniatur- Sonne in 12 Kilometern Entfernung umkreisen, also an der Peripherie einer großen Stadt. Unsere Nachbarsterne aber, und nur diese, würden ungeheure 100 000 Kilometer von uns entfernt stehen!

Man kann grübeln, was mehr beeindruckt – die gewaltigen Entfernungen zwischen den Sternen oder der angsterregend leere Raum, über den sie verteilt sind. Jedenfalls sind die Sterne lächerliche Leuchtfeuerchen im Ozean des Weltalls, auch wenn es unter ihnen etliche gibt, deren Durchmesser den unserer Sonne um das Hundertfache übertreffen.

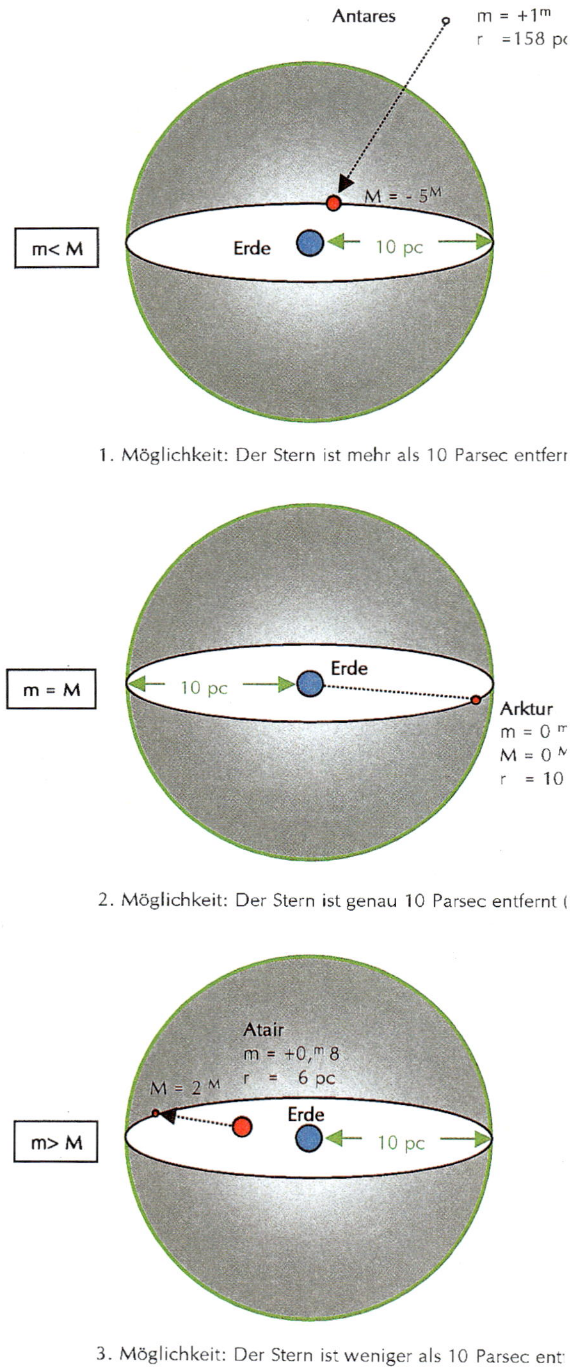

Abb. 102: Helligkeitsverhältnisse zwischen scheinbarer und absoluter Helligkeit

Ankunft bei den Sternen

Wer eines der besten Astro-Computerprogramme, THE SKY, besitzt, dem wird auffallen, dass die Sterne als Scheibchen dargestellt sind, obwohl sie selbst in den größten Teleskopen als Pünktchen erscheinen. Damit möchte man die unterschiedlichen Helligkeiten der Sterne bezeichnen. Außerdem fällt auf, dass die Sterne farbig dargestellt sind. Wenn wir den Himmel mit einer fest installierten Kamera für eine Viertelstunde belichten, zeigen sich diese Farben ebenfalls. (Die Spuren dabei entstehen durch die Drehung der Erde.) Aber wenn wir mit bloßem Auge zum Himmel blicken, finden wir nur hier und da deutliche Farbunterschiede, wobei wir nicht das Farbenblinken der Sterne, die Szintillation, meinen, denn dieses Flimmern entsteht durch die Luftunruhe. Unser schwaches Farbensehen hat seine Ursache darin, dass unser Auge im Dunkeln für Farben unempfindlich ist. Man sagt ja auch „Nachts sind alle Katzen grau".

Was hat es mit den Sternfarben auf sich?

Die Farben der Sterne

Wer einmal das Glück hatte, einem Hufschmied bei der Arbeit zuzusehen, hat beobachtet, wie dieser zu Anfang immer wieder die Farbe des Eisens kontrollierte, indem er es mit der Zange aus dem Feuer zog. Als es dann helles Licht ausstrahlte, fing er mit der Arbeit an. Während unter den Schlägen des Hammers die Funken nur so flogen, wurde aus der grellen Weißglut eine warm schimmernde Rotglut. Manchmal war es erforderlich, das Hufeisen nochmals ins Feuer zu stoßen, denn nur weiß glühendes Eisen ist weich genug, um es in die richtige Form zu bringen.

Die Farbe ist für den Schmied ein Maß für die Temperatur. Ganz genauso schätzt der Astronom die Temperatur der Sterne nach ihrer Farbe. Es gibt aber einen wesentlichen Unterschied. Wenn Eisen gelb-weiß glüht, beträgt seine Temperatur 1300 °C. Wenn ein Stern diese Farbe hat, beträgt seine Temperatur an der Oberfläche(!) etwa 10 000 °C. Wenn Eisen dunkelrot glüht, beträgt seine Temperatur 680 °C, ein Stern mit dieser Farbe hat eine Oberflächentemperatur von etwa 3000 °C. Das liegt an den unterschiedlichen Beschaffenheit. Eisen besteht aus festem Stoff, Sterne bestehen aus glühenden Gasen. Das Prinzip aber ist dasselbe. Weil man die Temperatur der Sterne nicht direkt messen kann, wird sie indirekt über die Farbe ermittelt. Die Methode ist zwar recht ungenau, aber es kommt hierbei nicht auf ein paar hundert Grad an.

Merken wir uns zunächst die grobe Einteilung: Die roten Sterne sind die relativ kühlen, die weißen sind die heißen. Die gelben Sterne, und dazu gehört auch unsere Sonne, haben eine mittlere Temperatur. Gemeint ist immer die an der Oberfläche, nicht die im Innern der Sterne, die viele Millionen °C beträgt.

Sterne gleicher Farbe, also gleicher Oberflächen-Temperaturen, fasst man zu einer „Klasse" zusammen – so wie das auch in der Schule für Kinder gleichen Alters üblich ist. Historisch bedingt, gab es ein bisschen Durcheinander dabei. Jeder Temperaturklasse ordnete man einen Buchstaben zu. Das war praktisch, denn statt „das ist ein 20 000 – Grad Stern", sagte man kurz „das ist ein B-Stern". Bald waren fast alle Buchstaben des Alphabets vergeben. Dann zeigte sich, dass man manche Klassen durch Zusammenlegung entbehren konnte. Und zu guter Letzt merkte man, dass die Reihenfolge umgestellt werden musste. Man war eben um 1900 noch in der Experimentierphase.

Was blieb, waren die Buchstaben

O – B – A – F – G – K – M

Zu jedem Buchstaben gehört eine ganz bestimmte Temperatur. Natürlich nicht aufs Grad genau, sondern gerundet, bedeutet das:

Sterntyp	*Oberflächentemperatur*	
O	>	**30 000 °C**
B	>	**20 000 °C**
A	>	**10 000 °C**
F	>	**8 000 °C**
G	>	**6 000 °C**
K	>	**4 000 °C**
M	>	**3 000 °C**

Man sieht, die Temperaturen fallen von Temperatur- zu Temperaturklasse langsamer ab. Das hat vernünftige Gründe. So kann man die Achsen von Diagrammen platzsparend stauchen, wenn man Temperaturen grafisch veranschaulichen möchte.

Um sich die Buchstabenfolge merken zu können, gibt es eine bekannte Eselsbrücke:

! O, Be A Fine Girl, Kiss Me!

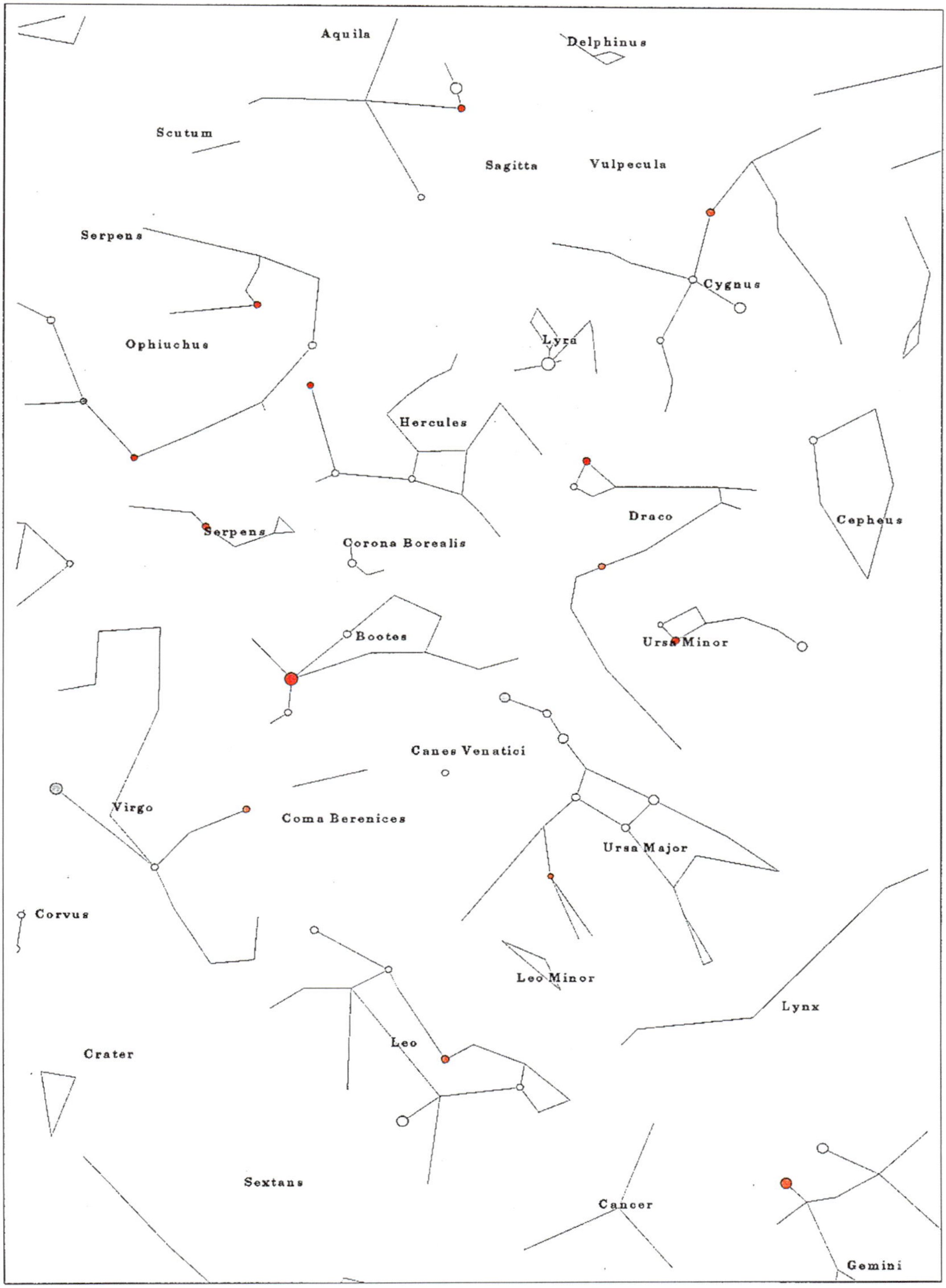

Abb. 103: Die Farben der Sterne

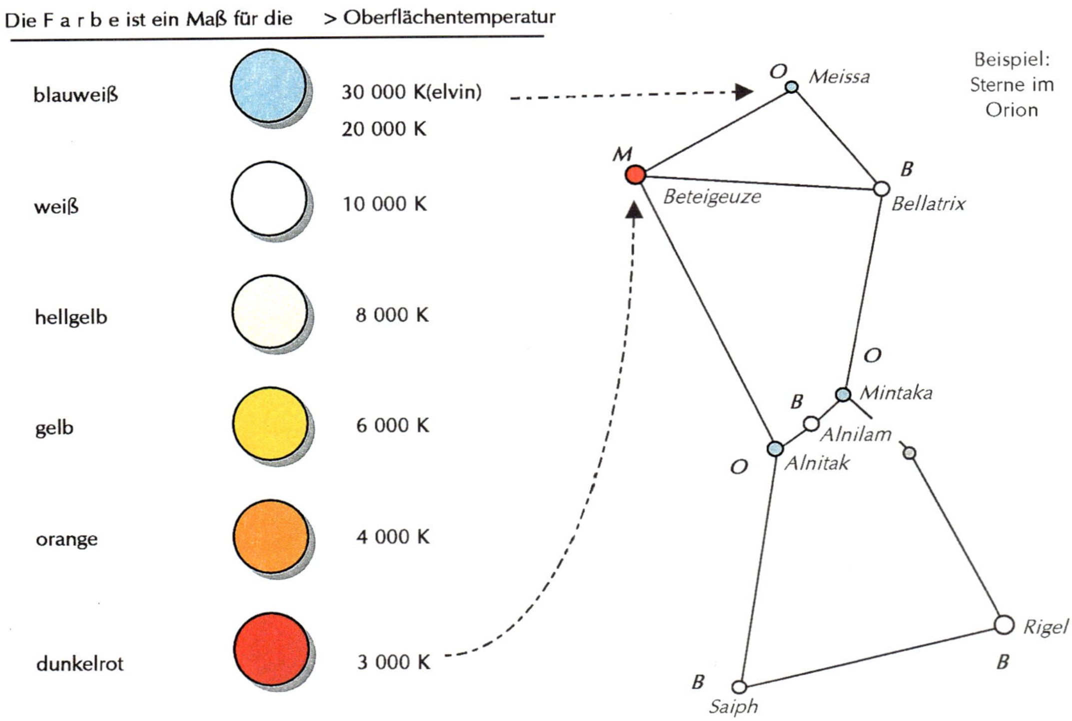

Abb. 104: Die Farbe eines Sterns ist ein Maß für seine Oberflächentemperatur

Abb. 105: Sterne gleicher Oberflächentemperatur bilden eine „Spektralklasse“

Farbe	Oberflächen-temperatur	Spektralklasse	Beispiel-Stern
blauweiß	30 000 K 20 000 K	O B	Rigel Spica
weiß	10 000 K 9 000 K	A	Sirius Wega
hellgelb	8 000 K 7 000 K	F	Procyon Capella
gelb	6 000 K 5 000 K	G	*Unsere Sonne* Arktur
orange	4 000 K	K	Aldebran
dunkelrot	3 000 K	M	Antares Beteigeuze

Abb. 106: Beispiel-Sterne

Dazu gibt es übrigens eine ärgerliche Geschichte, über die wir heute zum Glück lachen können. Seinerzeit wurde sie bei den Betroffenen aber mit Fassungslosigkeit quittiert. Als man nämlich vor knapp 40 Jahren in der DDR das Englische, weil Sprache der ‚Imperialisten', aus dem Alltag verbannte und bei diesem Spruch obendrein moralische Bedenken hatte, wurde im *Pflichtfach* Astronomie in den Lehrbüchern der 10. Klassen verkündet:

! *O, bei allen Fixsternen gibt's kennzeichnende Merkmale!*

Um sich diesen Merkspruch zu merken, braucht man beinahe einen weiteren Merkspruch. Auch sind die Sterne ja keineswegs *fix* (von fest, *fixieren* bedeutet z. B. festmachen). Sie bewegen sich im Weltall, auch wenn das fürs Auge erst in Jahrtausenden bemerkbar wird.

Mit Deutschlands Einheit sind wir wieder einheitlich bei der bewährten Eselsbrücke: O, be a fine girl, kiss me!

Ganz komplett ist die Sterntyp-Reihe **O, B, A, F, G, K, M** allerdings nicht, und zwar deshalb nicht, weil man später noch einige Sternspektralklassen hinzufügen musste. Für unsere Reise ans Ende der Welt können wir dies ausnahmsweise vernachlässigen.

Statt die Farben der Sterne grob zu schätzen, nutzen die Astronomen heute die genauere *Spektralanalyse*. Das Licht der Sterne wird dabei durch ein Prisma geschickt. Es zeigen sich wie beim Sonnenspektrum schöne Farben. Der Farbbereich, der am stärksten strahlt, zeigt die dominante Sternfarbe und damit die ungefähre Oberflächentemperatur des Sterns an. Die Wissenschaft hat mit der Zeit gelernt, aus den Spektrallinien – schmal oder breit – die Oberflächentemperatur noch genauer zu bestimmen. Viele dünne Linien weisen auf eine niedrige Temperatur hin, wenige breite Linien auf eine hohe. Weil man die Temperatur durch Spektralanalyse bestimmt, spricht man von „*Spektralklassen*" und nicht, was dasselbe wäre, von Temperaturklassen.

Wenn wir auf unserem Trip durchs Weltall einen Stern treffen, können wir bereits vier wichtige Zustandsgrößen von ihm angeben:

Helligkeit und Spektralklasse und – was dasselbe wäre – Leuchtkraft (in Watt) und Temperatur (in Kelvin). Zwischen den beiden Paaren besteht nun eine hochinteressante Beziehung, die uns vom Lebenslauf der Sterne berichtet.

Aber halt – wieso Temperatur in *Kelvin*? Nun, die Physiker benutzen gern statt der guten, alten Celsius-Skala die Kelvin-Skala. Sie ist wissenschaftlich korrekter. Celsius-Skalen beziehen sich ja auf den Gefrierpunkt des *Wassers*, einen Stoff, der im Weltall eher selten ist. Die Kelvin-Skala geht von der *tiefstmöglichen* Temperatur aus, die ein Körper annehmen kann – minus 273,15 °C. Dort liegt der Nullpunkt der Kelvin-Skala. In gleichen Abständen wie bei der Celsius-Skala wird nach oben fortgesetzt.

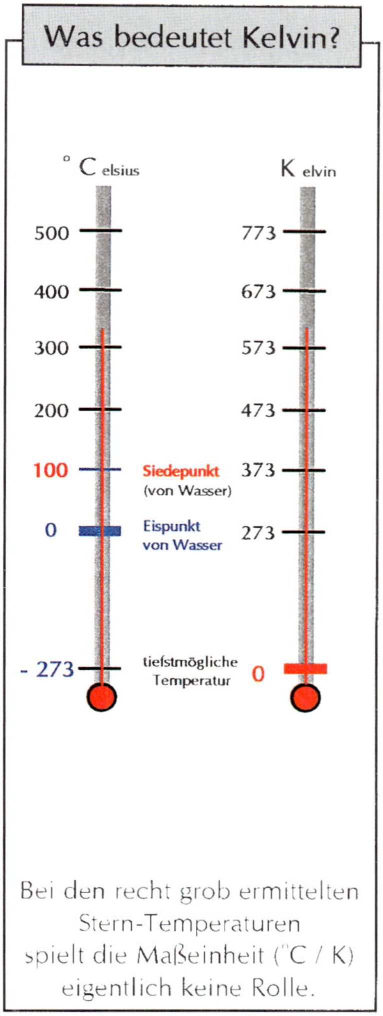

Abb. 107: Celsius- und Kelvinskala

273,15 K (das ° kann man weglassen) ist 0 °C. Und wenn wir 100 Grad weitergehen, erreichen wir den Siedepunkt des Wassers, das sind genau 373,15 K. Ein Vorteil ist, dass es bei der Kelvin-Skala keine Minusgrade gibt, das Rechnen also einfacher ist. Vor allem ist sie physikalisch logischer als die Messung in °C. Denn es gibt eigentlich keine Kälte, keine Minusgrade. Ein Kühlschrank kann durchaus als Warmhalter bezeichnet werden! Die Eskimos können darin auch im strengsten Winter ihre Nahrungsmittel tischfertig auf 6 °C ... warm halten. Wo also fängt Kälte an? Wo hört sie auf? – Bei minus 18 °C? Bei minus 39 °C, dem Gefrierpunkt von Quecksilber? Diese Frage gibt es bei einer Temperaturskala nicht, wo die winzige Menge an Energie, die auch noch in einem Körper von minus 270 °C steckt, als Wärme angesehen wird. Man spricht auch von der *absoluten* Temperaturskala.

Eigentlich ist es bei Sternen egal, welche Skala wir benutzen, weil die Differenz zwischen beiden „nur" rund 273 Grad beträgt. Für einen Menschen viel, für einen Stern wenig. Und auf 273 Grad genau können wir die Temperatur eines Sterns, eines kochenden Atomofens, gar nicht angeben. Stellen Sie sich also statt Kelvin ruhig weiterhin Grad Celsius vor, wenn Sie wollen. Sie machen nichts falsch.

Die Größe der Sterne

Stop! – Woran haben Sie bei der Überschrift gedacht? An *Masse* oder an *Größe*? Was ein Stern auf die Waage bringt oder wie groß der Raum ist, den er einnimmt?

Lassen Sie uns, um Missverständnisse zu vermeiden, einen Menschen als Beispiel nehmen: Die Größe einer Person liegt beispielsweise bei 170 cm, ihre *Masse* bei 73 kg.

Weil Sterne Kugeln sind, meinen wir mit der *Größe* den Kugel-Durchmesser.

Sowohl Durchmesser als auch Masse werden bei Sternen auf die Sonne bezogen; messen heißt nichts anderes als vergleichen. Die Einheiten sind „Sonnenmasse" und „Sonnendurchmesser".

Man mag es nicht glauben, aber es ist den Astronomen gelungen, die Größe der Sterne zu bestimmen. Dabei sah es noch vor 150 Jahren ganz schlecht aus mit einer Antwort auf die Frage nach ihrer Größe.

Um 1850 soll ein Astronom gesagt haben: *„Wir werden nie wissen, was ein Stern ist"*.

Die Physiker entdeckten wenig später die Spektralanalyse, sehr viel später die Kernverschmelzungsprozesse, und sie lösten nach und nach das Rätsel, was Sterne sind. Um 1900, als die Zustandsgrößen vieler Sterne bestimmt waren, machte man eine Entdeckung, die es sogar erlaubt, das Alter von Sternen zu bestimmen. Ja, mehr noch, es gelang, den Lebensweg eines Sterns, seine „Biographie", zu rekonstruieren. Etwas ähnliches haben Archäologen mit den Ausgrabungen uralter Knochen erreicht. Wir wissen aus dem Abdruck des Urvogels in Gestein, dass er höchstwahrscheinlich aus den Sauriern hervorging. Wir wissen, dass der Mensch nach langer Evolutionszeit letztlich aus den ersten Säugetieren entstand.

Ein Satz mit „nie" ist, wie wir sehen, in naturwissenschaftlichen Vorhersagen riskant! Ein perpetuum mobile, also eine Maschine, die mehr Energie abgibt als sie aufnimmt, kann es nie geben. Das ist ein Naturgesetz. So lange aber eine Hypothese, eine auf vielen Beobachtungen beruhende, wissenschaftlich begründete Vermutung nicht gegen die in der Praxis bewährten Naturgesetze verstößt, ist der Pessimismus des „Nie" unangebracht und sollte besser durch „noch nicht" ersetzt werden.

Die Antwort auf das Problem „Was ist ein Stern?", war die Angelegenheit mehrerer Generationen von Astronomen. Am Anfang stand die Frage „Welcher Zusammenhang besteht zwischen der Helligkeit eines Sterns und seiner Temperatur?"

Wird die Frage auf das Alltagserleben bezogen, müsste sie lauten: *„Welcher Zusammenhang besteht zwischen der Helligkeit einer Glühlampe und ihrer Temperatur?"*

Sie haben natürlich sofort die Antwort parat: „Je heller eine Glühlampe ist, desto höher ist ihre Temperatur. Ist doch klar!"

Stammtischler haben es gut. Sie können etwas behaupten, ohne die Folgen zu tragen. Notfalls sagen sie: „Was kümmert mich mein Geschwätz von gestern." Aber Wissenschaftler müssen jede Behauptung leider beweisen! Dazu brauchen sie viele und genaue Messungen. Auch wüssten wir schon gern den *genauen* Zusammenhang zwischen Helligkeit und Temperatur...

Vor hundert Jahren schon standen *zwei* Messwerte etlicher untersuchter Sterne den Astronomen zur Verfügung: Die (absolute) *Helligkeit* und die *Oberflächentemperatur*. Diese beiden sogenannten *Zustandsgrößen* trug man in ein Diagramm ein. So erschloss sich schnell und bildhaft der gesuchte Zusammenhang.

Wir haben ihn hier zunächst in der *gewohnten* Weise dargestellt. Die Temperatur steigt auf der x-Achse von links nach rechts an. Später wechseln wir zu der in der Astronomie üblichen Darstellung.

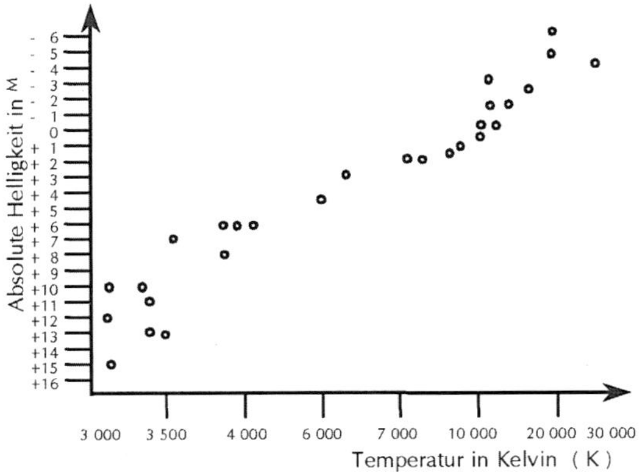

Unsere Voraussage scheint recht gut zu stimmen!

Als man jedoch weitere Sterne hinzu nahm, ergab sich eine merkwürdige Überraschung:

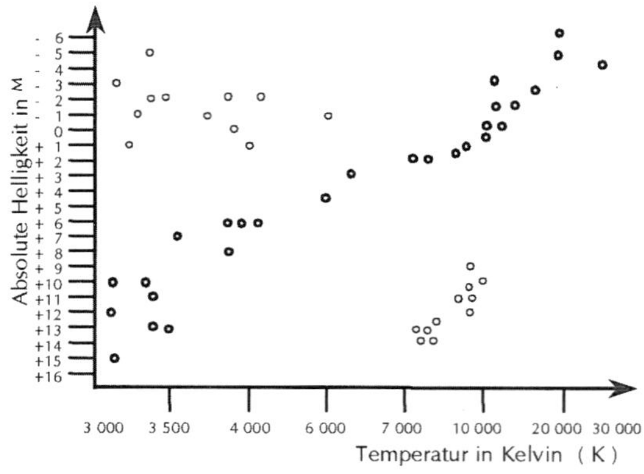

Ober- und unterhalb der Geraden liegen zwei Gruppen von Sternen, die *nicht* dem Gesetz „Je heller desto heißer“ gehorchen.

Wenden wir uns zunächst der Gruppe links oben zu. Was können das für Sterne sein, die eine tiefe Temperatur haben, aber dennoch sehr hell sind? Natürlich, das müssen welche sein, die eine sehr große Abstrahlungsfläche haben, Riesensterne!

Die Sterne unten rechts hingegen sind sehr heiß, aber lichtschwach. Das können nur Zwergsterne sein.

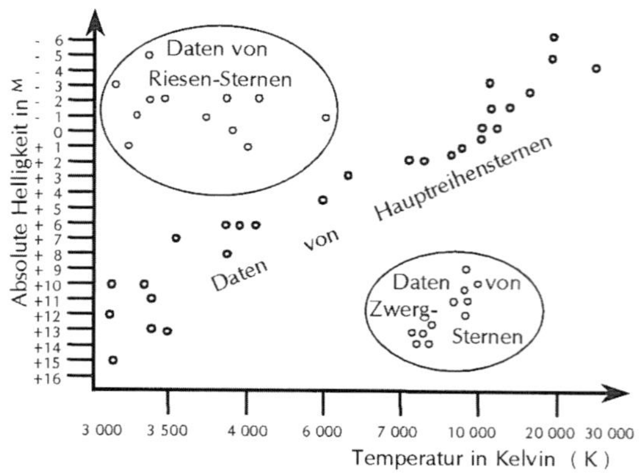

Wie war das erklärbar? Zuerst lautete die Hypothese: Sterne werden aus einer Gaswolke gebildet, aus der Riesensterne hervorgehen. Dann schrumpfen sie durch die Gravitation und bilden eine Gruppe – je nachdem wie groß sie zu Anfang waren –, die der Regel gehorchen „je heißer, desto heller“. In diesem Zustand befinden sich 90 % aller Sterne. Ihr Ende, meinte man, ist bei weiterem Schrumpfen der Zwergstern-Zustand.

Schön einfach, aber leider falsch, wie sich ein halbes Jahrhundert später herausstellte. Dennoch gebührt der Entdeckung von Riesen- und Zwergsternen den beiden Astronomen, die um 1910 zum ersten Mal so ein Diagramm zeichneten und interpretierten, großer Ruhm. Es waren der Däne Ejnar Hertzsprung (1873 - 1967) und der Amerikaner Henry Norris Russel (1877 - 1957). Dieses Diagramm trägt bis heute ihren Namen, Hertzsprung-Russell-Diagramm, abgekürzt HRD. Es zeigt in auffälliger Weise, dass Sterne nicht jede beliebige Kombination von Temperatur und Leuchtkraft annehmen können, denn sonst wäre das Diagramm gleichmäßig und komplett von Sterndaten besetzt. Wie wir gleich sehen werden, ist die Begrenzung auf drei Gruppen *der* Schlüssel zur Enträtselung der Stern-Biographien.

Die Durchmesser der Sterne unterscheiden sich ganz gewaltig. Der größte bekannte Stern, Ras Algethi, das ist Stern Alpha im Sternbild Herkules, hat den zweitausendfachen Sonnendurchmesser. Die typischen Riesensterne haben einen mehrhundertfachen Sonnendurchmesser.

Die kleinsten Sterne verhalten sich zu den größten wie ein Staubkorn zu einem Wohnzimmer. Es gibt Sterne, die sind nur so groß wie unsere Erde, aber auch etliche, in denen die Erdbahn bequem Platz hätte! Warum? Etwas Geduld, bitte!

Wir haben das HRD bisher in der bei Diagrammen üblichen Weise gezeichnet. Die genannten Astronomen haben die Achsen ärgerlicherweise verkehrt herum gezeichnet und man ist dabei geblieben. Außerdem hat man noch zwei gegenüberliegende Achsen dazugezeichnet. Das ist sinnvoll, denn der absoluten Helligkeit entspricht die Leuchtkraft und der Temperatur die Spektralklasse, wie wir bereits wissen.

Und nun zum kompletten Hertzsprung-Russell-Diagramm. Es ist eines der wichtigsten Arbeitsmittel der Astronomie. Übersichtlich zeigt es die Daten der Sterne, so wie eine Statistik in Diagrammform bequem und schnell Zusammenhänge klärt. Hier ist das HRD ohne eingezeichnete Sterndaten. Mit einer Ausnahme. Die vier charakteristischen physikalischen Daten der Sonne sind eingetragen. So können wir am besten und in Ruhe das Prinzip des HRD erklären.

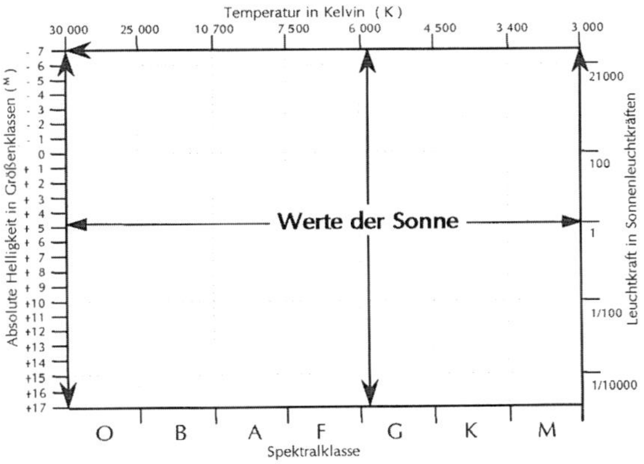

Anders als auf Seite 75 wurde jetzt die Temperaturachse - wie in der Astronomie üblich- *oben* und nach *links* ansteigend dargestellt. Es kann sein, dass in anderen Büchern die Anordnung der Achsen wiederum davon abweicht. Leider gibt es keine einheitliche Regelung. Die Temperaturskala aber steigt *immer* von rechts nach links und wird *immer* „zusammengestaucht“, weil sie sonst zu lang werden würde.

Die Leuchtkraft könnte man in Kilowatt angeben, aber einfachere Zahlen erhalten wir, wenn wir den „Kilowattwert“ der Sterne auf unsere Sonne (= 1) beziehen.

Für den Stern Sonne können wir im Diagramm 4 Zustandsgrößen ablesen:

- *Oberflächen-Temperatur 5770 K*, das ist die
- *Spektralklasse G 2* (man unterteilt in 1–9),
- *Leuchtkraft 1*, das entspricht der
- *absoluten Helligkeit von* $4,^{M}8$.

Jedem Stern sind also 4 Zustandsgrößen zuordnungsmöglich.

Wie wir heute wissen, ist die Leuchtkraft der Sterne nach oben und unten begrenzt: Sterne von über 1 Million Sonnen-Leuchtkräften kann es nicht geben, ihre ungeheure Energieproduktion würde sie glatt zerfetzen. Und 1/100 000 Sonnen-Leuchtkräfte können nicht unterschritten werden, weil ein solch energieschwacher Stern gar nicht leuchten könnte. Er hätte den Charakter eines Planeten wie Jupiter. Aus gleichen Gründen ist es mit der Temperatur genauso. Es gibt keine Sterne mit sehr viel mehr als 30 000 Kelvin und keine mit weniger als 3 000 K Oberflächen-Temperatur.

Mit Hilfe des HRD können wir nun auch die *absolute Helligkeit* und damit die *Entfernung* eines Sterns bestimmen, wenn wir seine Spektralklasse kennen. Letztere lässt sich aus dem Sternspektrum ermitteln. Viele und feine Spektrallinien weisen zum Beispiel auf einen Riesenstern hin. Wenn wir wissen, dass wir es mit einem Riesenstern zu tun haben, müssen wir im Dia-

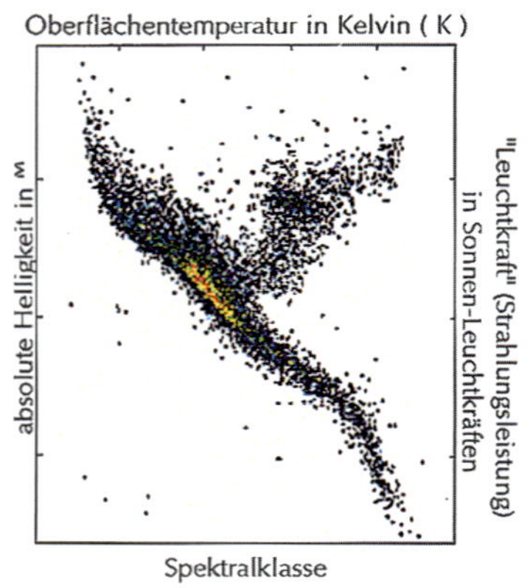

Abb. 108: Das Hertzsprung-Russel-Diagramm (nach einer Darstellung von H. Schrijver, Utrecht)

Stark vereinfachtes HRD

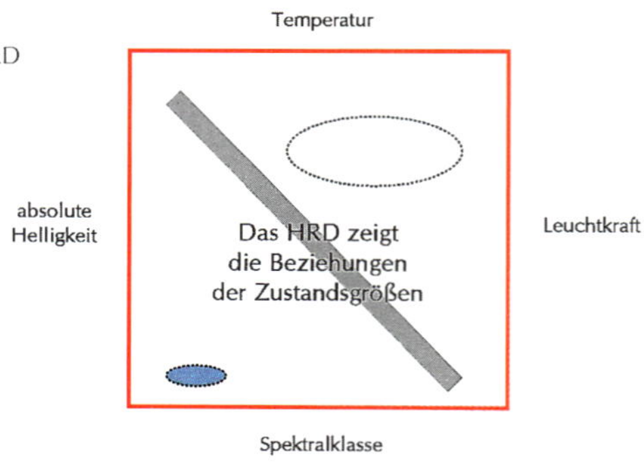

Aus dem HRD werden abgeleitet:

- Der Durchmesser	ungenau, aber für *viele* Sterne möglich
- Die Masse	Hauptreihe: Je höher die Helligkeit, desto größer die Masse
- Die Dichte	Masse dividiert durch Volumen ergibt die Dichte

gramm vom Gebiet der Riesen nach links zur absoluten Helligkeit gehen. Dort können wir sie – zumindest grob – ablesen. Zusammen mit der leicht zu messenden scheinbaren Helligkeit erhalten wir die Entfernung. Das ist zwar keine sehr genaue Methode der Entfernungsbestimmung, aber man kann so für viele Sterne eine Vorstellung von ihrer Staffelung im Raum gewinnen. Später werden wir eine genauere Methode der Entfernungsbestimmung kennen lernen. Aber dazu müssen wir in das Wissen übers Universum etwas tiefer eindringen.

Der Lebensweg der Sterne

Menschen gab es auf der Erde nicht schon immer. Wie wir wissen, konnten die Saurier sie zum Beispiel nicht gekannt haben, weil sich Menschen erst 60 Millionen Jahre nach deren Aussterben zu entwickeln begannen.

Nicht anders ist es mit den funkelnden Sternen unseres Abendhimmels: Es gab sie nicht immer. Ein Stern muss genau wie ein Mensch erst einmal geboren werden. Er altert und – er muss sterben. Nur ist ein Sternenleben halt ein „bisschen" länger als ein Menschenleben. Ein gewöhnlicher Stern überdauert locker 10 Milliarden Jahre, ist also ein Ofen mit relativ langer Brenndauer.

Das ist einer der Gründe, weshalb den Menschen der Sternhimmel vor 3 000 Jahren genauso erschien wie uns heute auch. Der andere Grund ist, wie wir bereits wissen, dass selbst die uns nächsten Sterne ihre Position nur unauffällig verändert haben. Kein Wunder, wenn Wissenschaftler, Philosophen und Religionslehrer des Altertums annahmen, dass der Himmel vollkommen, das heißt unbewegt und ewig – aber die sich verändernde Erde ein Werk himmlischer Kapazitäten sei. Diese Leute lagen in ihren Überlegungen und Schlussfolgerungen damals durchaus auf der Höhe ihrer Zeit.

Wir wissen schon, ein Stern ist eine ferne Sonne. Sie pumpt riesige Mengen Wärme- und Lichtenergie ins All. Energie kann aber nicht aus dem Nichts entstehen, das ist sicher. Irgendwann ist jede noch so riesige Brennstoffmenge mal am Ende. Bis dahin aber durchläuft ein Stern eine unglaublich spannende Biographie. Die wollen wir uns nun genauer ansehen. Übrigens, etwas haben die Sterne mit den Menschen gemein: Die Dicksten leben am kürzesten! Doch dazu später mehr.

Stellen wir uns zunächst die Frage, ob auch heute noch Sterne entstehen könnten. Was meinen Sie? – Natürlich, wird die Antwort lauten, sofern der Stoff, aus dem sie gemacht sind, heute noch im Weltall in ausreichender Menge vorhanden ist. Es müsste Material sein, das entweder noch nicht zu Sternen verbacken wurde oder solches, das ausgebrannte Sterne für Neuschaffungen übriggelassen haben.

Sehen wir uns nach solchem Baumaterial für Sterne um, werden wir schon mit bloßem Auge fündig. Falls wir gerade Winter

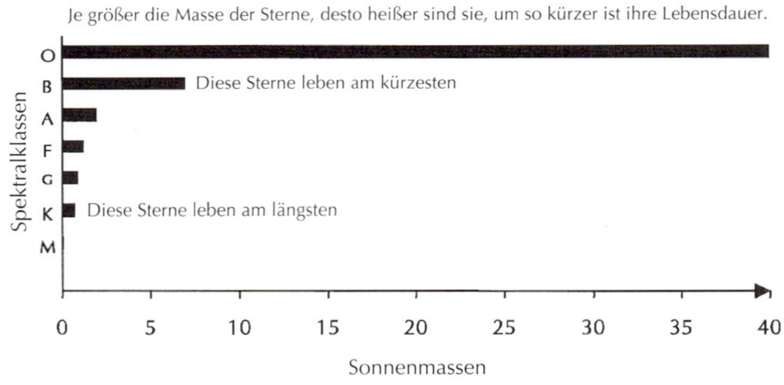

Abb. 109: Die Masse der Sterne bestimmt ihre Lebensdauer

haben, können wir das Sternbild Orion finden. Unterhalb des Orion-Gürtels machen wir einen schwachen Lichtfleck aus. Jeder hat ihn schon mal gesehen und sich sofort gefragt, was das wohl für ein Wölkchen sei. Nun, es handelt sich zum überwiegenden Teil, zu 99 %, um Wasserstoffgas, das einfachste Element. Ein Proton, ein umlaufendes Elektron. Genau das richtige Material für die Herstellung von Sternen, also heißen Gaskugeln!

Das Material zwischen den Sternen nennt der Astronom interstellare Materie bzw. interstellares Medium. Gas hat den weitaus höchsten Anteil, insbesondere Wasserstoffgas. Im Wasserstoff eingebettet befindet sich sogenannter „Staub". Das sind Teilchen, groß wie die im Zigarettenqualm, nur einzehntausendstel Millimeter groß. Dieser für die Sternbildung sehr wichtige Staub besteht aus Elementen und Verbindungen wie Kohlenstoff, Siliziumkarbid, Aluminium- und Magnesiumsilikaten und Eis. Auch organische Moleküle kommen in den Wolken zwischen den Sternen vor. Es sind Formaldehyd, Ameisensäure und erfreulicherweise auch Alkohol. So bunt die Mischung, so gering ihre Dichte! Auf ein Volumen, das dem unserer Erdkugel entspricht, käme nur ein einziges Kilogramm interstellare Materie! Dennoch reicht das dünne Material zum Bau von Sternen.

Um einen Stern zu machen, braucht man Bezirke, in denen sich genug interstellare Materie befindet. Gas und Staub im Orionnebel reichten und reichen theoretisch für 20 000 Sterne, denn dieses Gebilde hat einen Durchmesser von 15 Lichtjahren! Das ergibt trotz der äußerst niedrigen Dichte 700 Sonnenmassen.

In ein paar Millionen Jahren sieht man im Orion statt des Nebels ein Rudel von jungen Sternen. Wenn Sie keine Möglichkeit sehen, so lange zu warten, können Sie sich so einen Wurf junger Sterne im fertigen Zustand schon mal ansehen. Verlängern Sie in Gedanken den Gürtel des Orion nach oben und Sie sind bei den Plejaden (Siebengestirn), einem Häuflein junger Sterne. Wir sehen etwa sechs, im Fernrohr sind es sehr viel mehr, und insgesamt sollen es um die 3 000 sein. Den Sauriern erschien an dieser Stelle statt der Sterne ein Wölkchen ähnlich dem im Orion, denn die Sternsippe der Plejaden ist „erst" 50 Millionen Jahre alt.

Helle und dunkle Gasnebel im Orion

Interstellare Materie gibt es noch reichlich in unserem Milchstraßensystem, jenem Sternenstaat, dem wir angehören. Jährlich, so schätzt man, werden daher irgendwo in der Milchstraße (Galaxis) 4 neue Sterne gezündet. Komplett beobachtet wurde so ein Vorgang noch nicht, denn die Geburt eines Sterns dauert viele Millionen Jahre. Das geht nicht in ein paar Stunden ab, wie bei uns Menschen. Rechnet man diese Geburtsrate von 4 Sternen pro Jahr für alle geeigneten Sternenstaaten hoch, kommt man auf eine erstaunliche Zahl. In jeder *Sekunde* entstehen im Weltall 3 000 neue Sterne! Man kann es nicht glauben.

Wie wird nun aus dem kalten Gas ein heißer Stern? Das Geheimnis ist eine Kraft, die wir als Schwerkraft, als Gravitation bezeichnen. Durch die Bewegung des Gases kommt es an einer von mehreren Stellen zu einer Verdichtung von Material. Seine Anziehungskraft holt immer mehr Gas herbei. Die Teilchen strömen auf dieses Zentrum zu wie Schaulustige auf den Ort eines Unfalls.

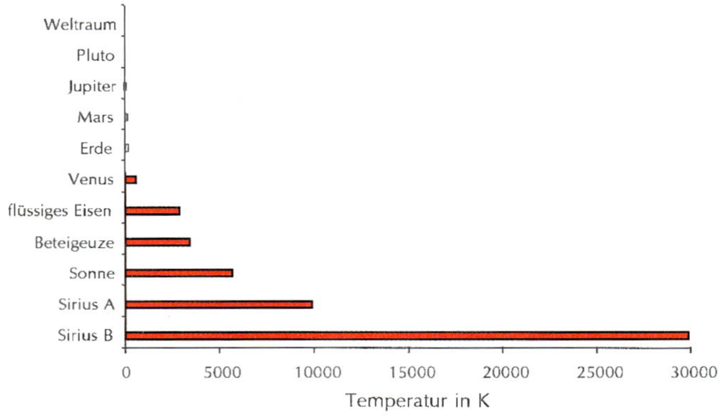

Abb. 110: Temperaturen im Weltraum

Es bildet sich eine rotierende Scheibe. In ihrem Zentrum erhitzt sich die interstellare Materie, das Gas und der Staub. Irgendwann müsste der Prozess zum Halten kommen, weil heißes Gas sich ausdehnt und auch die Fliehkraft der Gravitation entgegenarbeitet. Aber irgendwann wird ein Teil des Gases senkrecht zur Rotationsebene als sogenannter Jet nach oben und unten abgeblasen. Die Gravitation gewinnt letztlich die Oberhand. Wenn im Innern der Gasscheibe einige Millionen Grad herrschen, kommt es zur Zündung des Sternfeuers. Und der den Stern umlaufende Rest der interstellaren Materie verdichtet sich nach und nach zu Planeten.

Auch unsere Sonne entstand vor 4,6 Milliarden Jahren aus einem Nebel, wie wir sie in großen Fernrohren überall am Himmel finden können. Mit der Sonne zusammen entstanden unsere neun Planeten.

Buchstäblich zu unseren Füßen liegt nun ein Rätsel: Woher kommen die schweren Elemente in der Erde wie Silber, Gold, Uran? Diese Bestandteile haben wir ja bei der Aufzählung der Stoffe in der interstellaren Ur-Materie nicht erwähnt, weil nun mal in ihr nur leichte Elemente zu finden sind.

Die Lösung: Schwere Elemente werden erst gebildet, wenn ein ausgebrannter Stern in sich zusammenfällt. Dabei kommt es durch den ungeheuren Druck der Schwerkraft zum Verschmelzen der leichteren Elemente zu den genannten schweren. Ein Teil davon bleibt in der Sternenleiche, der andere gelangt zurück ins All und steht zusammen mit dem reichlich vorhandenen Wasserstoff der Bildung einer neuen Generation von Sternen zur Verfügung.

Da die Sonne gemessen am Alter des Universums ein relativ junger Stern ist, müssen also die schweren Elemente in Sonne und Erde aus „recyceltem" Sternmaterial stammen.

Weil wir nun alle letztlich aus Material gemacht sind, das der Erde entnommen ist, ist jeder von uns mit Atomen durchsetzt, die irgendwann einmal Bestandteil eines früheren Sterns waren. Fast unglaublich; wir alle und alles, was uns umgibt, steckte teil-

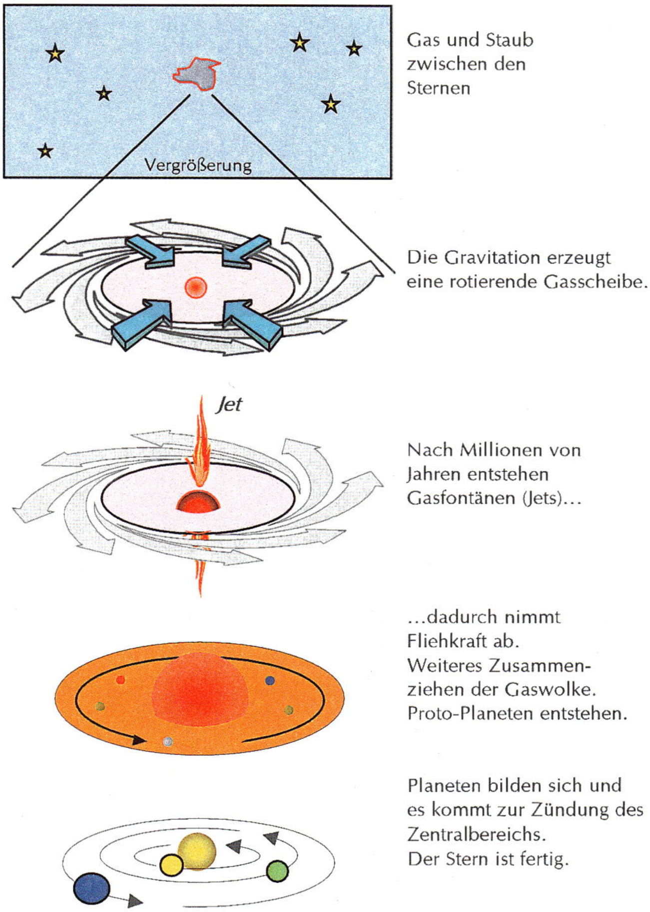

Abb. 111: Die Entstehung eines Sterns

weise schon mal in einem Stern, der lange nicht mehr existiert. Wir sind wahrhaftig „Sternenstaub"!

Wie entwickelt sich der fertige Stern nun weiter? Diese Frage zu beantworten gelang mit einem Trick, den die Astronomen von den Paläontologen abgeguckt haben könnten. Diese Wissenschaftler wollen die Entwicklung des Menschen aus Knochenfunden rekonstruieren. Die Knochen, die sie brauchen sind schon da. Sie müssen nur gefunden und in die Reihenfolge, die richtige Altersklasse, eingeordnet werden. Aus dem räumlichen Nebeneinander machen Paläontologen ein zeitliches Nacheinander.

Bei den Astronomen sind die Bedingungen insofern schwieriger, als sie an die Sterne nicht herankommen. Dafür aber „leben" diese noch, und man laboriert am lebenden Objekt.

Weil die Sterne, wie wir erfahren haben, nicht alle gleich alt sind, muss man ihre gegenwärtigen, recht unterschiedlichen (Alters-) Zustände in die richtige Reihenfolge bringen. Es gibt natürlich Sterne von jeder Altersgruppe, von denen übrigens die der „Erwachsenen“ am umfangreichsten ist. Das liegt daran, dass das Weltall erst 13 bis 15 Milliarden Jahre alt und noch nicht vergreist ist.

Seit etwa 50 Jahren weiß man zum Glück recht genau, wie man ältere Sterne von jüngeren oder mittelälteren unterscheiden kann, und man vermag nun den Lebensweg eines Sterns ziemlich sicher zu rekonstruieren.

Es ist zufällig wie bei den meisten Menschen: Ein Stern verharrt die Hauptzeit seines Lebens in der Arbeitsphase. Seine Energieproduktion, die Umwandlung von Masse in Energie, bleibt Milliarden Jahre konstant. Aus Wasserstoff wird Helium plus Licht und Wärme. Je mehr Masse der Stern hat, desto heißer und heller ist er. Doch die Dicken, wie schon vorweggenommen, leben kürzer. Sie verbrauchen dermaßen viel Wasserstoff, dass sie sich selber auffressen. Nach wenigen Millionen Jahren haben sie sich verausgabt. Wie gewonnen, so zerronnen. Die Bescheidenen aber, die kleinen Funzeln unter den Sternen, bringen es auf ein Alter von vielen Milliarden Jahren. Diese Sterne sind im Kosmos weitaus in der Mehrzahl.

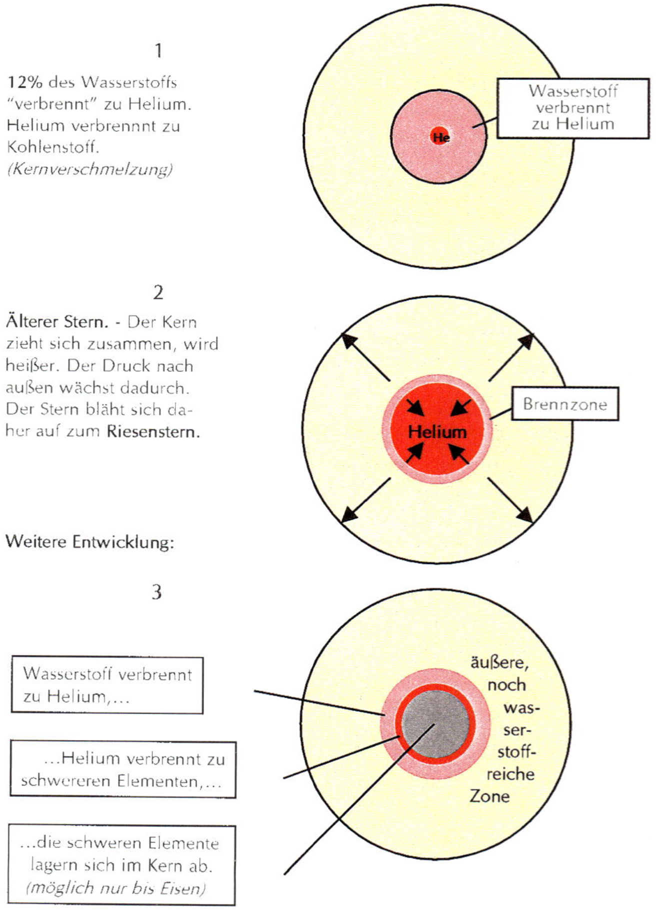

Abb. 112: Der Lebensweg eines Sterns

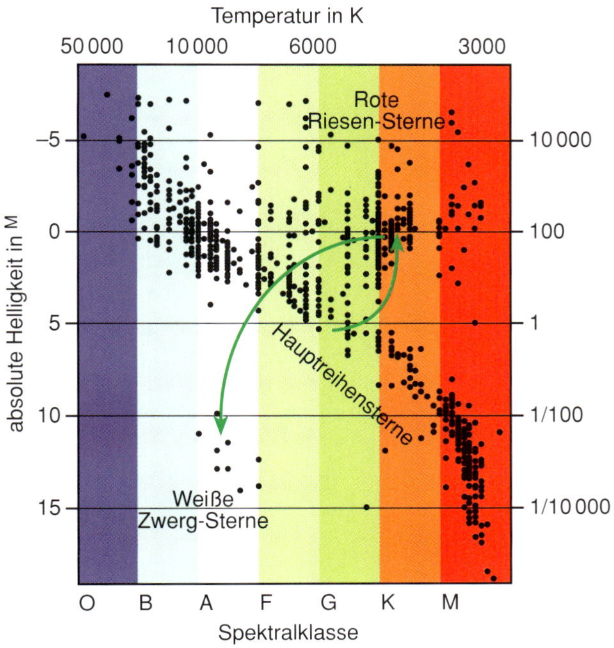

Abb. 113: Eine typische Sternbiographie (Sonne)

Wer das Hertzsprung-Russell-Diagramm zur Hand nimmt, wird erkennen, dass die heißen Sterne, die Selbstmörder mit bis zu 30 Sonnenmassen, ganz oben auf der Hauptreihe sitzen, die kühleren Sterne ganz unten. Die Sonne thront in der goldenen Mitte zwischen den einen und den anderen.

Nach seinem Erwachsenenstadium verändert sich ein Stern relativ schnell. Wenn 12 % des Wasserstoffvorrats zu Helium umgewandelt wurden, beginnt das Helium zu Kohlenstoff zu fusionieren. Das ergibt mehr Wärme als bei der Wasserstofffusion.

Wärme dehnt Körper aus. Unser Stern bläht sich nun gewaltig auf. Er wird zum Riesenstern und bläst seine Hülle ins All. Solche Objekte sind als „planetarische Nebel“ (nur ihrer Form wegen so genannt) zu beobachten.

Auch unsere Sonne wird zu einem Riesenstern. Schon in 500 Millionen Jahren bekommt die Erde das zu spüren. Die Sonne leuchtet dann um 10 % stärker als heute. Unsere Meere beginnen zu verdampfen. Am Ende ihres Riesen-Stadiums in einigen Milliarden Jahren wird das dann hauchdünne Gas der Sonnenoberfläche bis zur Marsbahn reichen. Die Erde wird in der Sonne kreisen. Deren Oberfläche besteht dann aus einem Ozean flüssigen Gesteins.

Die Riesensternphase im Leben eines Sterns ist ziemlich kurz, denn es geht dem Ende zu. Daher kennen wir nur wenige Riesen unter den Sternen, wie zum Beispiel Antares (Skorpion), Beteigeuze (Orion) oder Aldebaran (Stier). Sie fallen durch ihre rote Farbe am Himmel sofort auf. Ihre niedrige Temperatur, die Verteilung der Energie auf eine große Kugeloberfläche, lässt sie nämlich rot erscheinen, weshalb man sie „Rote Riesen" nennt. Im Hertzsprung-Russell-Diagramm tauchen die Roten Riesen in großer Zahl auf, aber nur deshalb, weil sie sich wegen ihrer enormen Helligkeit am Himmel „vordrängeln". Auch in großer Entfernung sind sie noch sichtbar, während die Hauptreihensterne mit ihrem schwachen Licht sich weiter hinten sehr bald verflüchtigen.

Immer schwerere Elemente werden nun im Stern gebildet, aber beim Eisen ist damit Schluss. Wenn Eisen zu schwereren Elementen verschmelzen sollte, würde mehr Energie zur Verfügung stehen müssen als dabei abgegeben werden könnte. Das widerspräche dem Energie-Erhaltungssatz.

Der Brennstoffvorrat eines Sterns, und sei er noch so effizient, ist wie bei jedem Ofen irgendwann einmal zu Ende. Bisher hielten sich der nach außen gerichtete Strahlungsdruck und die Gravitation die Waage. Jetzt aber ist die Gravitation am Zuge. Sie lässt den Stern zusammenschnurren, und das hat natürlich Folgen! Einen Moment Geduld...

Zuvor sei daran erinnert: Sterne sind anders als unsere Erde, sie sind nicht kompakt und begehbar. Sterne sind „aufgeblasene" Angeber. Eine einfache Überlegung beweist es. Unsere Sonne, ein Durchschnittstyp in der Sternensippe, hat eine Masse von etwa 333 000 Erden. Ihr Volumen ist nun nicht etwa um ein gleiches größer, sondern beträgt 1 300 000 Erdvolumina. Sie erreicht ihre Aufblähung nur durch die *Hitze*, die ihr Gas natürlich ausdehnt und es dabei ein enormes Volumen einnehmen lässt. Versiegt diese Energiequelle nach und nach, beginnt die Sonne, beginnen also Sterne, immer kleiner zu werden. Und nun zu den spektakulären Folgen.

Diese unterscheiden sich je nach der Masse des Ausgangs-Sterns.

Ist die Masse relativ klein, bis zu 1,4 Sonnenmassen groß, schrumpft der Stern auf Erdgröße zusammen. Weil dabei seine Masse nicht verloren gehen kann, muss die Dichte, angegeben in g/cm^3, sehr hoch werden. Sie beträgt etwa 1 Millionen Gramm pro Kubikzentimeter, d. h. eine Tonne pro Kubikzentimeter! Stellen Sie sich das Gewicht eines Autos auf ihrem kleinen Fingernagel vor, dann ahnen Sie, was das bedeutet!

Das Endstadium eines solchen Sterns nennt man (wegen seines grellen Lichts) *Weißer Zwerg*. Mit dem Fernrohr sind nur ein paar Dutzend solcher Weißen Zwerge entdeckt worden, denn ihre Helligkeit ist sehr gering. Es muss sie aber in ungeheurer Zahl geben, weil viele Sterne seit der Entstehung des Weltalls bereits zu Weißen Zwergen geworden sein müssen. Das Weltall ist mit „lebenden" Sternen angefüllt, doch es ist auch ein gewaltiger Sternenfriedhof.

Ist die Masse eines Riesensterns relativ groß, über 2 Sonnenmassen, nimmt er ein ganz anderes Ende. Die hohe Gravitationskraft zieht den Stern in diesem Falle so schnell zusammen, dass die äußeren Schichten auf die inneren zurasen und sich bei Erreichen einer bestimmten Dichte eine Gegenkraft einstellt, die den Stern auseinander fliegen lässt. Dabei strahlt der Stern einige Stunden bis Tage heller als 100 Milliarden Sonnen – heller als alle Sterne unserer Milchstraße zusammen!

Hin und wieder beobachten Astronomen solche Sternexplosionen auch in relativer Nähe. Die letzte auffällige registrierten sie am 23. Februar 1987 am Südhimmel in ungefähr 165 000 Lj. Entfernung. Plötzlich stand scheinbar ein *neuer Stern* am Firmament, eine „Nova", was auf lateinisch dasselbe bedeutet. Natürlich war das durchaus kein Neuling, man kannte den (bislang unauffälligen) Stern schon.

Seit der ältere Name „Nova" im 20. Jahrhundert ausschließlich für spezielle Sterne, deren Ausbrüche weniger spektakulär sind, reserviert wurde, spricht man heute bei explodierenden Sternen wie dem vom 23. Februar 1987 von einer *Supernova*. Man unterscheidet inzwischen sogar Supernovae des Typ I von Supernovae des Typs II. Uns interessiert im weiteren der Typ II.

Supernovae (Mrz.) vom Typ II entstehen, wenn der Energievorrat eines massereichen Sterns umgesetzt ist und der Stern plötzlich kollabiert. Dabei fliegt der Stern regelrecht auseinander und erzeugt so viel Energie wie hundert Milliarden Sterne. Hat er Planeten – fliegen die dabei etwa mit? Eine grauenhafte Vorstellung! Wenig später lässt sich im Fernrohr die weggesprengte Hülle wahrnehmen, die immer größer und größer wird. Es entstehen bei diesem kosmischen Feuerwerk die abenteuerlichsten Formen. So findet sich in fast allen Astronomiebüchern ein Foto des „Krebsnebels", ein Überrest der Supernova vom 4. Juli des Jahres 1054. Er sieht aus wie ein Möwenklacks. Vor dem Jahre 1054 stand dort mal ein Stern, vermutlich ein Roter Riese. Eine bizarre Vorstellung, vor allem wenn man annimmt, dass auf einem seiner Planeten bis zu allerletzt eine Zivilisation wie unsere ohne jede Hoffnung ausharren musste... Nun, das ist aus vielen Gründen äußerst unwahrscheinlich.

In den wenigen Stunden des Zusammensturzes des sterbenden Sterns werden seine Atome ineinander gepresst. Das ist nur bei ungeheurem Druck möglich, den die Supernova bei dieser Implosion erzeugt. Atome stoßen sich normalerweise wegen gleicher elektrischer Ladung voneinander ab.

Wasserstoff, Lithium, Kohlenstoff, Sauerstoff, Phosphor, Eisen – kurz, alles, was im Stern durch die Kernfusion entstanden war, kracht nun ineinander. Dabei kommt es zu einer völlig neuen Qualität im Weltall – 66 neue Atomsorten entstehen, 66 neue Elemente – von Kupfer über Silber und Gold bis zum Uran. Alle vorhandenen und neuen, insgesamt 92 Elemente, sind Bestandteil der abgestoßenen Sternhülle. Sie vermischen sich irgendwann mit frischem Wasserstoff aus uralten Zeiten des Alls und bilden mit ihm zusammen den Stoff für neue Sterne.

In unserem Milchstraßensystem soll es alle 30 Jahre eine Supernova geben. Andere Angaben lauten auf 3 bis zu 40 Supernovae in 1000 Jahren. Rechnet und schätzt man hoch auf das gesamte Universum, kommt man *auf eine Supernova pro Sekunde!* – Klopfen Sie doch mal, bevor Sie weiterlesen, in Sekundenabstand auf den Tisch: Jedes Klopfen – eine Sternexplosion! Man mag es nicht glauben...

Was im Zentrum übrig bleibt nach der Supernova-Explosion, ist ein hochkompakter Stern von nur 20 Kilometern Durchmesser. Die Atome sind „entartet", denn sie haben keine Elektronenhülle mehr. Durch die Gravitation sind die Elektronen in die Atomkerne gedrückt worden. Was sich normalerweise abstößt, Protonen im Kern und die Elektronen in der Hülle, wird miteinander verschmolzen, wird zu Neutronen. Ein Stern aus Neutronen!

Die Dichte solcher Sterne ist noch höher als die von Weißen Zwergen. Sie beträgt etwa 10 Millionen Tonnen pro cm^3, ist also 10 Millionen mal höher.

Beim Zusammensturz des Sternrestes kommt es zu einem interessanten Effekt. Der ehemalige Rote Riese, der sich gemächlich in ein paar Wochen um die eigene Achse drehte, rotiert jetzt rasend schnell. Vergleichbar ist das mit der Pirouette einer Eisläuferin. Verringert sie ihren „Durchmesser" durch Aneinanderlegen der Arme, wird ihre Drehgeschwindigkeit immer höher.

Neutronensterne mit Pirouetten-Effekt verraten sich durch Strahlung. Ein schmales Bündel dringt aus ihnen in unsere Radioteleskope und erzeugt Lichtblitze. Die Frequenz der aufgezeichneten Zackenkurve beträgt 1,6 Millisekunden bis 4,3 Sekunden. In dieser unglaublich kurzen Zeit dreht sich die 20 Kilometer große Sternleiche einmal um sich selbst. Die

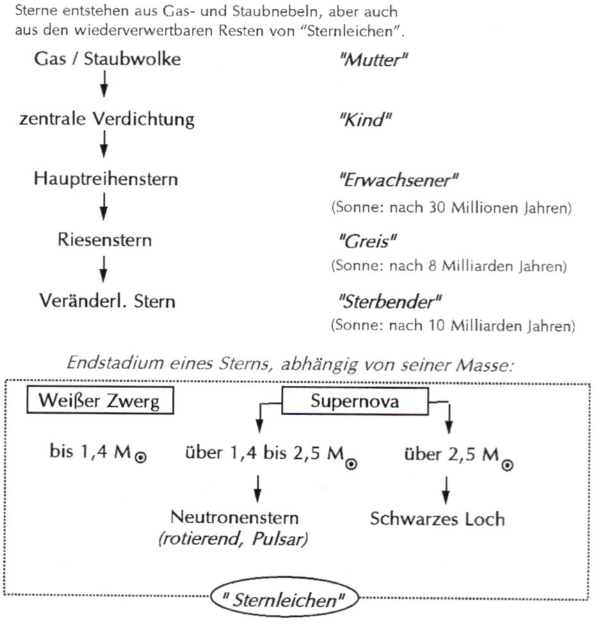

Abb. 114: Der Lebensweg der Sterne, schematisch

Rotationsgeschwindigkeit beträgt 1/3 der Lichtgeschwindigkeit, also 100 000 km/s.

Man nennt diese Sterne *Pulsare.* Eigentlich müssten sie ja „Rotare“ heißen, aber die Ursache dieser blitzenden Sterne erkannte man erst, als sie ihren Namen weg hatten.

Eine begleitende Kuriosität zur Zeit ihrer Entdeckung, das war um 1967, war die Annahme, es handle sich um Funksignale einer fremden Zivilisation. Es entstand die Legende von den „kleinen grünen Männchen“, die auf Kontaktsuche seien. Wieder einmal mehr zeigte sich, dass man immer erst nach einer natürlichen Ursache Ausschau halten sollte, wenn sich ein Phänomen nicht erklären lässt. Das wäre allerdings das Ende des guten Geschäfts der Astro-Romantiker.

Nun kommt alles noch verrückter. Wenn nämlich die Ausgangsmasse einer Supernova über 2,5 Sonnenmassen liegt, schrumpft der Explosionskern unter die 20 Kilometer Durchmesser, die ein Neutronenstern hat. Dieser Sternenrest nun ist etwas ganz anderes. Er ist extrem kompakt. Das Licht und auch keine andere Strahlung können nach außen dringen, denn auch Licht und Strahlung unterliegen der Gravitation. Das Licht des Objekts wird zur Sternoberfläche zurück gekrümmt, und daher kann es dieses nicht verlassen. Wir können *nichts* von dieser Sternleiche sehen. Oder, nach neuer Erkenntnis, fast nichts.

So ein Gebilde heißt in der Astronomie, in angenehm bildhafter Weise gesprochen, *Schwarzes Loch.* Es ist eigentlich kein Loch, sondern etwas Superkompaktes, und ganz „schwarz“ ist es also auch nicht. Der Name „Loch“ ergab sich durch die Erkenntnis, dass sich um diesen Sternenrest ein Gravitationskomplex gebildet haben muss, der alle Materie und Strahlung wie ein Loch (Badewannen-Abfluss!) in sich aufsaugt und keine Strahlung mehr nach draußen lässt, also schwarz ist.

Würde unsere Sonne auf die Dichte eines Schwarzen Lochs zusammenfallen können (dazu ist sie zu massearm), würde sie

Es ist wie bei der Erforschung der Menschwerdung:

Aus dem räumlichen Nebeneinander unterschiedlich alter Fossilienfunde läßt sich ihr zeitliches Nacheinander rekonstruieren. Ebenso gilt:

Aus dem räumlichen Nebeneinander unterschiedlich alter Sterne läßt sich ihr zeitliches Nacheinander rekonstruieren.

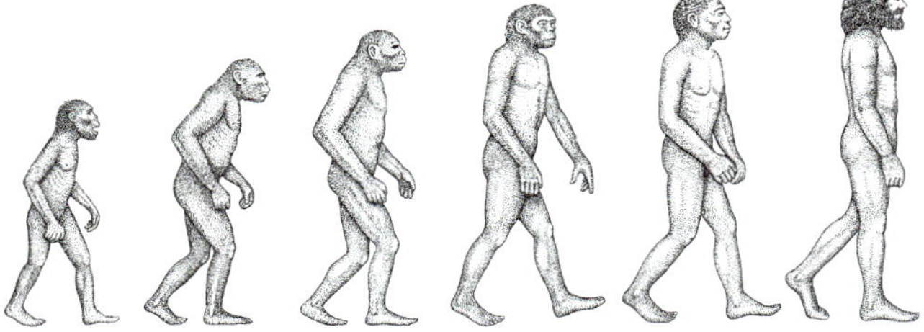

Entwicklungsstufen des Menschen im Laufe von 2 bis 3 Millionen Jahren

Abb. 115: Woher kennt man die Biographie der Sterne?

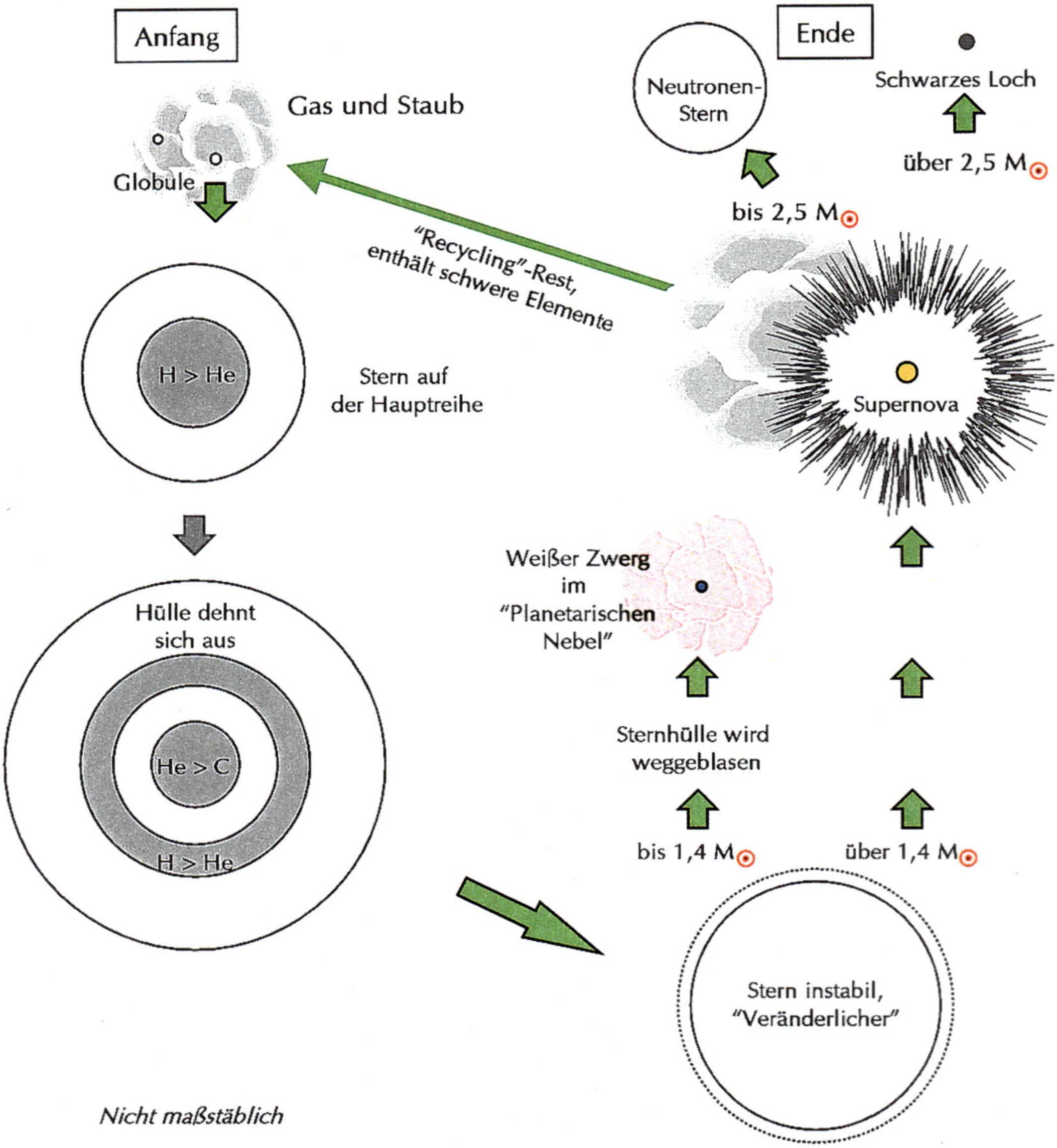

Abb. 116: Der Lebensweg der Sterne im Detail

einen Durchmesser von nur 6 Kilometern haben. In dieser winzigen Kugel steckte alles, was wir heute von unserer Sonne sehen. Ihre Strahlung würde von der Schwerkraft zurückgehalten werden. Sie wäre eben „schwarz“.

Unsere Erde würde bei diesem Gedankenexperiment sogar nur 1,8 cm Durchmesser haben.

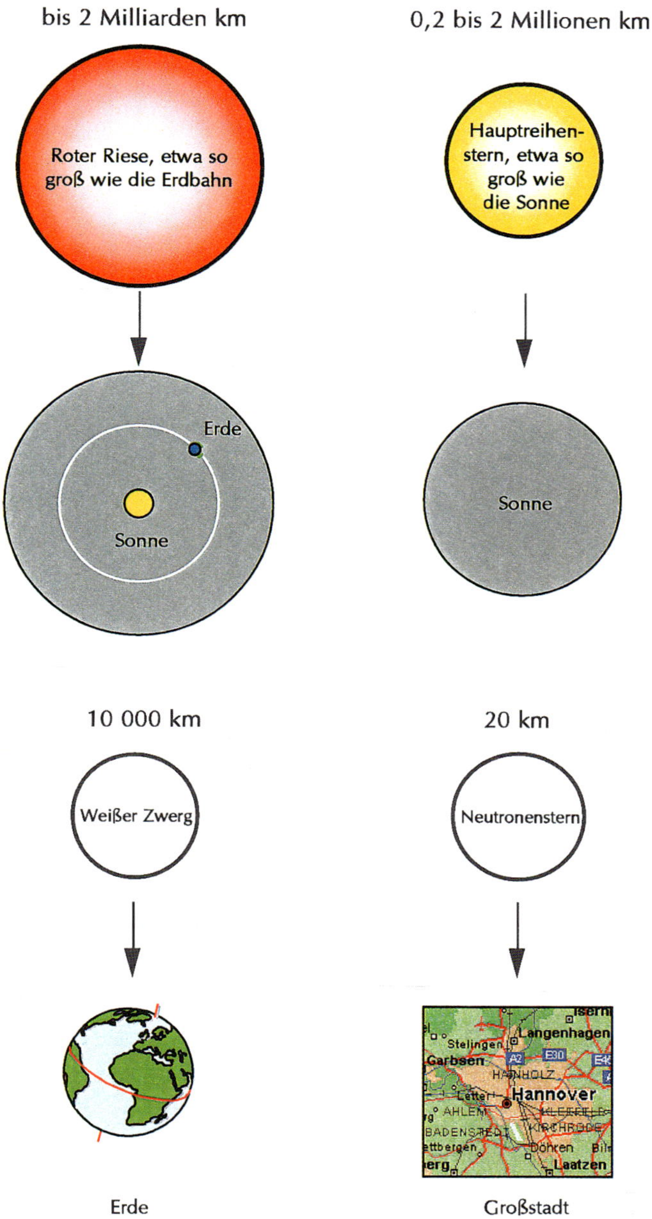

Abb. 117: Durchmesser verschiedener Sterntypen im Vergleich

Schwarze Löcher sind eindeutig, wenn auch indirekt, nachgewiesen worden. Wenn Sterne um ein unsichtbares Zentrum rasen, weist das auf ein Schwarzes Loch hin. Außerdem entsteht in der Nähe solcher Monster durch angesaugte Materie eine starke Röntgenstrahlung, die mit Satelliten nachweisbar ist.

Die Altersbestimmung der Sterne

Leider müssen wir wegen der nötigen Handlichkeit unseres Weltall – Reiseführers oft auf die Erklärung verzichten, wie man all die wunderbaren Erkenntnisse gewonnen hat, von denen hier berichtet wird.

Wie man das Alter der Sterne bestimmt, ist aber so interessant, weil unerhört pfiffig ermittelt, dass wir daran nicht vorbei können.

Wie wir schon erfahren haben, unterliegen die Sterne einer Entwicklung. Ein guter Teil von denen, die wir heute sehen, sind noch nicht lange da.

Das Alter der Sterne des Siebengestirns verhält sich zum Beispiel zu dem der Sonne wie ein 6-Wochen-Säugling zu einem Zehnjährigen!

Um das Alter der Sterne zu untersuchen, trägt man ihre Kenndaten, das sind Oberflächentemperatur und Leuchtkraft, in das Hertzsprung-Russel-Diagramm ein:

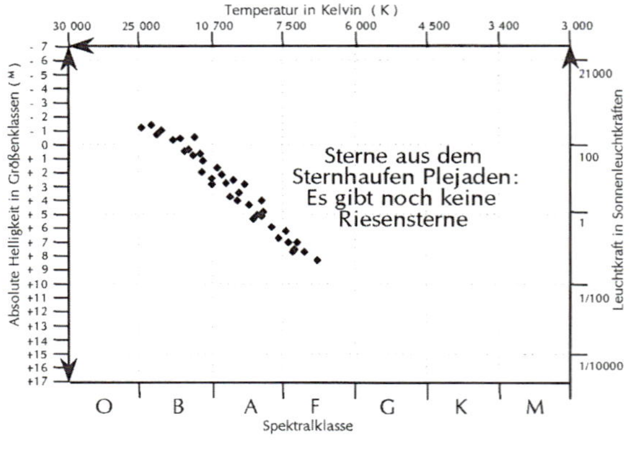

Abb. 118 a: Die Zustandsgrößen der Plejaden-Sterne („junger Haufen")

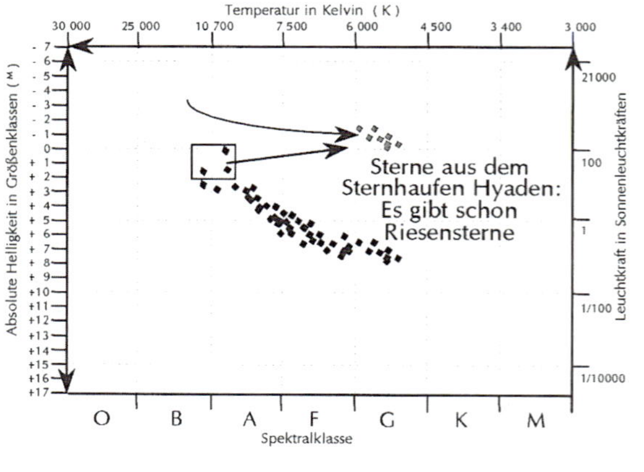

Abb. 118 b: Die Zustandsgrößen der Hyaden-Sterne („alter Haufen")

In diesem Sternhaufen, dem Siebengestirn (Plejaden) gibt es noch keinen einzigen Riesenstern. Riesensterne sind alte

Sterne. Man kann ohne Zweifel annehmen, dass alle Sterne der Plejaden wie die Vögel aus einem Nest gleichen Alters sind. Wenn noch keine Riese unter ihnen ist, muss es sich um einen relativ jungen Sternhaufen handeln. Man hat sein Alter auf 50 bis 60 Millionen Jahre berechnet.

Ganz anders sieht das HRD des alten Sternhaufens der Hyaden aus, der zufällig auch im Sternbild Stier zu sehen ist. Dieser Sternhaufen hat schon etliche alte Riesensterne. Sein Alter wurde mit 500 Millionen Jahren bestimmt.

Das folgende Hertzsprung-Russell-Diagramm zeigt, dass einige der Sterne des Haufens der Hyaden bereits von der Hauptreihe zur Gruppe der Riesensterne abgewandert sind. Dabei fällt auf, dass die Hauptreihe sich von oben her auflöst. Die massereichsten Sterne sind nämlich, wie wir bereits wissen, zuerst mit ihrem Wasserstoff-Energievorrat zu Ende.

Die Hertzsprung-Russell-Diagramme von Sternen schenken uns also zwei wichtige Erkenntnisse über sie. Zum einen zeigen sie, welche Arten von Sternen es gibt. Zum anderen zeigen sie uns, wie sich Sterne entwickeln. HRDs sind sowohl Zustands- als auch Entwicklungsdiagramme.

Das HRD ist seit rund hundert Jahren ein hochgradig wichtiges Arbeitsmittel der astronomischen Forschung.

Abb. 119: Zwei „offene" Sternhaufen (erstellt mit SkyMap Pro)

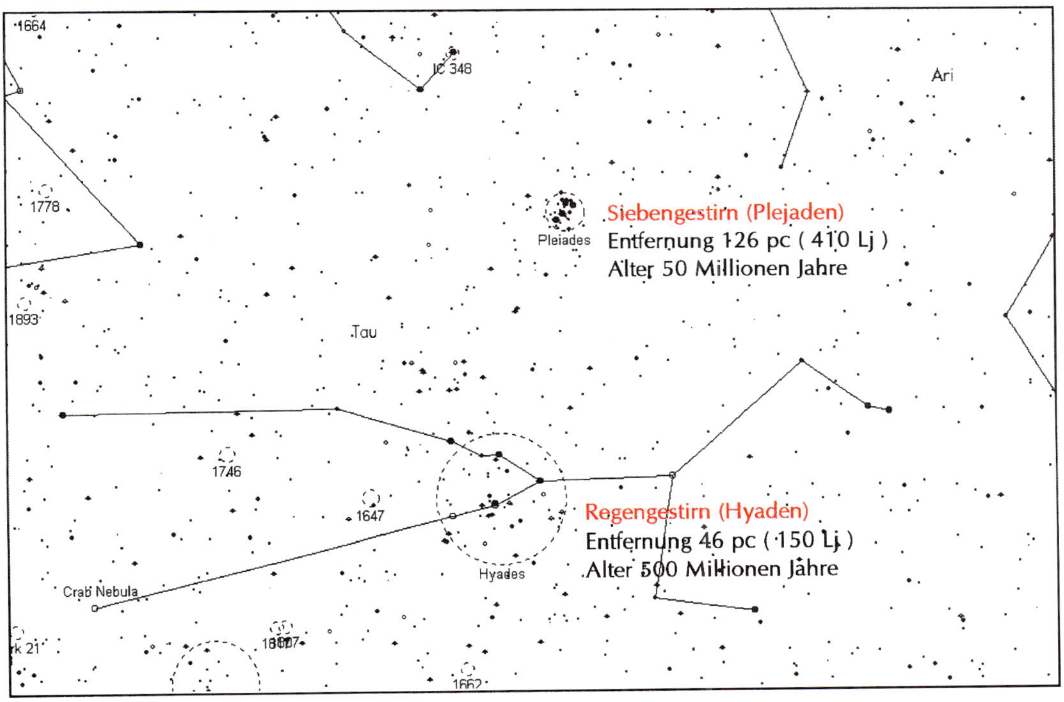

Doppelsterne und veränderliche Sterne

Seit langer Zeit gilt das kleine „Reiterlein" über der Deichsel des Sternbilds Großer Wagen als Augenprüfer. Junge Menschen sehen diese beiden Sterne ganz klar getrennt; sofern die Lichter der Stadt es zulassen, das Reiterlein überhaupt zu sehen ist. Sie können sich gar nicht vorstellen, dass sie später, selbst als Brillenträger, ihre Schwierigkeiten damit haben werden.

Die beiden Sterne sind das am nördlichen Himmel bekannteste Paar für Doppelsterne. Solche Sternnachbarn sind die Mehrheit der Sterne. 65 % aller Sterne, so zeigen es die Fernrohre, sind Zwillinge. Auf elliptischen Bahnen umrunden sie ihren gemeinsamen Gravitations-Mittelpunkt.

Wenn Sie Lust haben, machen Sie ein Experiment. Stecken Sie auf das Ende eines Besens einen kleinen, zerlöcherten Ball und drehen Sie den ausbalancierten Stiel über Ihrem Kopf. Falls Sie beim Drehen nicht auch noch die Lampe zerlöchern, können Sie in aller Ruhe beobachten, wie die beiden Enden, also die zwei Sterne, sich umkreisen. Der leichte Ball beschreibt einen großen Kreis, der schwerere Besen einen kleinen. Genauso bewegen sich Doppelsterne. Die Umlaufzeiten liegen je nach Abstand zwischen 3 Jahren und 10 000 Jahren. Ihr Abstand liegt zwischen 10 AE und 100 AE, maximal sind es 49 000 AE.

Es gibt sogar Mehrfachsterne. Der mit bloßem Auge einfach zu sehende Stern Epsilon im Sternbild Leier ist in Wahrheit vierfach, und Castor im Sternbild Zwillinge ist sogar sechsfach. Die Doppel- und Mehrfachsterne beweisen, dass Sterne in großen Wasserstoffwolken rudelweise entstehen. Die meisten entfernen sich nach und nach voneinander, aber einige sind für immer gravitativ aneinander gefesselt.

Doppelsterne sind für die Astronomie interessant, weil sich aus ihnen, nur aus ihnen, die Masse von Sternen berechnen lässt. Dazu verknüpft man mathematisch das 3. Keplersche Gesetz mit dem Newtonschen Gravitationsgesetz. Auf diese Weise konnte man von 50 Sternpaaren die Masse bestimmen. Dabei wurde erkannt, dass Sterne typischerweise ½ bis 3 Sonnenmassen haben. Theoretische Extremwerte sind 1/10 Sonnenmasse und 120 Sonnenmassen.

Im weiteren lässt sich aus der Masse und aus dem (über den Durchmesser errechneten) Volumen die *Dichte* eines Sterns ermitteln.

Das ist das Verhältnis von Masse zu Volumen, die Einheit heißt g/cm^3. Im Gegensatz zur Masse treten bei der Stern-Dichte extreme Schwankungswerte auf.

So haben Überriesen-Sterne eine Durchschnittsdichte von nur 1/zehnmillionstel g/cm^3. Zwar ist ihr Volumen riesig, aber sie haben etwa dieselbe Anfangs*masse* wie gewöhnliche Sterne der Hauptreihe.

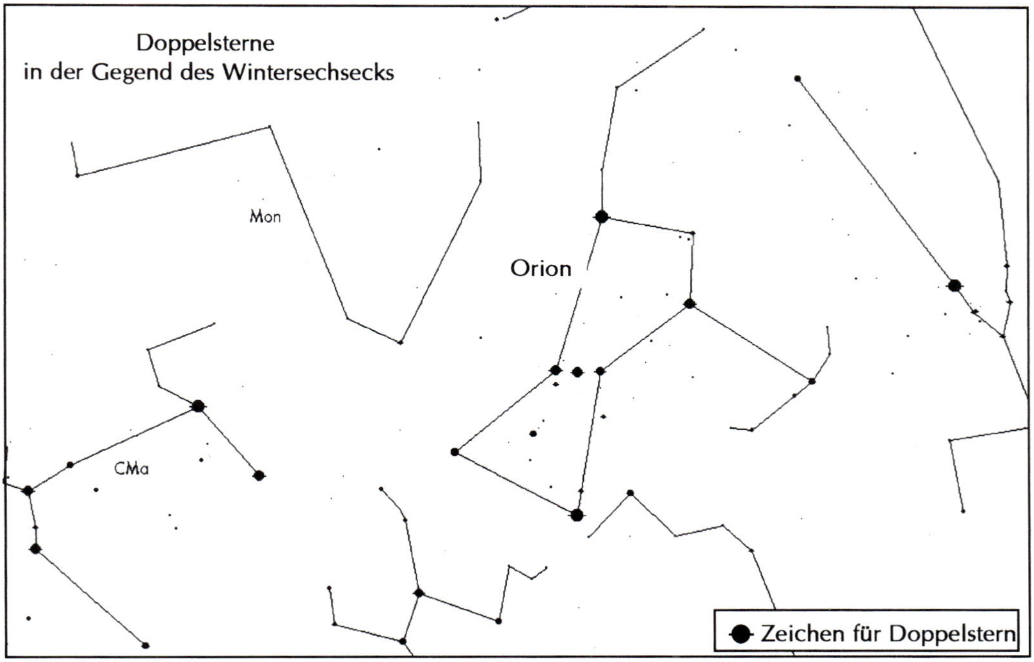

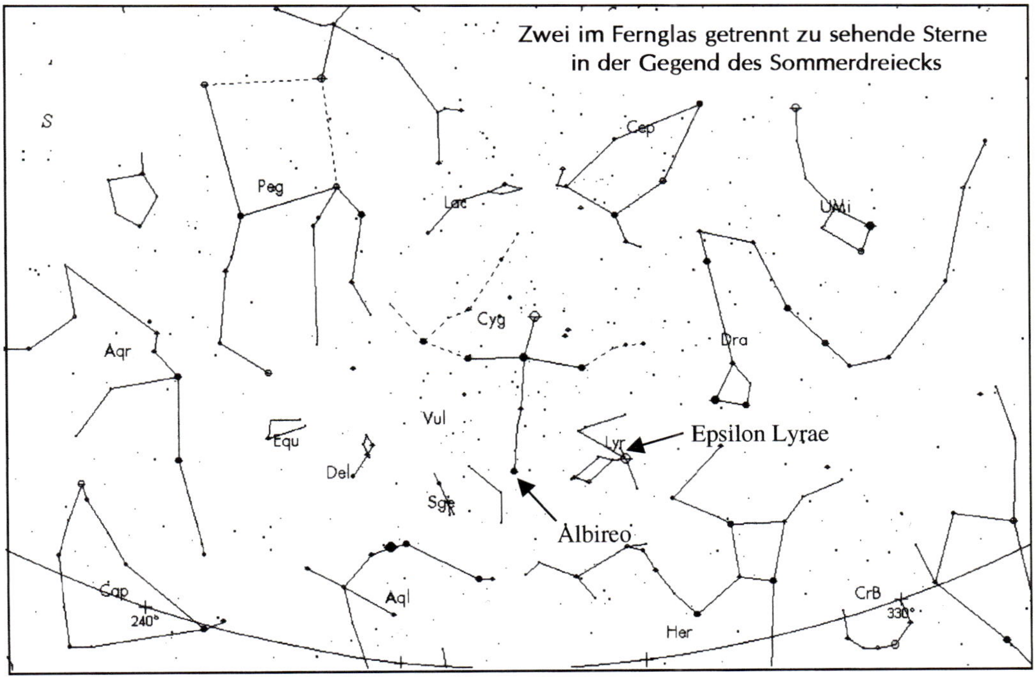

Abb. 120: Doppelsterne (erstellt mit SkyMap Pro)

Weiße Zwerge haben eine Dichte von etwa 1 Millionen g/cm^3, ein Schwarzes Loch gar 100 Billiarden g/cm^3. Das Volumen solcher kompakten Sterne ist zwar winzig, aber sie haben ja dieselbe Masse wie ganz gewöhnliche Hauptreihensterne.

Es handelt sich eben jeweils nur um unterschiedliche Entwicklungszustände im Alterungsprozess, bei dem sich die Volumina stark, die Massen aber nur wenig ändern. Es wird Materie durch Fusion umgebaut. Es werden unterschiedlich hohe Energiemengen produziert. Masse geht dabei aber nur unwesentlich in Energie über, weil in jedem Atom eine mächtige Energiemenge steckt. Das kennen wir in analoger Weise von Atomkraftwerken.

Vergleichen wir Extremwerte der Sterndichten mit der Dichte eines durchschnittlichen Hauptreihensterns (z. B. der Sonne) als auch der des Wassers, wird der Unterschied zwischen Sternen noch einmal sehr deutlich: Die Sonne hat eine Dichte von 1,4 g/cm^3; Wasser hat eine von 1 g/cm^3.

Doppelsterne lassen uns die Sternmassen wissen. Wir betrachten sie aber noch aus einem anderen Grund so ausführlich. Doppelsterne geben uns nämlich manchmal die Möglichkeit, den Durchmesser eines Sterns nicht nur grob geschätzt, sondern recht genau anzugeben.

Das ist immer der Fall, wenn sich ein Paar dieser Sterne, von unserem Standort Erde aus betrachtet, gegenseitig bedeckt. Dabei kommt es zu Helligkeitsschwankungen.

Solche Sterne kennt man seit langem. Algol im Sternbild Perseus bedeutet soviel wie „Teufelsstern". „Gul" oder „Gol" ist ein arabischer Dämon.

Dieser Dämonenstern passte nicht zu der Beobachtung, dass alle Sterne unverändert hell am Abendhimmel auftauchen, passte nicht in die Vorstellung von einem ewig gleichen Kosmos, dem Sitz der Götter.

Die Astronomen begannen sich um 1800 mit Algol wissenschaftlich auseinanderzusetzen und eine Erklärung des Helligkeitswechsels vorzuschlagen:

Der leuchtschwächere der beiden Sterne dämpft das Licht seines Partners, wenn er über ihn hinwegstreicht. Die Dauer der Bedeckung und seine Bahngeschwindigkeit lassen die Berechnung der Durchmesser zu. Man misst die Zeit der Bedeckung aus dem Lichtwechsel und setzt sie in Beziehung zu der Umlaufzeit.

Später fand man weitere Sterne, die sich zufällig auf der Sichtlinie Stern eins – Stern zwei – Erde befinden. Man nennt sie *Bedeckungs-Veränderliche*. Eigentlich verändern sich diese Sterne nicht, aber sie hießen nun mal schon Veränderliche, bevor man die wahre Ursache erkannte.

Könnte es aber nicht sein, dass Algol und seine Verwandten Sterne sind, die sich aufblähen und zusammenziehen und dadurch Helligkeitsschwankungen zeigen? Die Oberfläche würde sich vergrößern und zusammenziehen und die Erscheinung ebenfalls erklären. Das wären wirklich echte veränderliche Sterne.

Ja, es gibt auch solche Sterne. Aber ihre Lichtwechselkurve ist eine völlig andere. Sie ist ähnlich einer gleichmäßigen Wellenlinie, ist ohne charakteristische Dellen. Die kennzeichnet die sogenannten *physisch Veränderlichen*.

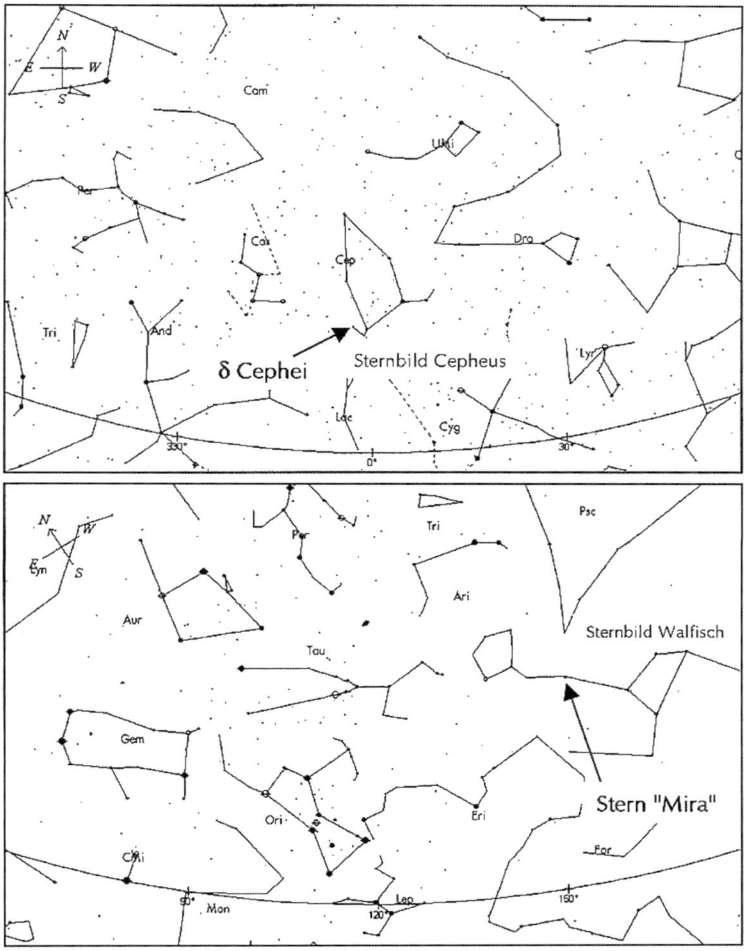

Zwei der physisch veränderlichen Sterne

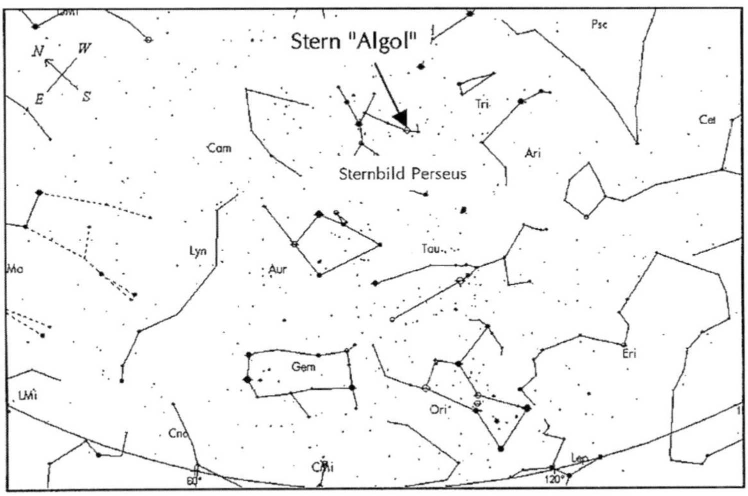

Einer der bedeckungs-veränderlichen Sterne

Abb. 121: Veränderliche Sterne

Die echten, physisch Veränderlichen blähen sich regelmäßig auf und fallen wieder in sich zusammen. Das ändert ihre scheinbare, gibt aber auch Auskunft über ihre absolute Helligkeit.

Was passiert mit ihnen?

Sterne pulsieren hin und wieder, wenn ihr Alter sie heimsucht. Es ist wie bei einem alten Menschen, dem es einen Tag zum Bäumeausreißen gut geht, am anderen aber einfach belämmert. Sterne werden zwar unglaublich alt und strahlen sehr brav und gleichmäßig Energie ab. Unsere Sonne beweist es: Über Jahrmilliarden hält sie schon die Voraussetzung für das irdische Leben aufrecht. Aber irgendwann werden eben auch Sterne alt und flackerig. Und das ist für die Astronomen ein unvorstellbar großes Glück, wie wir gleich sehen werden.

Schauen wir uns erst einmal einen berühmten Vertreter der physischen Veränderlichen an. Wir finden ihn am besten im Winterhalbjahr im Sternbild Walfisch (nein, Wale sind keine Fische, aber es heißt nun mal so). Wenn wir Pech haben, hat er gerade sein Licht gedimmt, denn nur 4 Monate ist Mira, das bedeutet „Die Wunderliche“ (oft liest man „die Wunderbare“, aber das ist nicht gemeint) zu sehen. Beurkundet ist Mira schon durch einen Pfarrer namens Fabricius im Jahre 1596. Heute weiß man, dass dieser Veränderliche seinen Durchmesser zwischen dem 200fachen und 400fachen des Durchmessers unserer Sonne annimmt, womit sich die Helligkeitsschwankungen erklären. Inzwischen kennt man etwa 4000 solcher Mira-Sterne.

Mit dem Durchmesser und der Helligkeit ändern sich auch Oberflächentemperatur bzw. die Spektralklasse des Sterns.

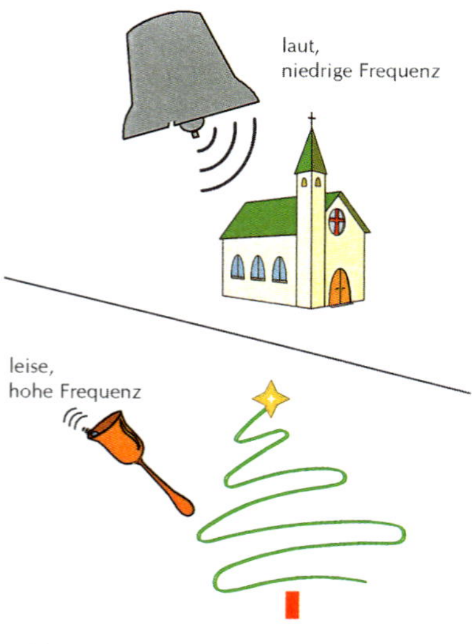

Abb. 122: Das Prinzip der Entfernungsbestimmung mit Delta-Cephei-Sternen

Die „Leuchtfeuer“ der Astronomen

Zu den physisch Veränderlichen gehört nun eine ganz besondere Sorte, und auf diese sind die Astronomen besonders scharf. Im Jahre 1912 entdeckte die amerikanische Astronomin Henrietta Leavitt einen unerhört bedeutsamen Zusammenhang zwischen der Lichtwechselperiode und der durchschnittlichen absoluten Helligkeit:

Je langsamer der Helligkeitswechsel eines Sterns, desto größer seine absolute Helligkeit.

Eine Revolution in der messenden Astronomie! Wenn man die absolute Helligkeit eines Sterns kennt, lässt sich bekanntlich seine Entfernung berechnen.

Man muss allerdings über die trigonometrische Parallaxe irgendeines Sterns solchen Typs verfügen, um erst einmal ein Eichung zu erhalten. Gerade noch geeignet dafür ist zum Beispiel der Polarstern, auch ein physisch Veränderlicher. Der Satellit HIPPARCOS hatte 1999 seine Parallaxe zu 0,0076 Bogensekunden gemessen, was einer Entfernung von 132 pc = 430 Lj. entspricht.

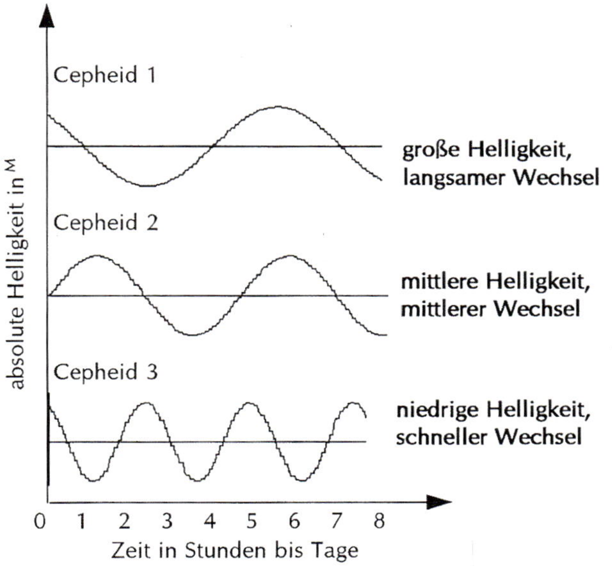

Je niedriger die Helligkeit, desto schneller der Helligkeitswechsel bzw.
Schneller Helligkeitswechsel bedeutet niedrige absolute Helligkeit.

Abb. 123: Cepheiden dienen zur Bestimmung der absoluten Helligkeit

Sterne diesen Typs heißen Cepheiden. Namensgeber war delta Cephii (Sternbild Cepheus), an dem die ersten Messungen von Frau Leavitt vorgenommen wurden.

Mit Hilfe der Bestimmung der absoluten Helligkeit lassen sich nun von allen Cepheiden-Sternen die Entfernungen messen, auch von den sehr weit entfernten. Somit sind die Cepheiden die *Leuchtfeuer des Kosmos*. Die Methode ist ein bisschen grob, aber sie funktioniert auch über weite Strecken. Cepheiden lassen sich auch noch in sehr großer Entfernung ausmachen: Das Licht der entferntesten Cepheiden ist zu uns seit 100 Millionen Jahren unterwegs.

Das Pech der Astronomen ist ja, dass sie an die Objekte ihrer Forschung nicht herankommen. Aber durch die Cepheiden bekamen wir nach und nach eine Vorstellung von der Größe des Weltalls und seinen großräumigen Strukturen. Etwas Glück gehört eben auch zur Wissenschaft.

Bevor wir uns den großen Räumen und Sternstaaten zuwenden, wollen wir ergänzen, dass eine weitere Art von Veränderlichen unsere besondere Aufmerksamkeit verdient. Manche Sterne leuchten über kurze Zeit sehr hell auf, um für lange Zeit scheinbar zu verschwinden. Es sind Weiße Zwerge, die in einem Doppelsternsystem von ihrem nahen Nachbarn, einem Riesen, Wasserstoffgas aus der Außenhülle absaugen. Dieses geklaute Gas verdichtet sich auf der Oberfläche des Zwergsterns und zündet für kurze Zeit. Diese Fusion entsteht also nach einer Transfusion frischen Wasserstoffs. Der Vorgang kann sich mehrere Male wiederholen. Solche „Veränderliche" heißen historisch bedingt Nova-Sterne.

Sternstaaten – Tour

Genau wie wir Menschen über die Erde nicht gleich verteilt leben, sind die Sterne nicht gleichmäßig über den Kosmos verstreut. Sie bilden wie Menschen Völker und Staaten. Dazwischen ist oft ein riesiger leerer Bereich.

Sternstaaten heißen *Galaxien.* Sie haben, so weit Astronomen bei der unfassbar großen Zahl dazu Zeit hatten, einen Namen oder eine Nummer bekommen.

Ein Sternenstaat namens Galaxis

Auch wir leben in einer Galaxie. Galaxie ist abgeleitet aus Galaxis. Das bedeutet merkwürdigerweise Milchstraße. Wie es dazu kam?

Nun, bevor wir wussten, dass es noch ein paar Milliarden weitere gibt, hatte sie ihren Namen schon weg: *Galaxis*, Milchstraße. Schuld sind die alten Griechen. Alles was sie nicht rational erklären konnten, geriet in die Welt der Sagen und Märchen:

Eines Tages brachte der Chefgott Zeus seiner Frau einen kräftigen Knaben namens Herakles (röm. Herkules. Genau, der..!) mit nach Hause in den Himmel. Er wollte ihn nicht bei seiner Mutter auf der Erde lassen, er sollte göttliche Kräfte erlangen. Mit der göttlichen Milch seiner Frau Hera müsste es klappen, meinte Zeus. Um an die ranzukommen, hätte er sich eine List ausdenken müssen.
Zwar war Herkules s e i n Kind – aber auch das seines ‚Seitensprungs', das Kind der schönen Erdentochter Alkmene.
Zeus kam alsbald der Zufall zu Hilfe. Gemahlin Hera lümmelte sich gerade auf den Sternenbetten und schlief. Zeus legte flugs den unehelichen Sohn an die göttliche Brust. Geschafft!
Der Bube aber war zu ungestüm, er sog Milch, was das Zeug hielt. Klar, Hera erwachte, sah das fremde Kind und stieß es natürlich weit von sich. Sogleich spritzte die göttliche Milch in einem mächtigen Bogen über den ganzen Himmel.

Der Maler Tintoretto hat diesen dramatischen Höhepunkt 1575 in einem Gemälde verewigt. Es hängt in der Nationalgalerie London.

Sehen Sie, so entstand die Galaxis, die *Milchstraße*. Wir benutzen diesen Namen noch heute.

Niemandem war seinerzeit, im Altertum, die Milchstraße entgangen. Heute muss man es schon sehr dunkel haben, um das leuchtende Band der Nacht zu sehen. Es soll einige Menschen geben, die über so scharfe Augen verfügen, dass sie erkennen, was es mit dem hellen Gürtel von Horizont zu Horizont auf sich hat: Myriaden von Sternen. Demokrit, der altgriechische Philosoph und Naturwissenschaftler, „Erfinder" des Atoms (um 400 v. u. Z.), soll dies auch bereits gewusst haben. Vielleicht kannte er einen jungen Menschen, der es ihm sagte? Vielleicht. Sollte er aber die Sternnatur der Galaxis erraten haben, beweist das einmal mehr seine Genialität.

Die Gestalt unserer Galaxis

Wie entsteht der Eindruck dieses Lichtbandes der Nacht, das den gesamten Himmel umspannt? Wenn Sterne in Staaten leben, erwartet man doch eher um sich herum das Bild kugelschalenförmig verteilter Sterne.

Um diese Frage zu klären, schauen wir uns unseren Sternenstaat am besten von außen an. Wir besteigen ein gedankenschnelles Raumschiff und düsen mit ihm weit, weit ins All. Irgendwann sehen wir auf unseren „Sternen-Staat" mit seinen 100 Milliarden Sternen herab.

Wir sehen, wie die einzelnen, recht locker verteilten Sterne immer dichter zusammenrücken, ähnlich wie die Lichter einer Stadt aus dem startenden Flugzeug immer dichter aneinander zu rücken scheinen. Unsere Milchstraße erscheint nun von außen als ein aus Sternen gebildeter Diskus.

So hat denn „Galaxis" zweierlei Bedeutung. Zum einen verstehen wir darunter das prächtige Sternenband dunkler Nächte. Zum andern meinen wir damit jenen „Sternenstaat", welcher dieses Band infolge unserer Ansicht von „innen" hervorruft.

Stellen wir uns das einmal mit Hilfe zweier Teller vor. Wir legen den einen umgekehrt auf den anderen. Das sieht dann wie ein Diskus aus. Jetzt füllen wir die Teller in Gedanken mit Reis. Das sind die Sterne. Eines der Reiskörner ist unsere Sonne mit der Erde, einem Staubkorn neben dem Sonnen-Reiskorn. Blicken wir von dort in die Ebene, parallel zum Tisch, sehen wir ringsum ein Band von sehr *vielen* Reiskörnern. Doch wenn wir nach oben oder unten schauen, zur Decke oder zur Tischplatte, sind nur *wenige* Reiskörner zu sehen.

So entsteht der Eindruck, die Milchstraße sei ein schmales Band: Blicken wir in die Milchstraßen-Ebene, finden wir *viele*

Sterne. Schauen wir senkrecht zur Ebene aus ihr heraus, blicken wir in relativ sternenarme Regionen.

Keinesfalls steht aber unsere Sonne in der Mitte der Galaxis. Sie befindet sich ungefähr zwischen dem Zentrum und dem Rand, vielleicht auch etwas weiter außen. Wir können leider unsere Galaxis nur im Gedankenflug verlassen, haben sie ja noch nie von außen gesehen. Daher ist die genaue Bestimmung des Ortes unserer Sonne schwierig.

Und dieser Ort bewegt sich! Die Sonne umläuft den Kern der Galaxis mit etwa 800 000 km/h, das sind in einer Sekunde immerhin 217 Kilometer! Trotz dieses Tempos hat sie ihn im Laufe ihrer Existenz erst 20 mal umrundet. Als sie zum letzten Mal war, wo wir heute sind, herrschten auf der Erde die Saurier. Das deutet auf gewaltige Ausmaße hin. Man hat den Längsdurchmesser unserer Galaxis auf mehr als 100 000 Lichtjahre bestimmt und die Dicke ihres Kerns auf 25 000 Lichtjahre. Die Sonne ist vom Kern unseres rotierenden Sternwirbels 27 000 Lichtjahre entfernt, wo er nur noch eine Dicke von 700 Lichtjah-

Zahl der Sterne:
100 bis 150 Milliarden

Durchmesser:
a) Länge: ca. 100 000 Lj. = 33 000 pc = 1 Trill. km
b) Breite (Kern): ca. 25 000 Lj. = 7 600 pc

Alter:
10 Milliarden Jahre
[Alter des Kosmos 15 Mrd. Jahre]

Masse:
200 Milliarden Sonnenmassen

Dichte:
im Durchschnitt nur wenige Atome/ cm^3

Durchschnittlicher Sternabstand
a) mittlere Bezirke: 7 Lj.
(Stecknadelköpfe in 100 km Entfernung)
b) Zentrum: 1 Lichtwoche

Abstand der Sonne vom Zentrum:
ca. 27 000 Lj.

Umlaufzeit Sonne:
250 Mio. Jahre mit 217 km/s = 800 000 km/h

Abb. 124: Steckbrief unserer Galaxis

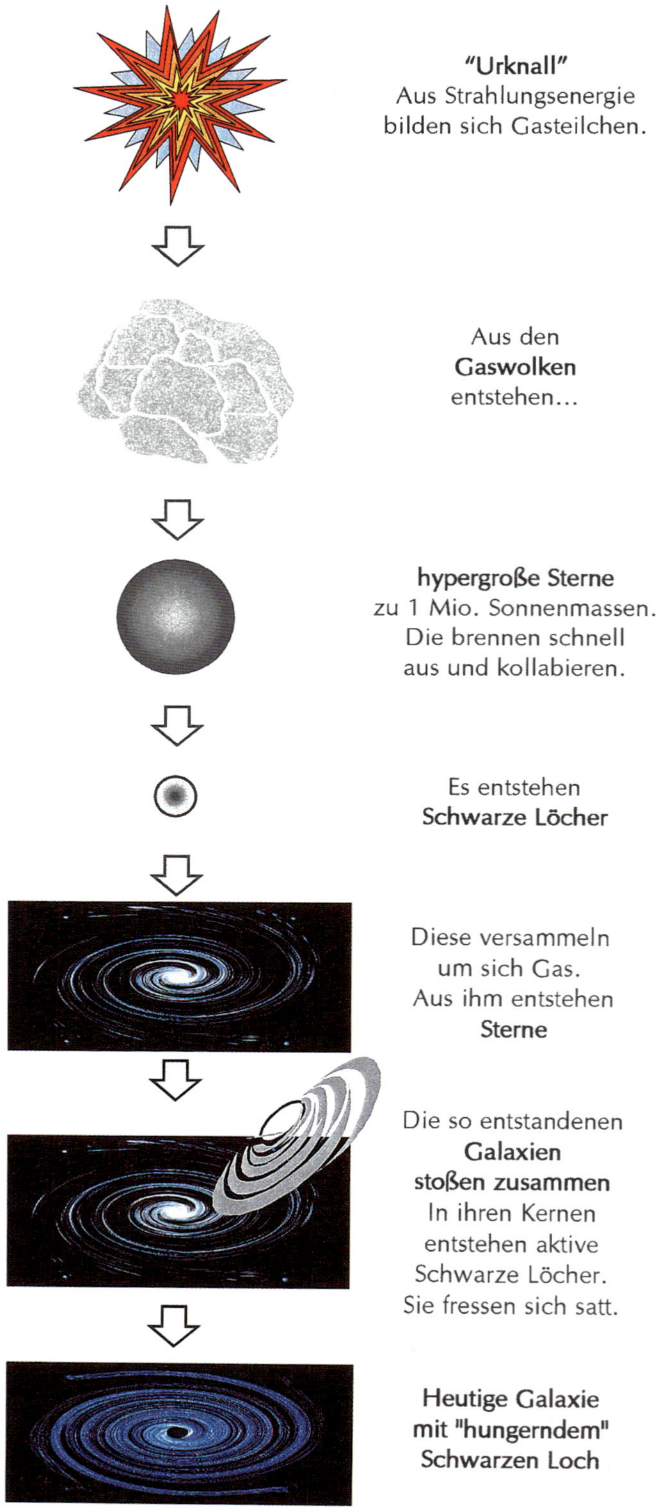

Abb. 125: Die Entstehung der Galaxien

ren hat. Messen können wir all das so wenig, wie ein Hering die Größe der Nordsee messen kann. Auf absolute Genauigkeit kommt es bei großen Dimensionen auch nicht an. Wen interessiert außer einigen Spezialisten die zentimetergenaue Entfernung zum Mond?

Wieder einmal wollen wir das unvorstellbar Große in das vorstellbar Kleine umrechnen.

Wir lassen den Längsdurchmesser der Galaxis von 100 000 km auf den Durchmesser unserer Erde schrumpfen, also auf 12 000 km. Dann hätte unser Sonnensystem einen Durchmesser von nur 16 cm, die Größe einer gelben Melone. Das ist unsere kosmische Heimat: Wir treffen bei einer Reise einmal quer durch die Erde auf eine einzige Melone, das „Sonnensystem" heißt!

Von diesen Melonen gibt es unterwegs natürlich jede Menge weiterer. Im Schnitt wäre alle 8 Meter eine.

Schon auf den ersten Blick entdecken wir auf unserer Raumreise über die Ebene der Galaxis, dass ihre Sterne nicht so gleichmäßig verteilt sind wie die Reiskörner in unserem Teller-Modell. Vielmehr winden sich, einem Tiefdruckwirbel gleich, die Sterne spiralförmig um den Kern. Das ist eine Folge der Rotation der Sterne um die dicht mit Sternen besetzte Mitte. Würden die

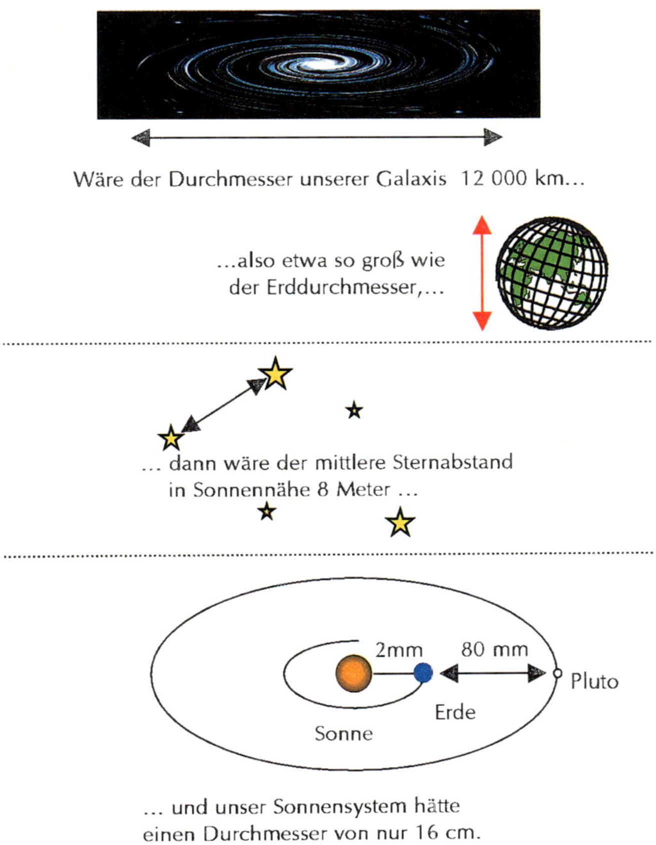

Abb. 126: Größenvergleiche innerhalb der Galaxis

Sterne ruhen, käme die Schwerkraft zum Zuge: Alle Sterne würden ins Innere stürzen und einen Riesen-Crash verursachen. Genau wie bei unserem Planetensystem halten sich Fliehkraft und Schwerkraft die Waage. Wäre das nicht so sinnvoll eingerichtet, gäbe es keine locker gepackten Sterne und natürlich auch keine Planeten.

Der Raum zwischen den Spiralarmen der Galaxis ist nicht leer. Hier stehen nur weniger junge, heiße Sterne. Die bilden sich, wenn ältere Sterne bei ihrer Rotation um den Kern der Galaxis von innen in die Spiralarme eintreten und Gas vor sich herschieben. Das Gas ballt sich zu neuen Sternen zusammen, die die Zone der Spiralarme zum hellen Leuchten bringen. Nach ihrer Arbeit treten die „Geburtshelfer" nach außen aus den hell strahlenden Spiralarmen wieder hinaus und in wandern in die nächsten. Die Spiralarme wickeln sich daher auch nicht auf, denn nicht das System als starres Ganzes rotiert; vielmehr bewegen sich die Sterne um das galaktische Zentrum. Die Spiral-Struktur ist bereits vorhanden. Somit unterscheidet sich dann eben doch unsere Spiralgalaxis von einem rotierendem Tiefdruckwirbel beim Wettergeschehen.

100 Milliarden Sterne gehören zu unserer Galaxis. Wir gehen mit dieser Zahl ganz locker um, aber sie ist gigantisch. Ein Milliardär ist eine völlig andere Qualität, als ein Millionär! Er hat 1000 mal so viel Geld, 1000 mal eine Million Euro. Dagegen ist der Millionär ein armer Schlucker.

Die Milliarde liegt buchstäblich zu Ihren Füßen: In 1 Gramm Erdboden stecken etwa 1 Milliarde Bakterien. In einer Hand voll guter Gartenerde versammeln sich somit 100 Milliarden Lebewesen!

Ihnen schwirrt der Kopf? Kein Wunder, Sie verfügen in Ihrem Gehirn über etwa 100 Milliarden Schaltstellen, „Synapsen"! Und genau so viele Sterne bilden unsere Galaxis.

Würde man die Galaxis zerlegen können wie eine Küchenmaschine, bekäme man drei Teile: Zentrum, Ebene, Umfeld (sog. Halo).

Das *Zentrum* liegt weit, weit hinter den hellen Sternen des Sternbildes Schütze. Es ist die Region am Südhimmel, wo die Milchstraße breit und voller herrlicher Sternhaufen ist.

Die Zentralregion ist sehr dicht mit Sternen angefüllt. Ihr Abstand beträgt nur einige Lichtwochen. Im Zentrum sitzt ein Schwarzes Loch. Schnell rotierende Gasmassen verraten es.

Die *Ebene* enthält neben den Sternen Gas und Staub. Daraus entstehen heute noch Kinderstuben neuer Sterne. Man geht davon aus, dass in der Ebene der Galaxis 15 000 junge Sternhaufen zu entdecken wären, wenn nicht das noch unverbrauchte Gas aus Wasserstoff und Helium Einblicke oft verwehren würde. Einer dieser Sternhaufen der galaktischen Ebene sind die Plejaden, das „Siebengestirn" im Stier.

Im „*Halo*" , dem Drumherum, finden wir die ältesten Sternhaufen der Galaxis, die *Kugelsternhaufen*. Anhand ihrer ältesten

Sterne, der Roten Riesen, ergibt sich ein Alter von 12 Milliarden Jahren. Die Kugelsternhaufen sind also nur wenig jünger als das Weltall selbst.

Was sind Kugelsternhaufen? Eine Sippschaft zwischen 100 000 und bis zu 50 Millionen Sternen formiert sich zu einem kugelsymmetrischen Monster. Alle Sternmitglieder umkreisen auf Keplerschen Bahnen das Zentrum wie ein Mückenschwarm eine Lampe. Zusammenstöße gibt es nicht. Die Natur regelt den Verkehr selber, und es gibt auch genügend Platz. Nur von weit her, von unserem Standpunkt aus, stehen die Sterne in Kugelsternhaufen scheinbar dicht beieinander.

Die Galaxien

Sternstaaten wie unsere Galaxis gibt es im Kosmos in einer ungeheuren, unvorstellbar großen Zahl.

Galaxien unterscheiden sich stark in Form, Zahl ihrer Sterne und Zusammensetzung. Dabei spielt ihr Alter eine wesentliche Rolle. Wir wissen, das wir einen Entwicklungskosmos beobachten, dessen Bestandteile -unterschiedlich schnell- Veränderungen durchmachen.

Die Punkte sind Sterne unserer Galaxie. Alles andere sind ferne Galaxien.

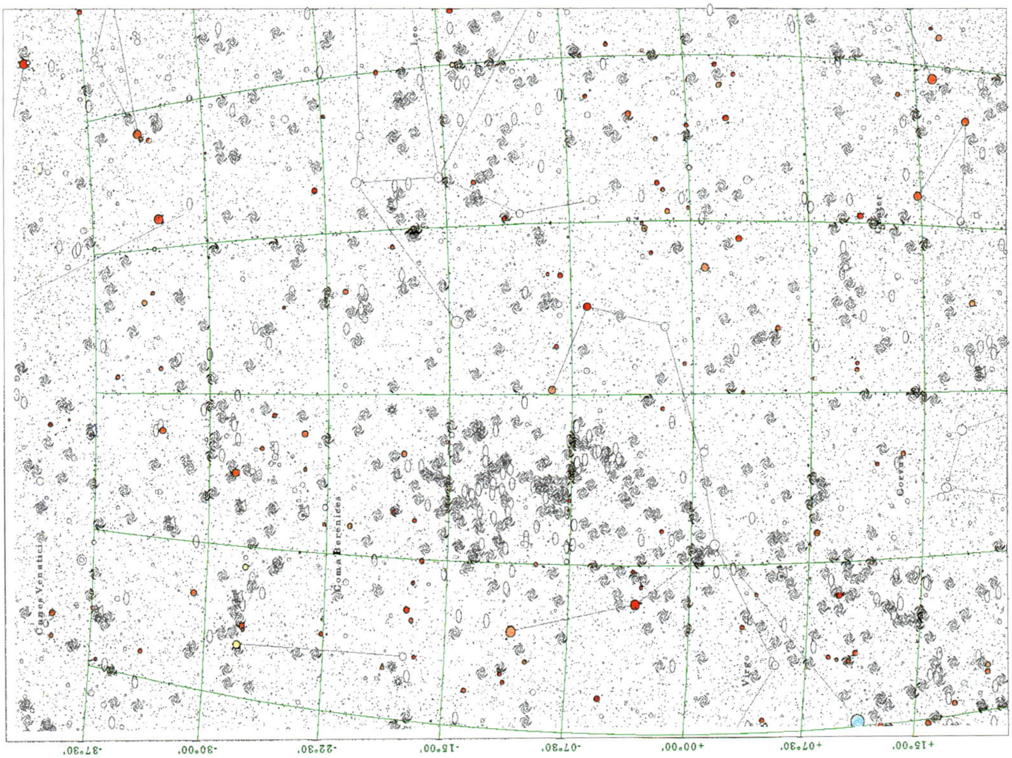

Abb. 127: Galaxien im Sternbild „Haar der Berenice" (erstellt mit The Sky)

Die Ursprünge, die „Kondensationskeime" der Galaxien waren vermutlich hypergroße Sterne, die gleich nach der Geburt des Weltalls entstanden.

Sie brachten ihren Vorrat an Wasserstoff, wie alle massereichen Sterne, leichtsinnig schnell zu Ende. Ihre Leichen wurden ungeheuer schwere Schwarze Löcher.

Nun wurden sie zu Staubsaugern. Gas war im damals noch kleinen Weltall reichlich vorhanden und dicht beieinander. Die ausgebrannten Hypersterne, nun Schwarze Löcher, sogen alles Gas der Umgebung zu sich, um es zu verschlingen. Das Gas wusste sich zu helfen. Es strudelte kreisend auf das Schwarze Loch zu (Badewannenabfluss!).

Dieses Gas verdichtete sich durch die Gravitation nach und nach zu Sternen, die allesamt ihr Schwarzes Loch umkreisen und zumindest weiter draußen auf höflichem Abstand zu dem zentralen Monster bleiben. Vermutlich steckt im Zentrum der meisten Galaxien ein Schwarzes Loch.

Die fernsten Galaxien leuchten sehr hell, und da es die frühesten sind und ihr Licht uns nach Milliarden Jahren Laufzeit erst jetzt erreicht, sehen wir in ihnen den Urzustand der Galaxien. Bei ihrem Auffinden im Jahre 1960 gab man ihnen den unpassenden Namen „Quasar" (Quasistellares Objekt), was etwa bedeutet „komische Dinger, die wie Sterne aussehen". Der Name blieb. Quasare sind junge Galaxien in irrsinnig großer Entfernung mit der 100fachen Leuchtkraft der uns näheren, späteren Galaxien. Wie sie diese erschreckende Energiemenge bereitstellen, ist noch nicht so richtig geklärt.

Sehen wir uns jetzt in der Nachbarschaft um. Schon mit bloßem Auge, auf jeden Fall mit dem Fernglas, können Sie die (für den Nordhimmel) allernächste Galaxie sehen. Sie steht als schwach helles ovales Nebelfleckchen unterhalb des leicht zu findenden „Himmels-W" (Cassiopeia) im Sternbild Andromeda. Die drehbare Sternkarte zeigt ihnen den genauen Ort. Die Nacht muss recht dunkel sein, um davon etwas zu sehen. Dabei beobachten wir nicht etwa die gesamte Galaxie, sondern nur ihren Kern, in dem sich die Sterne dichter und dichter sammeln. Dieses Himmelsobjekt ist für unser bloßes Auge das weit entfernteste. Es ist, als sähen wir von einer Allee nur den ersten Baum. Erst die Fernrohre dringen weiter vor.

Diese Galaxie zeigt sich uns von schräg oben

Die Entfernung zu diesem Milchstraßen-Verwandten, dem „Andromeda-Nebel", beträgt sage und schreibe 2,2 Millionen Lichtjahre. Zwischen uns und dieser Galaxie ist schlichtweg – nichts!

Natürlich ist der Raum nie ganz leer. Es gibt keinen absolut leeren Raum. Ein paar Atome geistern immer herum. Aber für unsere Begriffe ist das da zwischen der Galaxis und ihrer Nachbarin ein ideales Vakuum.

2,2 Millionen Jahre ist das Licht der schätzungsweise 200 Milliarden Sterne der Andromeda-Galaxie auf Reisen, bis es bei uns

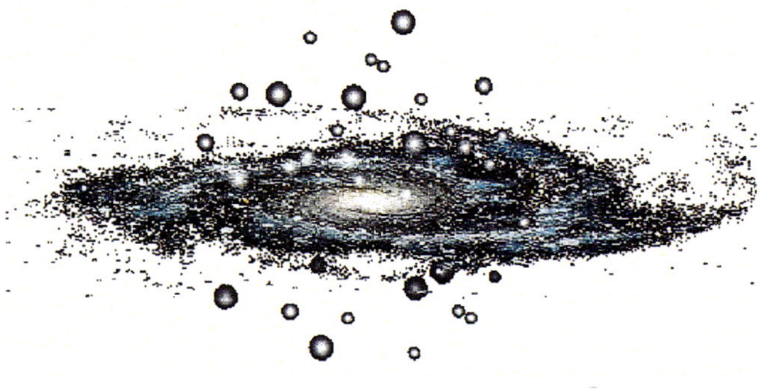

Abb. 128: Galaxie mit Kugelsternhaufen

auf der Erde eintrifft! Seine konstant hohe Geschwindigkeit von 300 000 km/s, was reichen würde, in einer Sekunde sieben Mal um die Erde sausen zu können, hilft ihm nichts. Es musste Jahrhunderttausend um Jahrhunderttausend ohne Pause durch den Kosmos eilen.

Bedenken wir: Als das Licht der Galaxie sich auf den Weg zu uns machte, entwickelten sich auf der Erde gerade die Wesen, die seit erst 80 Jahren in der Lage sind, seine Majestät, den Kosmos, als Ganzes zu begreifen und auszuloten – die Menschen. Wir haben uns gut entwickelt. Wir können verstehen, was der matte Schimmer im Sternbild Andromeda bedeutet.

Wer einmal unterhalb des Äquators beim Betrachten des Südhimmels einen schwachhellen Fleck von der Größe eines Schönwetterwölkchens entdeckt hat, kann sich freuen. Das war die andere Nachbarin unserer Galaxis, die man mit bloßem Auge sehen kann. Sie ist aber nur rund 165 000 Lichtjahre entfernt. Sie hat eine Verwandte in etwa gleicher Entfernung. Mit etwas Glück können Sie auch diese sehen. Ja, das sind sie, die beiden „Magellanschen Wolken", die große und die kleine, benannt nach dem berühmten Seefahrer. Ihr Licht wurde ausgestrahlt, als die Urmenschen ihre Faustkeile herstellten.

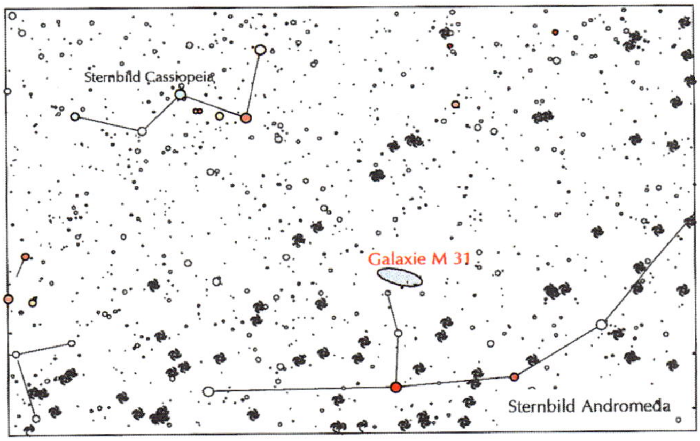

Abb. 129: Galaxie M 31 im Sternbild Andromeda (erstellt mit The Sky)

Einzelne Staaten bilden häufig Allianzen, z. B. die Europäer. Vergleichbares tun Sternstaaten. Unsere Galaxis , die Andromeda-Galaxis, die Große und die Kleine Magellansche Wolke und ca. weitere 30 kleinere Galaxien bilden eine Art „europäische Gemeinschaft". Man nennt sie die „Lokale Gruppe".

‚Lokal' ist gut – der eingenommene Raum ist von unglaublichem Ausmaß!

Doch damit nicht genug. Die Lokale Gruppe gehört zu einem Galaxienhaufen von weiteren Gruppen. Vermutlich umfasst dieser Galaxienhaufen 1000 Mitglieder. Und von solchen Galaxienhaufen zu 1000 Milchstraßenstaaten gibt es nun wieder Ballungen zu Superhaufen. Aber damit ist dann wohl erst einmal genug der Vereinsmeierei.

Jede Gruppierung hat ihr gemeinsames Gravitationszentrum, um das sich alles dreht, so wie sich unsere Planeten mit ihren Monden um die Sonne drehen. Und alle richten sich dabei brav nach den Keplerschen Gesetzen. Ein einziger gigantischer Karussellbetrieb aus flammenden Sonnen.

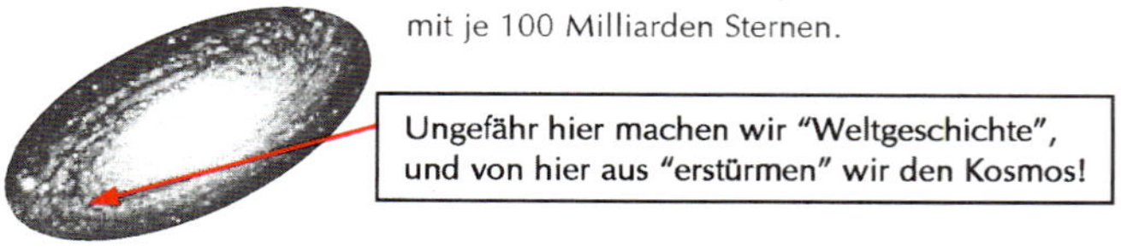

Das könnte *unsere* Galaxie sein - eine von 100 Milliarden Galaxien mit je 100 Milliarden Sternen.

Das Weltall im Ganzen

Im heute *überschaubaren* Teile des kosmischen Rummels gibt es theoretisch 3 Milliarden Galaxien. Rechnen muss man insgesamt aber mit hundert Milliarden bis zu einer Billion Galaxien.

Strecken Sie bitte einmal Ihren Arm zum Himmel und stellen sie den Daumen auf. Tags oder nachts? Ist egal.

So.

Hinter Ihrem Daumen befinden sich jetzt 240 000 Galaxien!!!

Und zwar in jeder Richtung, in der Sie den Daumen halten. Rings um die ganze Erde.

Man kann es nicht glauben, aber genau das zeigt eine einfache Rechnung der Geometrie.

Die nächsten Galaxien sind ein paar Millionen Lichtjahre von uns entfernt, die weitesten, gerade noch nachweisbaren, ganze 12 Milliarden Lichtjahre! Kleinere Galaxien haben einen Durchmesser von 50 000 Lichtjahren, die größten von ihnen haben 8 Millionen Lichtjahre. Uns schwirrt der Kopf...

Dennoch ist der Raum, unser Weltall, von „draußen" als Ganzes betrachtet, *so gut wie leer*. Die Entfernungen sind einfach so riesig, dass sich relativ wenig Sterne und andere kosmische Materie auf einen unergründlich großen Raum verteilen. Es ist wie mit einem Lattenzaun, bei dem die Zwischenräume etliche Meter betragen würden. Also: Viel Lärm um nichts.

Ein Vergleichsmaßstab gibt uns eine Vorstellung: Hätte unsere Galaxis nur einen Längsdurchmesser von 5 cm, wäre der durchschnittliche Abstand zwischen den Galaxien 10 Meter.

Unsere Nachbargalaxie im Sternbild Andromeda fänden wir bereits in 1 m Entfernung. Dafür stehen Galaxien anderswo weiter auseinander.

Die von uns aus gesehen fernsten Galaxien wären in diesem Maßstab 7 Kilometer von uns entfernt.

Würde man nun alle Sterne des Alls in einen Topf werfen, sie mit dem Mixer pürieren und die so entstandene Sternpampe anschließend vollkommen über das g a n z e Weltall verteilen, sie also gleichmäßig auch in all die unvorstellbar riesigen Zwischenräume bringen können, würde sich in einem Würfel von 10 Lichtjahren Kantenlänge nur ein einziges Gramm Materie befinden.

Man rechnet für das Weltall als Ganzes mit einem Dichtewert von 10^{-31}g/cm^3. Das ist für unseren irdischen Verhältnisse praktisch ein absolutes Vakuum. Vakuum ist ein anderes Wort für das... – Nichts.

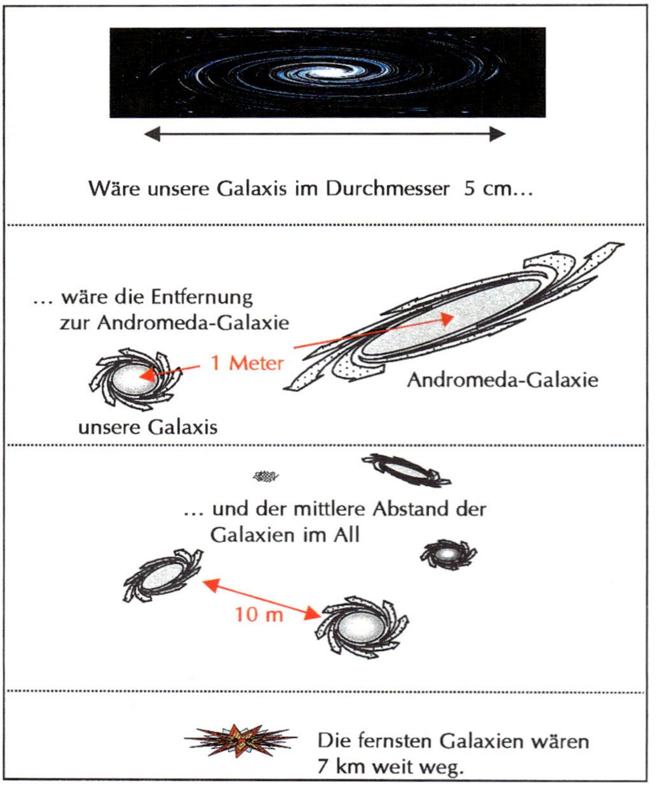

a

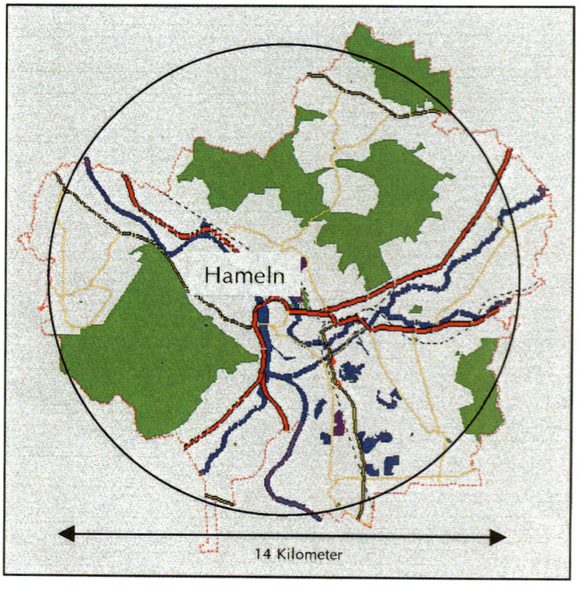

b

Wenn das Weltall eine Fläche wäre
und so groß wäre wie Hameln, eine Kleinstadt,
würden alle 100 Milliarden Galaxien des Weltalls
in nur *10 Metern Abstand* zueinander stehen.
Jede Galaxie hätte einen Durchmesser
von durchschnittlich 5 cm.

Abb. 130 a,b: Größenvergleiche im gesamten Weltall

Das Weltall so gut wie ein Nichts! Diese niederschmetternde Tatsache lässt immerhin eine Frage zu: Wie kam es zu dieser extremen Ausdünnung von Materie?

Ganz einfach, früher stand alles näher beisammen! Die Natur, das Leben – die Menschen eingeschlossen –, haben offenbar einen starken Drang zur Expansion.

Allerdings verdichten sich die Anzeichen, die Sterne tragen einen nur geringen Bruchteil zur Gesamtmasse des Weltalls bei. Der weitaus größte Teil, die so genannte Dunkle Materie, ist unsichtbar.

Unsere heutigen Vorstellungen vom Weltall

Wie unser Weltall entstand, ist seit dem vergangenen 20. Jahrhundert recht gut geklärt. Wir kommen bis auf einen winzigen Bruchteil einer Sekunde bis an seinen Geburtsbeginn heran. Jetzt ist man dabei zu erforschen, *warum* das Weltall entstand.

Eine ziemlich frivole Frage, werden Sie sagen. Doch wir sind wieder mal da, wo schon Isaac Newton stand, als er entdeckte, *warum* sich die Planeten um die Sonne bewegen, nachdem Kepler berechnete, wie sie das tun.

Der Mensch gibt sich nicht zufrieden, bevor er nicht das Warum beantwortet hat. Denken Sie an Ihre eigenen Warum-Fragen zur Zeit Ihrer frühen Kindheit. Wir wollten als Kinder nicht nur wissen, wie etwas funktioniert, sondern auch aus welchem Antrieb heraus. Ein bisschen sind Wissenschaftler große Kinder.

Das Weltall kann nicht unendlich alt sein. Dann wäre es schon lichtlos. Sterne können nämlich nicht ewig brennen. Ihr Brennstoffvorrat reicht zwar Milliarden von Jahren, aber eben nicht ewig.

Es gab Überlegungen, dass ein unendlich altes Weltall möglich wäre, wenn immer neuer Brennstoff hinzukäme. Doch heute denkt darüber kaum noch ein Astronom nach. Woher sollte neue Materie auch kommen? Es müsste entweder ein „Außerhalb" geben, mit dem wir als „Transfusionsspender" verbunden sind, oder es müssten Materieteilchen aus dem Nichts entstehen können. Zwei doch sehr gewagte Annahmen!

Auch aus einem zweiten Grund kann es das Weltall nicht schon immer gegeben haben. Es dehnt sich nämlich unaufhörlich aus. Die Galaxien entfernen sich voneinander. Wäre der Kosmos unendlich alt, sähen wir keine Nachbargalaxien mehr, es sei denn, es könnten neue hinzukommen. Doch woher?

Was nicht schon immer ist, hat einen Anfang.

Der Urknall. Er soll am Anfang gestanden haben. Wie müssen wir uns diesen Anfang vorstellen? Dieser Frage aller Fragen konnten sich Astronomen erst seit wenigen Jahrzehnten stellen. Zuvor war die Technik nicht vorhanden, die für eine Antwort nötig ist: immer größere und bessere Instrumente. Mit ihnen haben wir im

20. Jahrhundert weit mehr erkundet als in all den Jahrtausenden zuvor. Wir wissen heute schon recht genau, wie groß und wie alt das Weltall ist und woraus es sich zusammensetzt. Gute Voraussetzungen für die Rekonstruktion seiner Entstehung!

Es geht dabei um einen durchaus zu überblickenden Raum: Stellen wir uns vor, unsere Galaxis sei so groß wie der Punkt am Ende dieses Satzes, dann wäre das Weltall so groß wie ein Kinderspielplatz.

Daher meinen die meisten Wissenschaftler, die Frage nach dem Wie und Warum wäre prinzipiell beantwortbar.

Die Chancen stehen gut. Die Entwicklung der internationalen Zusammenarbeit multipliziert die Forschungserfolge in rasendem Tempo. Hochempfindliche Satelliten messen Röntgen-, Infrarot- und Gammastrahlung. Die erreichen uns auch noch aus entlegensten Winkeln des Alls und werden außerhalb der absorbierenden Erdatmosphäre aufgefangen. Die Messungen können mit immer besseren Sensoren stattfinden und von immer schnelleren Computern ausgewertet werden. Die Ergebnisse können in Windeseile über das Internet in alle Universitäten gesendet werden, wodurch sich das geballte Wissen aller Experten potenziert.

Riesenteleskope mit unglaublich perfekter Technik werden erschwinglich durch internationale Finanzierung. Im Jahre 2007 soll ein sehr viel besseres Weltraumteleskop als das bisherige in eine Umlaufbahn gebracht werden. Der Zustand des noch sehr jungen Weltalls wird in wenigen Jahren so genau bekannt sein, dass sogar die Vorgänge beim „Urknall“ experimentell untersucht werden können. Dafür sind gigantische, dutzende Kilometer lange Teilchenbeschleuniger im Bau.

Es gibt aber auch Pessimisten unter den Kosmologen. Sie sind der Meinung, die Frage, warum es ein Weltall gebe, sei prinzipiell unbeantwortbar.

Theologen meinen, die Frage sei lange schon von der Bibel beantwortet worden. Doch was tat sein Schöpfer vorher? Man darf doch fragen, warum das Weltall ‚erst‘ vor 13 Milliarden Jahren erschaffen wurde – nicht eine Ewigkeit früher. Vielleicht antworten die Theologen, woher wir denn wüssten, dass es nur das unsere gäbe und der liebe Gott nicht am laufenden Band neue Weltalle mache. Und tatsächlich gibt es auch Astronomen, die vorsichtshalber mehrere Weltalle oder unendlich viele nicht ausschließen wollen. Die Forschung nach dem Anfang unserer Welt hat also wie seit je auch weltanschauliche Aspekte.

Die Form und Größe des Weltalls

Welche Form hat das Weltall? Manchmal wird es wie eine Torte dargestellt, in der wie Rosinen im Kuchen die Galaxien stecken. Manchmal wird eine Kugel gezeichnet, in der ein Mückenschwarm von Sternen sich immer weiter ausbreiten soll, weil die Kugel expandiert.

Wir kennen die Form schlichtweg nicht. Denkbar wäre durchaus auch ein Torus, ein mathematischer Körper mit unbegrenzter, aber endlicher Fläche, der wie ein Schwimmring oder ein Donut aussieht. Aber eines ist sicher: Das gegenwärtige Weltall ist nicht unendlich groß. Dies beweist ein Blick durchs Fernrohr in die fernsten Fernen, wo Galaxien im Urzustand zu finden sind, die sogenannten Quasare. Unsere Galaxie ist dagegen bereits von ganz anderer physikalischer Beschaffenheit.

Wenn wir mit einem Gedankenraumschiff immer geradeaus flögen, kämen wir nie an ein Schild, wo dranstünde „Sackgasse, Ende des Weltalls, bitte wenden". Wir würden unbegrenzt immer geradeaus weiterfliegen können, solange, bis wir wieder am Ausgangspunkt ankämen. Der Raum wird nämlich, das ist ein sehr gesicherter Sachverhalt, durch die in ihm enthaltenen Galaxien gekrümmt, und wir können immer nur in diesem Raum fliegen, genau wie ein Rodler auf der Bahn.

Halten wir fest: Das Weltall ist nicht unendlich, jedoch unbegrenzt. Nirgendwo stößt man an eine Grenze.

Nur ein Vergleich macht diese Merkwürdigkeit modellhaft vorstellbar. Nehmen wir an, der „Kosmos" *zwei*-dimensionaler Lebewesen sei eine Kugeloberfläche. Wenn Sie einen Globus haben oder einen Fußball wäre das jetzt eine gute Hilfe, sich die Sache klarzumachen. Sie brauchen noch einen Schokoladenkäfer, den Sie essen dürfen, aber von dem Sie das Silberpapier behalten müssen. Drücken Sie es platt und legen sie dieses arme zweidimensionale Wesen auf die Kugel, seinen Kosmos. Also Achtung: Innen und Außen gibt es für den platten Bewohner nicht! Es gibt *nur* die Kugeloberfläche. Wir haben die dritte Dimension weggezaubert und denken in den zweien einer gekrümmten Fläche. Unser Flachlandkäfer kann nun unendlich lange kreuz und quer über sein Weltall flitzen – nirgendwo stößt er an eine Grenze. Sein Kosmos ist *unbegrenzt.* Jedoch ist er *nicht* unendlich, denn wir können die Oberfläche der Kugel in Quadratzentimetern berechnen. Sie ist *endlich.*

Übertragen wir das in unser Weltall, kommen wir mit einer weiteren, der dritten Dimension, zu demselben Ergebnis: Endlich aber unbegrenzt. Die beiden Begriffe darf man nicht gleichsetzen. Leider können wir uns eine vierte Dimension nicht vorstellen. Daher können wir unser Weltall nicht als Modell aus Holz herstellen, um es anfassen und von allen Seiten betrachten zu können. Wir sind in derselben Lage wir der Plattländer, der sich nicht vorstellen kann, auf einer Kugel zu leben. Und würden wir ihn jetzt von dort wieder entfernen, würde er total die Orientierung verlieren. Als entferne uns die Hand eines Riesen aus unserem Zimmer ohne dabei die Wände zu zerstören.

Das Weltall kann auch aus einer anderen Überlegung nicht unendlich groß sein. Ein unendlich großes All wäre natürlich mit unendlich vielen Sternen gefüllt. Das würde dazu führen, dass der Himmel auch in der Nacht gleißend hell wäre. In jeder Richtung stünde ein Stern. Die Sterne würden dicht an dicht unsere Himmelskugel besetzen, Stern neben Stern. Ihre zunehmende Entfernung spielt nach den physikalischen Ausbreitungsgesetzen des Lichts dabei keine Rolle. Um eine hellen Nachthimmel zu haben, bedürfte es etwa 10^{60} Sterne. Man schätzt jedoch das gesamte uns zugängliche Universum auf „nur“ 10^{20} Sterne.

Die Bewegung des Weltalls

Betrachten wir wieder unser Weltall als Ganzes. Es ist angefüllt mit ungleichmäßig verteilten Sternstaaten, in denen Milliarden von Sternen wohnen. Warum stürzt infolge der Gravitation eigentlich nicht alles zur „Mitte“?

1925 machten die Astronomen eine Entdeckung, die die Antwort auf diese Frage nahe legt. Es gibt eine Kraft, die der Anziehung entgegenwirkt! Die Sternstaaten, Galaxien, streben allesamt auseinander. Eine nach „außen“ gerichtete Kraft verhindert den Zusammensturz. Sie ist nur um weniges größer als die Gravitationskraftsumme aller Galaxien. Die Entdeckung, die zu dieser Erkenntnis führte, war die sogenannte Rotverschiebung des Lichtes bei den Galaxien. Die durch die Elemente der Sterne erzeugten Spektrallinien sind allesamt zum infraroten Ende des Spektrums hin verschoben. Sie stehen bei den sich sehr schnell voneinander entfernenden Galaxien einfach nicht mehr da, wo sie hingehören.

Man spricht vom Doppler-Effekt des Lichts. Der Physiker Christian Doppler (1803 – 1853) hatte 1842 diesen Effekt des Lichts zunächst beim Schall entdeckt und eine Formel zu seiner Berechnung angegeben. Sie kennen diesen Effekt vom Notarztwagen. Wenn er an Ihnen vorübergerast ist, scheint das Signalhorn plötzlich einen Ton tiefer zu jaulen. Die Schallwellen werden auseinandergezogen, der Ton schwillt nicht nur ab, er klingt auch nicht mehr ganz so hoch wie bei der Annäherung.

Ähnlich geht es dem Licht. Es hat ja ebenfalls den Charakter von Wellen. Werden sie gestaucht (das Licht rast auf uns zu), scheint das Licht blau. Werden diese wie bei den Galaxien gedehnt, scheint es rot. Wenn es Ihnen gelänge, eine Taschenlampe mit etwa 100 Kilometer pro Sekunde in die Luft zu werfen, könnten sie sehen, wie die Birne plötzlich rötlich strahlt.

Die Rotverschiebung des Lichts der Galaxien war ein Hinweis, dass das Weltall sich ausdehnt. Es expandiert. Das ist zunächst beruhigend. Aber es gibt auch ein paar Geisterfahrer unter den Sternstaaten. Einer kommt mit 75 km/s (!) genau auf uns zu. Es ist die schon erwähnte Andromeda-Galaxie, unser doppelt so großer Nachbar, den wir sogar mit bloßem Auge sehen können. Zum Glück haben wir noch ein paar hundert Millionen Jahre Zeit bis zum Crash, und zum Glück sind die Sterne in Galaxien so locker gepackt, dass sie zwar ihre Bahnen gegenseitig beeinflussen, aber Zusammenstöße selten vorkommen können.

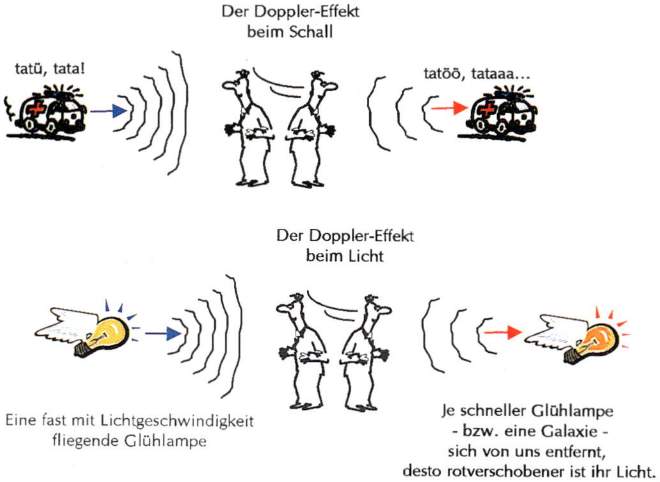

Abb. 131: Der Doppler-Effekt

Wir wollen es genauer wissen: WAS dehnt sich denn eigentlich aus? Die Galaxien selbst sind es nicht. Die behalten ihr Volumen bei. Es treibt sie aber auch nichts auseinander und in einen leeren Raum hinein. Den gibt es ja nicht, bevor ihn Galaxien nicht schaffen und aufspannen. Was sich ausdehnt, so stellen wir uns das am besten vor, ist der Weltraum selbst. Er reißt dabei die Galaxien mit. Sie behalten ihre Lage bei, aber ihre *Abstände* zueinander werden immer größer, und das mit wachsender Geschwindigkeit.

Die sehr fernen Galaxien dokumentieren die Weltraum-Expansion durch eine extreme Rotverschiebung der Linien ihrer Spektren. Wir nennen diese die „kosmologische" Rotverschiebung. Mit der Rotverschiebung der nahen Galaxien, die auf den Doppler-Effekt zurückgeführt wird, hat sie nichts zu tun.

Schwer vorstellbar – ein expandierender Raum! Nun, denken sie sich einen im Ofen aufgehenden Rosinenkuchen. Der *Teig* geht auf, die Rosinen gehen mit. Im Zeitraffer gesehen „fliegen" sie auseinander wie die Galaxien im All.

Im Weltall können wir „Raum" natürlich nicht sehen. Das ist beim Hefeteig-Modell glücklicherweise anders und sehr gut zu beobachten.

Die Expansions-Geschwindigkeit des Raumes und damit der Galaxien weit „draußen" (von uns aus gesehen) ist nahe der Lichtgeschwindigkeit. Der Radius des Weltraums wächst also in jeder Sekunde um rund 300 000 km!

Die Biographie des Weltalls

Wenn nun alles explosionsartig auseinander fliegt – wo passierte das? Wann passierte das? Warum passierte das?

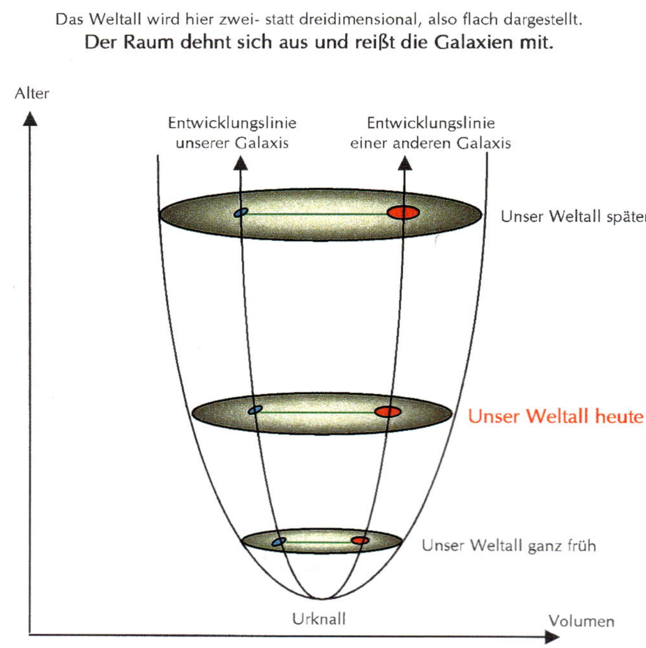

Abb. 132: Die Entwicklung unseres Weltalls

Gehen wir den Weg der kosmischen Geschichte rückwärts. Heute beträgt nach der gängigsten Modellvorstellung (denn noch ist ja lange nichts bewiesen) der „Radius" des Weltalls 13 Milliarden Lichtjahre, sein „Durchmesser" also an die 26 Milliarden Lichtjahre. Unglaublich riesig ist es schon, aber eben *nicht* unendlich groß.

Verkleinern wir den Maßstab.

Wir verschmieren in einem Gedanken-Experiment nochmals gleichmäßig alles was heute im Weltall herumschwirrt. Die

Angenommen, das Weltall wäre nur so groß wie die Sonne:

Durchmesser des Weltalls	Temperatur des Weltalls	Zeit nach dem Urknall
1 400 000 km (Sonnengröße)	3 Kelvin	13 Milliarden J. (heute)
1 400 km	3000 Kelvin	300 000 Jahre
0, 014 km	3 000 000 000 Kelvin	5 Sekunden
usw.	usw.	usw.
Anfangszustand des Weltalls:		
null Kilometer !!!	***unendlich hoch !!!***	***null Sekunden !!!***

Abb. 133: Der Urknall rückwärts

Dichte ist dann sehr klein, denn es herrscht ja viel Platz zwischen den Sternen. Es gibt dann nur ein Atom auf einen Kubikzentimeter. Jetzt schneiden wir mit dem Geschick eines Holzdrechslers eine Kugel von der Größe unserer Sonne heraus. Das sei unser verkleinertes Weltall. Dessen Größe vom Ausmaß der Sonne können wir uns zwar auch nicht vorstellen, aber schon eher als das unermesslich große Universum.

Wegen der geringen Dichte der Kugel wiegt diese auch nicht viel. Ganze 280 Gramm – die Masse einer Videokassette.

Durchschnittlich beträgt die Temperatur jetzt minus 270 °C, umgerechnet 3 Kelvin.

Es geht los! – Pressen wir dieses Weltallmodell auf die Größe des Saturnmond Japetus zusammen, auf etwa 1400 km Durchmesser. Die Folge? Wenn man Gas zusammendrückt, und das Weltall besteht hauptsächlich aus Wasserstoff und Helium, wird es wärmer. Daher ist die Temperatur in unserem Modell auf 3000 Kelvin gestiegen. In diesem Zustand befand sich das Weltall, als es 300 000 Jahre alt war. Groß wie Japetus und heiß wie eine Halogenlampe.

Nun verdichten wir weiter, auf einen Durchmesser von nur 14 Metern.

Die Temperatur steigt dabei ins Gigantische: 3 000 000 000 Kelvin. So heiß war unser Weltall 5 Sekunden nach seiner Geburt.

Treiben wir's jetzt auf die Spitze! Komprimieren wir gegen Null Kilometer Durchmesser! Eine ungeheure Temperatur. Und bei Null Kilometern ist es sogar *unendlich* heiß. Ist so etwas überhaupt möglich?

Alle Energie unseres Weltalls muss jedenfalls einmal in einem winzigen sehr heißen Punkt vereint gewesen sein. Heute steckt diese Energie in den Sternen und ihrer Bewegung.

Es gibt einen beweiskräftigen Beleg für diese Hypothese. Wir wissen ja, Wissenschaftler sind sehr kritisch zu sich selbst und gegenüber ihren Kollegen. Anders als bei den Astrologen werden nur solche (Vor)aussagen anerkannt, die jedweder Prüfung standhalten. Falsch oder richtig. Entweder – oder. Dabei gibt es oft erbitterte Meinungskämpfe (es geht um Ehrgeiz und vielleicht um den Nobelpreis?). Das alles ist von Astrologen nicht so bekannt...

Einen Beweis für den Urknall?

Ja, so gut wie. Dieser Beweis ist die *Reststrahlung*, das einzige, was noch von ihm zeugt. Eine schwache Strahlung durchwebt das ganze Weltall und kann deshalb von der *Erde in allen Richtungen* gemessen werden. Ihr Wert beträgt, egal wo, rund 3 Kelvin. Eine Strahlung, die nicht aus einer bestimmten Richtung kommt, kann keinem Einzelobjekt, wie zum Beispiel einem riesigen Galaxienhaufen, zugeordnet werden.

Diese Strahlung muss das „Echo des Urknalls" sein, eine Art „Nachglühen". Sie ist das Licht der Urexplosion zu einer Zeit, als deren Temperatur „nur" noch 3000 Kelvin betrug und sich Materie und Strahlung trennten.

Durchm.	Temperatur	Dichte	Zeit nach Urknall	Kommentar
Null km	unendlich?	unendlich?	Null Sekunden	noch unbekannter physikal. Zustand
	50.000 Milliarden °C		1 milliardstel Sekunde	Strahlungsenergie, Teilchen
	10.000 Milliarden °C		Teilchen verbinden sich. Materie und Antimaterie wandeln sich in Energie um. Winziger Überhang von *Materie* bildet unser Weltall.	
800 Milliarden Kilometer	1000 Milliarden °C		1 zehntausendstel Sekunde	
8 Lichtjahre	15 Milliarden °C	500.000 g/cm³	1 Sekunde nach Urknall	Durchmesser = Entf. Sonne-Sirius
120 Lichtjahre	1 Milliarde °C	nur noch 8 g/cm³	4 Minuten nach Urknall	Dichte wie Eisen
340 Lj. Lichtjahre	350 Millionen °C	0,14 g/cm³	30 Minuten nach Urknall	Lichtphotonen, 75% Wasserstoff-25% Heliumgas Daraus bilden sich Galaxien, Planeten, Menschen…

Abb. 134: Die Geschichte des Weltalls

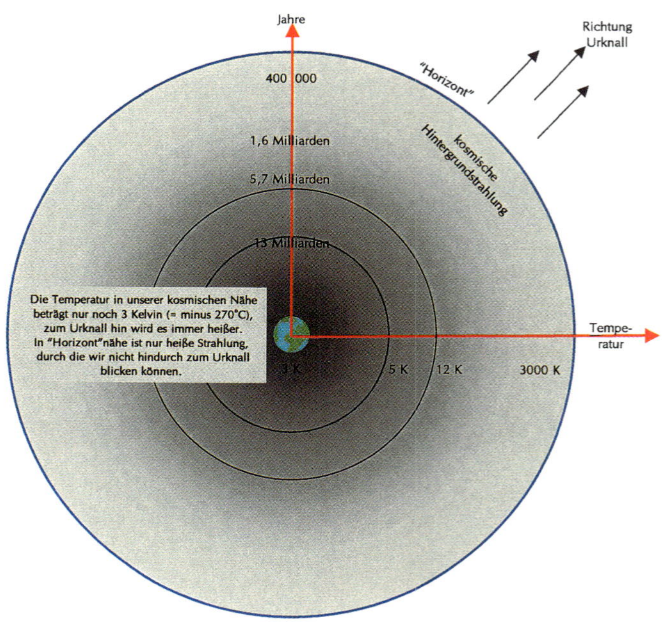

Abb. 135: Temperaturen, damals und heute

Den Zeitpunkt Null zu beschreiben, den Anfang allen uns bekannten Seins, dazu reicht unser Wissen noch nicht. Aber immerhin kommen die Formeln, die den Anfangszustand wiedergeben, bis auf einen winzigen Bruchteil einer Sekunde an den Anfang heran. Das ist schon was, doch möchte man natürlich wissen, wie das Weltall diesen Prozess seiner Ausdehnung startete. Noch besser wäre zu wissen, was davor war.

„Wo" das Weltall entstanden ist, lässt sich nicht beantworten. Das ist eine aussichtslose, ja, sinnlose Frage. Es fehlt einfach der Bezugspunkt. Es gab vorher nichts, worauf wir den Ort beziehen können.

Was vor dem Urknall war, ist keine sinnlose Frage, aber ihre Beantwortung ist zur Zeit (wir sind vorsichtig!) nicht möglich. Es gibt allerdings zur Klärung vielversprechende Ansätze.

Dies trifft auch auf die Frage zu, *warum* das Weltall überhaupt entstanden ist. Kosmologen, das sind Astronomen mit der Spezialisierung auf solche Fragen, arbeiten an den Antworten. Manche von ihnen meinen, wir stünden kurz vor der Lösung, andere glauben, sie hätten die Antwort schon. Leider ist die nicht leicht zu begreifen. Dazu muss man die Begriffe der modernen Physik kennen und über ein spezielles mathematisches Wissen verfügen. Hoffen wir, dass diese Leute uns, in ein paar Jahrzehnten vielleicht, das WARUM, diese Frage aller Fragen so vereinfacht beantworten können, dass auch jeder es versteht.

Woraus das Weltall entstanden ist

Das Weltall ist entstanden aus reiner Energie, sonst nichts. Prima, jetzt wissen wir's!

Sie merken, so eine Antwort befriedigt nicht. Zum einen können wir uns reine Energie nicht vorstellen. Sie ist heute immer mit irgendwelcher Materie verheiratet. Energie ohne Materie gibt es nicht. Energie aus der Steckdose? – Das Kraftwerk und die Elektronen stecken dahinter. Warme Füße? – Unsere Nahrung steckt dahinter.

Wir erinnern uns an das von Albert Einstein entdeckte Naturgesetz: Energie und Masse sind die zwei Seiten derselben Münze. Wird die Energie kleiner, nimmt die Masse zu. Andersherum, wenn Masse total in Energie umgewandelt wird (wir können das leider nicht, aber dann hätten wir kein Atommüll-Problem mehr), entsteht reine Energie. Wir leben in einem Kosmos, in dem Energie und Materie gemeinsam vorkommen. Aber am Anfang gab es nur Energie, keine Materie.

Der Kosmos ist also eine Art Metamorphose. Wenn aus allen Kaulquappen mit einem Schlag kluge Frösche würden – könnten sie sich ihre Herkunft vorstellen? Sie wären wohl reichlich ratlos.

Fassen wir noch einmal zusammen. Als das Weltall 3 Minuten alt war, da sind wir sicher, bestand es nur aus Teilchen und

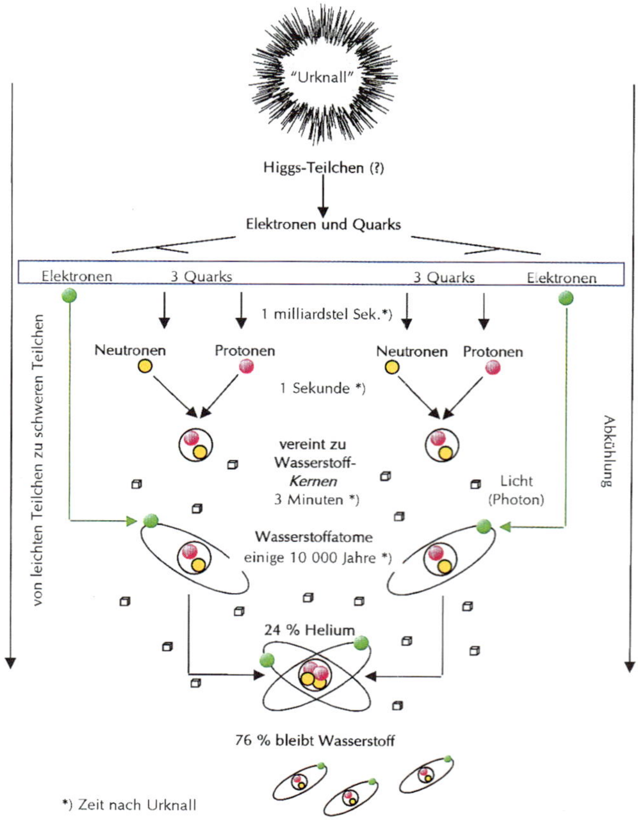

Abb. 136: Wie macht man ein Weltall in 3 Minuten?

Strahlung. Nach 4 Minuten gab es die erste Verbindung zwischen Teilchen. Jeweils ein Proton und ein Elektron gingen die Ehe ein. Das ergab den Wasserstoff. Später kam als wesentliches Element das Helium dazu.

Nach 300 000 Jahren waren die Grundbestandteile des Weltall fertig. Es bestand im wesentlichen zu 75 % aus Wasserstoff und zu 23 % aus Helium.

Als das Weltall 1 Milliarde Jahre alt war, entstanden die Sterne. Die Gravitationskraft verhinderte die gleichmäßige Ausdünnung. Es bildeten sich Verklumpungen, d. h. die Sternstaaten, die Galaxien. Alle Galaxien standen dicht beieinander. Wäre es heute noch so, brauchten wir keine Fernrohre, um sie zu sehen. Bis heute hat der Raum sich gewaltig aufgebläht.

Die Galaxien verteilten sich übrigens nicht gleichmäßig. Sie bildeten Ketten, und diese Ketten mächtige Hohlräume. Von „außen" wenn es das denn gäbe) würde deshalb das Weltall aussehen wie... Badeschaum!

Die Blasen, die sich aus den Ketten der Galaxien bilden, umschließen gewaltige, leere Räume, in denen nur wenige Teilchen und Strahlung vorkommen. Die Dichte in diesen galaxiearmen Bereichen wird mit Zehn hoch minus (!) 43 Gramm pro cm^3 angegeben.

Das Weltall als Ganzes ist so gesehen ein schaumiges Nichts – wie die Blume auf dem Bier. Eigentlich nicht der Rede wert.

Und doch verhielt sich das Wenige von Anfang an höchst dramatisch. Manche Sterne explodierten am Ende ihres Lebens und erzeugten dabei einen sehr hohen Druck: Die festen Elemente entstanden. Aus denen bildeten sich, zusammen mit neuen Sternen, auch Planeten. Auf Planeten konnte *Leben* entstehen.

Das Leben ist die (für uns) am höchsten entwickelte Materie. Die einzige erkennende und verstehende Art des Lebens ist der Mensch. Dies ist bereits Grund genug, Astronomie zu betreiben. Rein biologisch gesehen hätte die Existenz von Menschen keinen besonderen Sinn. Aber ein Geist, geschaffen auf steinigen Wegen von der Natur selbst, ein Geist, der seine Herkunft von selbst begreift und das Weltall nach und nach zu entschlüsseln vermag – dieses Wunder zu nutzen hat seinen Sinn und ist den hohen Aufwand wert.

Weil es so phantastisch ist. Weil das einfach Freude macht.

Nein, der unmittelbare Nutzen der Astronomie ist im Alltag nicht zu spüren. Vielleicht wartet sie noch auf ihre große Stunde, wo sie ihn auf noch ungeahnte Weise beweisen wird?

Ende des Weltalls – Ende der Reise

Hält die Ausdehnung des Weltalls für ewig an? Vermutlich. Die Gesamt-Gravitation reicht nach den bisherigen Messungen nicht, um das All wieder zusammenschnurren zu lassen. Das wäre der Fall, wenn es im All im Durchschnitt mehr als 3 Teilchen pro Kubikzentimeter gäbe. Dem ist anscheinend nicht so.

Uns geht es ja kaum was an, aber nach langer, langer Zeit wird der Abstand zwischen den Sternstaaten immer größer. Die Galaxien verabschieden sich. Schon heute erreicht das Licht der fernsten Galaxien kaum noch unsere Teleskope. Auch die Sterne unserer Galaxis verlöschen, wenn ihr Energievorrat umgewandelt ist. – Zappenduster!

Doch bis der letzte Brennstoff verbraucht ist, vergehen noch 100 000 Milliarden Jahre. Eine irrwitzig lange Zeit! Aber dann ist das gigantische kosmische Feuerwerk verloschen.

Es gibt nur eine Hoffnung: Außer unserem Weltall gibt es noch jede Menge anderer! Immer häufiger liest man, dass das durchaus möglich sei. Es widerspricht zumindest keinem bekannten Naturgesetz. Kann eine Superzivilisation vielleicht Weltalle selber basteln und zwischen ihnen munter herumflitzen? Eine interessante Hoffnung!

Moment mal. – Wir haben noch nicht einmal „unser" Weltall vollständig begriffen, da kündigt sich schon eine neue Aufgabe an – die Enträtselung der Nachbar-Weltalle?

Warum eigentlich nicht! Wir haben es doch auf unserer Reise durchs Weltall immer wieder erlebt: Ent-Rätseln macht Spaß!

Gemessener Weltradius			
um 150 v.u.Z.	400 000 km		bis zum Mond
um 1600	1,4 Milliarden km		bis zum Saturn
um 1850	100 Billionen km		bis zu den nahen Sternen
um 1920	10 Trillionen km		bis zur nächsten Galaxie
um 1940	5 Trilliarden km	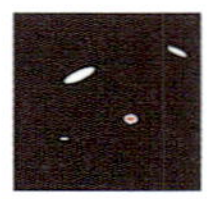	bis zu weiten Galaxien
um 1980	150 Trilliarden km	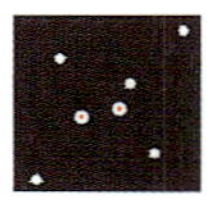	bis zu den fernsten Galaxien
um 2010	??? Trilliarden km		bis zum vorgalaktischen Stadium?

1 Trilliarde km ausgeschrieben: 1 000 000 000 000 000 000 000 km

Abb. 137: Der technische Fortschritt bestimmt die Horizontweite

Reiseziel	Reisezeit (gerader Hinflug)	
	im Raumschiff	des Lichts
Mond	6 Stunden	1 Sekunde
Mars	40 Tage	3 Minuten
Sonne	104 Tage	8 Minuten
Pluto	11 Jahre	5 Stunden
Nächster Stern	76 000 Jahre	4 Jahre
Zentrum Galaxis	450 Millionen Jahre	25 000 Jahre
Andromeda-Galaxie	38 Milliarden Jahre *… das ist länger als das Alter des Weltalls!*	2 Mio. Jahre
Weiteste Galaxien	270 Billionen Jahre	13 Milliarden Jahre

Aus "Illustrierte Wissenschaft" 7/97

Abb. 138: Kosmische Reisezeiten

vor unser Zeitrechnung

um 3000	Ägypter entwickeln einen Sonnenkalender zu 365 Tagen. Babylonier benennen Sternbilder.
um 500	**Die Pythagoräer lehren die Kugelgestalt der Erde**
382	Demokrit erklärt die Milchstraße als Häufung von Sternen
289	**Aristarch lehrt, daß Erde die Sonne umläuft.** Mißt (ungenau) Entfernung und Größe von Sonne und Mond.
288	Eratosthenes berechnet ziemlich genau den Erdumfang auf rund 40 000 Km
131	Hipparch stellt in einem Sternkatalog 1008 Sterne zusammen

unserer Zeitrechnung

153	Begründung des geozentrischen Planetensystems (Sonne umkreist Erde) durch Claudius Ptolemäus
---	Keine nennenswerte Weiterentwicklung der Astronomie, jedoch Konservierung durch die Araber
1460	Erste deutsche Sternwarte in Nürnberg
1543	**Begründung des heliozentrischen Planetensystems (Erde umkreist Sonne) durch Nikolaus Kopernikus**
1609	Johannes Kepler stellt das 1. und 2. Planetenbewegungsgesetz auf; 1618 folgt das 3. Gesetz
1610	Galileo Galilei entdeckt im gerade erfundenen Fernrohr vier Jupitermonde
1655	Christian Huygens beschreibt den Saturn-Ring und entdeckt den ersten Saturn-Mond (Titan)
1687	Isaac Newton entdeckt das Gravitationsgesetz
1755	Imanuel Kant stellt eine annähernd richtige Hypothese über die Entstehung des Sonnensystems auf
1781	Wilhelm Herschel entdeckt den Planeten Uranus
1837	Erste Messung einer Sternentfernung durch Friedrich Wilhelm Bessel (Stern 61 im Schwan, 11 Lichtjahre)
1843	Elfjährige Periodizität der Sonnenflecken durch Heinrich Schwabe entdeckt
1846	Entdeckung des Neptun durch J. G. Galle aufgrund von Berechnungen Leverriers aus Uranus-Störungen
1859	**Analyse der Bestandteile der Sterne (spektrale Zerlegung des Lichts) durch Kirchhoff und Bunsen**
1887	Erste Fotos vom Sternhimmel, Beginn der Astrofotografie
1913	**Hertzsprung und Russel klassifizieren die Sterne und rekonstruieren (noch fehlerbehaftet) ihren Lebensweg**
1917	H.D. Curtis bestimmt (ungenau) die Entfernung der nahen Andromeda-Galaxie (2,2 Millionen Lichtjahre)
1928	**G.A. Gamow stellt die Hypothese auf, das Weltall sei aus dem Nichts in einem "Urknall" entstanden**
1929	E.P. Hubble weist aus der Fluchtbewegung der "Spiralnebel" die Ausdehnung des Weltalls nach
1930	C. Tombaugh entdeckt den Planeten Pluto
1931	K.G. Jansky enteckt die Radiostrahlung im Weltall
1946	Entwicklung der Radiostrahlen-Astronomie
1952	J.H. Oort entdeckt die Spiralstruktur eines Teils unserer Galaxis (Milchstraße)
1958	Van Allen entdeckt den Strahlungsgürtel, der die Erde umgibt
1963	Entdeckung der Quasare - vermutlich Milliarden Lichtjahre weite Galaxien mit strahlungsintensiven Kernen
1965	**A. Penzias und R. W. Wilson erhärten die Urknall-Hypothese durch Entdeckung der 3 Kelvin-Strahlung**
1967	A. Hewish entdeckt den ersten Pulsar, das sind schnell rotierende Stern aus Neutronen (Stern"leichen")
1969	Die Mondfähren von Apollo 11 und 12 landen auf dem Mond; Mondgestein zur Erde gebracht
1975	Start der Raumsonden Viking 1 und 2, die auf dem Mars landen und Fotos senden
1977	Start der Raumsonden Voyager 1 und 2, deren Flüge über Jupiter, Saturn, Uranus zu Neptun führen
1978	J.W. Christy entdeckt den Mond des Pluto, Charon
1982	**Entdeckung der Zellstruktur des Weltalls: Galaxien bilden Ketten, dadurch riesige Leerräume**
1986	Vorbeiflüge am Kometen Halley, u.a. durch die europäische Sonde Giotto
1987	In der Magellanschen Wolke (Nachbar-Galaxie) wird eine relativ nahe Supernova (Sternexplosion) entdeckt
1989	Start des Satelliten Hipparcos, der die Entfernungen naher Sterne sehr genau vermessen wird
1990	Start des Hubble-Weltraumteleskops und des Röntgensatelliten ROSAT
1992	Erste Naheaufnahmen von einem Planetoiden (Gaspra) durch die Sonde Galileo
1993	Reparatur des "blinden" Hubble-Weltraumteleskops. **Fotos von Galaxien bis in 12 Milliarden Lichtjahren**
1995	**Extrasolare Planeten werden durch Bahnstörung ihrer Sonnen nachgewiesen**
1997	Fahr-Roboter "Sojourner" fotografiert die Marsoberfläche und analysiert Gestein in einem Mars-Flußbett
1998	In Chile wird das erste von vier europäischen 8-m-Teleskopen in Betrieb genommen
2001	Alle vier Teleskope werden in Chile in Betrieb genommen
2002	Bisher sind bei nahen Sternen rund 1000 Planeten ermittelt worden
	Entdeckung eines riesigen Planetoiden hinter der Plutobahn (1250 km Durchmesser, „Quaoar" getauft)

Abb. 139: Wichtige Daten zur Geschichte der Astronomie

Wieder zu Hause...

Die Erde – sie war die längste Zeit der Menschheitsgeschichte der Mittelpunkt des Kosmos. Man meinte die Jahrtausende hindurch, die Sterne seien der Brillantschmuck am Rande des irdischen Luftmantels. Als goldene Nägel in die bewegte und schützende Glasglocke des Himmels geschlagen, galten die Sterne in der Finsternis der Nächte als die Wegweiser durch Wasser und Wüste.

Die Genies der Antike erhoben ihr Haupt mit forschendem Blick zum Firmament und ahnten, dass die Erde vielleicht nur ein ozeanumspülter Fels in den Tiefen des Alls sei und der Mensch darin ein verlorenes Staubkorn. Diese Ahnung vom wahren Sein des Kosmos ging jedoch verloren und schlummerte lange, so lange, bis Nikolaus Kopernikus 1400 Jahre später die Erde aus der Mitte des Weltalls schleuderte. Er setzte an ihre Stelle die Sonne, und die Sonne wurde zu einem Stern unter Sternen. Unser Raummaßstab wurde ins Unvorstellbare erweitert.

Jahrhunderte später erkannte der Mensch, nun mit hochtechnischen Geräten ausgestattet, das zeitlich begrenzte Leben der Sterne. Sie kommen und vergehen wie der Mensch auch. Die Sterne leuchten nicht ewig, nur ist ein Menschenleben zu kurz, um ihre Geburt, ihr Leben und ihr Sterben verfolgen zu können.

Doch das räumliche Nebeneinander gestattete die Rekonstruktion des zeitlichen Nacheinander. Auch unser Zeitmaßstab wandelte sich nun ins schier Unermessliche.

So wissen wir heute, dass es nicht immer Sterne gegeben haben kann und sie auch nicht immer sein werden. Ihr Alter zählt nach Milliarden von Jahren, doch ist dies für die Ewigkeit nicht genug.

Dunkelheit ist das letztendliche Schicksal des Weltalls. Alle Sterne – ausgebrannt! Noch aber erfreuen wir uns an der spektakulären Geburt neuer Sterne und betrachten atemlos ihren Todeskampf.

Auch nach uns, den bescheiden kleinen, aber immerhin den Kosmos erkennenden Wesen, werden aus mächtigen Gaswolken Sterne geboren und in ungeheuren Explosionen ihr Leben aushauchen.

Die Astronomen verstehen den Kosmos immer besser. Viele der Wunder des Himmels aber warten noch auf ihre Entschlüsselung. Wir werden nicht zur Ruhe kommen; wir werden mit unseren irdischen Teleskopen und interplanetaren Spähern in die Tiefen des All reisen, auch um die Frage aller kosmischen Fragen zu klären – die Frage nach dem Warum. Ja, eben:

Warum gibt es das Weltall?

Warum gibt es, wie Gottfried Wilhelm Leibniz formulierte, eigentlich nicht *nichts?* Wir wissen es noch nicht. Die Antwort wird uns vielleicht einmal ein bisschen ärgern, weil sie vermutlich recht schlicht ausfällt.

Im Detail ist die Natur zwar hochkomplex eingerichtet, im Großen und Ganzen aber mag sie es nun mal – gaaanz, ganz einfach ...

Nun, ... unsere weite kosmische Reise ist zu Ende.

Zurück zur heimatlichen Erde, zum Ort unserer kosmischen Geborgenheit!

Willkommen daheim.

Bildnachweis Fotos

Umschlag: Eckhard Slawik, Waldenburg

S. 9	Oben:	NASA; S74-17688
	Mitte:	NASA/JPL; PIA 03141
	Unten:	NASA; PIA 00405
S. 10	Oben:	NASA; PIA 01592
	2. v. Oben:	Eckhard Slawik, Waldenburg
	2. v. Unten:	NASA MSFC-0300729
	Unten:	NASA MSFC-7993119
S. 13	NASA/Planet Quest	
S. 41	NASA/JPL; PIA 03103	
S. 42	Oben:	NASA/JPL; PIA 01544
	2. v. Oben:	NASA; GPN 2000-01138
	2. v. Unten:	NASA; PIA 04272
	Unten:	NASA/JPL; PIA 02873
S. 43	Oben:	NASA/JPL; PIA 03160
	2. v. Oben:	NASA/JPL; PIA 01488
	2. v. Unten:	NASA/JPL; PIA 01492
	Unten:	NASA/JPL; PIA 00825
S. 94	Oben rechts:	NASA; KSC-00PP-0096
	Mitte:	NASA; S80-37406
S. 177	Links:	Eckhard Slawik, Waldenburg
	Rechts:	Eckhard Slawik, Waldenburg
S. 204	NASA; GPN-2000-000933	
S. 220	Oben:	NASA; PIA 00405
	2. v. Oben	NASA; PIA 01364
S. 223	NASA; GPN 2000-01138	

Personenregister

Sachwortregister

A

B

C

D

E

F

G

Lang Kurt